mise en examen

collection dirigée par Alain Nonjon

W0302605

LES ÉPREUVES DE LOGIQUE ET DE MATHÉMATIQUES

AUX CONCOURS DES ÉCOLES DE COMMERCE

6e édition
mise à jour et augmentée

**ACCÈS - ARPEGE - ATOUT+3 - ECRISTART - PASS
PASSERELLE - SESAME - TAGE 2®
TAGE MAGE® - TEAM - ESSEC - TREMPLIN
EDHEC - PRISM - TEST CAC**

Franck ATTELAN
Diplômé de l'ESSEC
Directeur du groupe Aurlom

ellipses

retrouvez tous les titres
de la collection *Mise en examen*
sur notre site
www.editions-ellipses.fr

AVERTISSEMENT

Les sujets proposés dans cet ouvrage ainsi que les corrigés et les commentaires qui les accompagnent n'engagent que l'auteur et l'éditeur et n'ont aucun lien avec l'organisation des concours cités.

ISBN 97827298-77262

32, rue Bargue 75740 Paris cedex 15

www.editions-ellipses.fr

Préface

Préfacer un ouvrage de Franck Attelan c'est se trouver devant un Himalaya, devant un des maîtres du Tage Mage®, un des papes de cette épreuve dont le seul nom fait peur aux candidats (mage renvoie à gourou, mystère, magie, sortilège... et à tout âge on peut se noyer dans le Tage), Ses scores sont des ordalies sans appel : les étudiants sont ventilés en deux catégories : les élus qui accèderont à l'*establishment* managérial et les exclus condamnés à être main-d'œuvre jetable...

Préfacer une 6e édition c'est communier frileusement avec le « dieu marché » qui a reconnu en Franck ce jeune Essec, chef d'entreprise, un talent certain pour flairer les comportements d'acheteurs de ces contemporains, cerner leurs doutes, leurs questions existentielles face à ce rendez-vous incontournable du recrutement qu'est désormais le Tage Mage®. Légions sont les étudiants qui ont donc appréhendé l'épreuve reine, découvert par les ouvrages de Franck Attelan le code d'accès à ce graal des écoles de commerce, ingéré et digéré sa méthode, ses conseils de préparation pour gravir les échelons de la réussite.

Préfacer de toute façon un ouvrage de quelques 432 pages de Tage Mage® c'est être capable de balayer tous les thuriféraires de la Culture qui ne pensent qu'en terme de rhétorique, de dissertation, et qui vouent aux gémonies cette épreuve trop mécanique, trop américaine, trop liée au *global business*, trop proche d'un formatage des candidats, trop peu humaniste en somme.

Bref, directeur de la collection « *Mise en examen* » me voilà un peu emprunté pour préfacer cet ouvrage mais à bien y réfléchir, en me cramponnant au principe de la collection un « **savoir utile** » je ne peux être que rassuré :

- Les *trainings* intellectuels avant chaque type d'épreuve évitent une nouvelle fois un livre de recettes ou de corrigés car il en est des recettes comme de la modernisation dans les industries : « *La modernisation est plus une question d'attitudes que d'outils et de moyens tant il est vrai que les meilleurs outils n'ont de valeur qu'en fonction de ceux qui ont à s'en servir* » (Rapport Lagane, 1987).
- La multiplication des exercices se justifie car on « n'excelle que dans ce que l'on pratique ».
- La gradation des difficultés permet enfin au candidat de graduer ses efforts et ses craintes comme l'alpiniste confronté à des passages délicats classifiés. Wimpers à la quête du Cervin se retrouverait dans l'esprit de cet ouvrage : « *là où il y a un but il y a un chemin* » ce qui ne l'a pas empêché de dévisser.

Une 6e fois me voilà donc ravi :

- d'avoir décelé dès le départ en Franck Attelan un passeur de messages pédagogiques clairs, un entomologiste d'une épreuve difficile capable de décortiquer les mécanismes avec lucidité, précision ;
- d'avoir anticipé une réussite éditoriale, en donnant sa chance hier à Franck Attelan pour mettre sa plume au service d'une noble cause (la méthodologie d'accès aux concours) ;

Alors, une nouvelle fois, je peux imiter Franck Attelan et vous proposer ce petit exercice de mise en jambes avant la lecture de son ouvrage.

Question : Trouvez le lien qui existe entre deux noms propres (d'illustres stratèges) et découvrez le couple dissonant :

1. Attelan – Mao Zedong
2. Attelan – Jean Monnet
3. Attelan – Marcus Goldman
4. Attelan – De Gaulle

Réponse 3 bien sûr...

En effet :

- Réponse 1 : non qu'il se prenne pour le grand timonier depuis qu'il préside aux destinées de Aurlom, Franck Attelan a quelque chose du dirigeant chinois et de sa devise « *oser lutter,oser penser, oser agir* »... la réussite viendra ;
- Réponse 2 : non qu'il ne s'engage dans le débat sur les Etats unis d'Europe et le fédéralisme européen Franck Attelan fait sienne la devise de Jean Monnet (dans ses *Mémoires*) : « *que les choses importante sont simples : elles le sont si on veut qu'elles le soient* ».
- Réponse 4 : non qu'il se veuille un émule tardif du général, Franck Attelan partage avec lui sa foi dans « *la culture générale qui est l'art du commandement* ».

Alors... la réponse 3 est bien la bonne réponse. Pourquoi ?

Courez vite lire ce thriller à l'américaine de John Dicker *La Vérité sur l'affaire Harry Quebert* aux éditions De Fallois/L'âge d'Homme, 2012 (prenez le temps, abandonnez même l'ouvrage de Franck quelques instants pour aller à la rencontre de ce voyage dans l'Amérique et ses travers) et vous verrez que Franck Attelan n'a pas le problème existentiel de son héros Marc Goldman. qui, après un premier roman plébiscité, « *après avoir été la coqueluche des lettres américaines est frappé par le syndrome de la page blanche* », de l'absence d'inspiration pour écrire un deuxième *best-seller*... Franck n'est pas Marcus Goldman : il en est lui, déjà au moins à son 6e !

Alain Nonjon

Directeur de la collection

AVANT-PROPOS

Les amis, serrés contre lui, lurent le cryptogramme.
444 E 404 – 4 15xp ! ! 127 0 33 sezc 2 ! E 4 T 10 tel 22456 (...) 303 000 000 francs
204 + 200 = 100 +50 ! ! 151 500 000 francs 444
– Messieurs, dit Mangeclous, d'une voix altérée, à boire car ceci est un drame. (Il but, remercia, relut le cryptogramme.) Nous sommes à la veille de notre grande fortune ! Il y a ici un trésor de plus de trois cent trois millions !
Bouleversés et muets, les Valeureux transpiraient si forts que des vapeurs d'émoi sortaient de leurs habits et s'élevaient lentement.
– C'est-à-dire balbutia Mangeclous, environ soixante millions pour moi si les choses se font honnêtement (Et bien plus si elles se font raisonnablement, poursuivit-il en lui-même.) Lac, lac ! hurla-t-il soudain. Affaire sûre le trésor est dans le lac !

ALBERT COHEN,
Mangeclous

Les épreuves de logique et de mathématiques représentent une part de plus en plus importante dans les différents concours des écoles de commerce. Ces épreuves, réputées comme étant obscures et difficiles sont souvent discriminatoires.

Les étudiants les redoutent et les appréhendent. La logique et les mathématiques sont pourtant des matières particulièrement rémunératrices pour peu que l'on s'y attarde vraiment et que l'on prenne le temps de les éprouver avec justesse, méthode, technique et un peu de sueur.

Les épreuves de logique et de mathématiques des concours d'entrée aux écoles de commerce ne laissent qu'une place minime à l'improvisation : ce sont des épreuves qui demandent une préparation soutenue et qui imposent un intense effort de raisonnement soumis à de fortes contraintes de temps et de stress.

Ici, toutes les épreuves de logique et de mathématiques (logique verbale, raisonnement logique, séries logiques, QCM de calcul et conditions minimales) sont abordées avec comme objectif premier de faire de cet ouvrage un ouvrage rigoureux et pragmatique.

Un ouvrage rigoureux : une analyse de la nature des épreuves et de leurs principes fondamentaux vous est toujours présentée et l'ouvrage tente à chaque fois de mettre l'accent sur des méthodes de résolution originales, des techniques et des astuces qui vous permettront d'optimiser votre capital temps et de vraiment faire la différence le jour des concours.

Un ouvrage pragmatique : plus de 800 tests, QCM et problèmes corrigés vous invitent à vous entraîner de façon progressive et efficace.

Cet ouvrage s'adresse aussi bien à des étudiants de niveau Terminale souhaitant intégrer une école de commerce post-bac (concours Sésame, Accès, Ecristart, Pass, ESG…) qu'à des étudiants de niveau Bac +2 à Bac +5 qui désirent s'orienter vers une école de commerce via des concours parallèles (Tremplin, Passerelle, EM Lyon, Edhec, Audencia, ESC Toulouse, Tests Tage Mage, Tage 2…).

Répondre aux attentes les plus exigeantes et aux ambitions les moins raisonnables : tel est le dessein de cet ouvrage !

Pour finir, « possédez la sagesse, parce qu'elle est meilleure que l'or ; et acquérez la prudence, parce qu'elle est plus précieuse que l'argent. »

(Pirkei Avot – Le Livre des Pères)

Bon courage et bonne réussite !

Franck Attelan

Diplômé de l'Essec. Professeur de logique et de mathématiques au sein de l'Institut de préparation AURLOM. Concepteur de tests. Fondateur des sites www.Aurlom.com et www.LiveQcm.com

NOTA BENE : L'intérêt de cet ouvrage est renforcé par un site Internet dédié à l'accompagnement des étudiants préparant les Concours de l'Enseignement Supérieur : **www.Aurlom.com**
N'hésitez pas à vous y inscrire pour bénéficier de QCM supplémentaires et fiches de tests gratuites à télécharger. Vous y trouverez également de nombreux conseils et liens pour booster et optimiser votre préparation aux concours et même une boîte aux lettres permettant de poser des questions à l'auteur.
Et pour ceux qui souhaitent s'entraîner toujours plus sur des tests inédits dans les conditions du concours, rendez-vous sur **www.LiveQcm.com**, le premier site Internet exclusivement dédié à l'entraînement intensif en ligne aux tests des examens et concours de l'enseignement supérieur.

à la mémoire de ma très belle-maman chérie Gladys Sol Buzaglo

PREMIERE PARTIE

Logique verbale & Raisonnement logique

CHAPITRE 1

ANALOGIES

1. Nature et intérêt de l'épreuve

Les analogies font l'objet d'épreuves principalement aux concours des banques Sésame, Pass, Ecristart et de l'Essec.

La compréhension des principes de cette matière est fondamentale : elle est un **requis nécessaire** à une bonne compréhension des principes du raisonnement logique et des séries logiques.

Commençons d'abord par un bref détour par la Grèce antique. Aristote fut le premier à définir une des premières formes de raisonnement logique : le **syllogisme**.

« Le syllogisme est un discours dans lequel, certaines choses étant posées, quelque chose d'autre que ces données en découle nécessairement par le seul fait de ces données ».

Le syllogisme comporte donc un point de départ – les prémisses – et une conclusion. Celle-ci doit non seulement être nouvelle par rapport aux prémisses (ce qui assure la fécondité du syllogisme) mais aussi découler nécessairement de ces prémisses *et d'elles seules,* ce qui assure la rigueur de ce type de raisonnement.

Examinons un instant le célèbre syllogisme suivant :

Tous les hommes sont mortels
Socrate est homme
Socrate est mortel

Autre exemple :

Tous les hommes sont mortels
Flaubert est homme
Flaubert est mortel

Du point de vue de la logique, les deux déductions (Socrate est mortel *et* Flaubert est mortel) sont *exactement identiques*. Qu'il s'agisse de Socrate ou de Flaubert, la mortalité n'a aucune importance. Il suffit de définir dans un premier temps une propriété pour une classe considérée (*Tous les hommes sont mortels*), que Flaubert fasse bien partie de celle-ci (ici, *les hommes*) et pour finir on conclut que Flaubert possède la propriété visée.

C'est la *structure (la forme)* qui compte en logique. Car en réalité, la classe, l'individu et la propriété peuvent être quelconques, le raisonnement restera correct : pour peu que les *hypothèses* soient vraies, la conclusion l'est également.

Quant aux analogies… ce qui compte, c'est ce que nous appellerons le **lien**.

Une analogie est une ressemblance établie par l'imagination entre deux ou plusieurs objets de pensée essentiellement différents.

Le raisonnement par analogie consiste à raisonner de telle sorte que l'on trouve un lien, une correspondance, un rapport de sens entre deux ou plusieurs objets. Nous nous limiterons ici à deux objets. Et nos objets seront des mots.

Retenez que chaque début d'exercice de logique sur les analogies commencera par un couple de mots.

Vous devez alors trouver le rapport de sens, le lien, soit encore l'analogie qui existe entre ces deux mots.

Vous choisissez ensuite parmi les couples proposés celui dont le lien se rapproche le plus de l'analogie.

Attention à l'ordre des mots dans les couples de mots qui vous seront proposés.

Vous l'aurez compris, les couples de mots importent peu. C'est le lien qui importe ici. Ainsi, les couples de mots en début d'exercice ne sont qu'un prétexte. Car des couples de mots qui contiennent le même lien logique, la même analogie, il y en a potentiellement une infinité.

2. Une méthode

Essayer de trouver l'analogie entre les deux mots du couple en gras. Déduisez ensuite parmi les couples de la liste proposée, quel est le couple qui la respecte.

Ce lien logique est en général assez simple à trouver et doit surtout vous paraître évident, sinon c'est que vous vous trompez. Pour le trouver, appuyez-vous sur la définition des mots.

Ce lien devra être suffisamment précis et concis de sorte que lorsque vous le testerez sur les différents couples proposés, il n'y aura qu'un seul couple (le bon en l'occurrence) qui vérifiera le même lien logique.

3. Exemples

1. Phrase – Proverbe

(a) Fable – Morale
(b) Télégramme – Mot
(c) Chant – Hymne
(d) Investissement – Placement

1. Lien logique : un **proverbe** est une **phrase** d'un genre particulier.
2. On teste :

    (a) Une morale n'est pas une fable d'un genre particulier. *La morale découle de la fable.*
    (b) Un mot n'est pas un télégramme d'un genre particulier. *Un mot est l'unité de base qui compose un télégramme.*
    (c) Un hymne est un chant d'un genre particulier.
    (d) Un investissement n'est pas un placement d'un genre particulier. *Investissement* et *placement* sont synonymes.

Résultat : la bonne réponse est la *réponse C*

Vous voyez bien ici que les mots qui composent les couples (Proverbe – Phrase) et (Chant – Hymne) n'ont pratiquement rien en commun. Ce qui compte c'est le lien logique. Ici, le lien logique (analogie) qui existe entre (Proverbe – Phrase) est le même que celui qui existe entre (Chant – Hymne)… et c'est précisément cela qui nous intéresse.

2. Improvisé – Planification

(a) Modelé – Forme
(b) Parfait – Défaut
(c) Composé – multiples éléments
(d) Préoccupé – Inquiet

1. Lien logique : **improvisé** signifie sans aucune **planification**.
2. On teste :

    (a) Un objet modelé est un objet auquel on a donné une forme définie.
    (b) Parfait signifie sans défaut.

(c) Ce qui est composé comporte souvent de multiples éléments.
(d) Un homme préoccupé ressent de l'inquiétude.

Résultat : la bonne réponse est la *réponse B*

4. EXERCICES

Au début de chacun des 25 exercices suivants, on vous donne un couple de mots en caractères gras. Trouvez le lien qui existe entre ces deux mots, et choisissez parmi les réponses proposées le couple de mots qui contient le lien le plus ressemblant, le plus proche à celui que vous avez trouvé dans le couple de mots de l'exercice.

1. Maintenant – A présent

(a) Fréquent – Répandu
(b) Probable – Certain
(c) Doux – Frais
(d) Légal – Juste

2. Changer – Pneu

(a) Manger – Pain
(b) Recharger – Batterie
(c) Acheter – Robe
(d) Perdre – Candidat

3. Crépuscule – Jour

(a) Page – Livre
(b) Seconde – Minute
(c) Vieillir – Mort
(d) Paiement – Succession

4. Courber – S'est cassé

(a) Faire tomber – Est tombé
(b) Gonfler – A explosé
(c) Démolir – A été détruit
(d) Arrêter – A été freiné

5. Puits – Seau

(a) Mine – Brouette
(b) Camion – Cargaison
(c) Grange – Récolte de blé
(d) Fourreau – Epée

6. Scie – Dentée

(a) Table – Allongée
(b) Tamis – Percé
(c) Poutre – Rabotée
(d) Fenêtre – Aérée

7. Vague – Lame

(a) Feu – Barbecue
(b) Bicyclette – Motocyclette
(c) Appartement – Maison de campagne
(d) Torche – Projecteur

8. Pont – Rives

(a) Clé – Verrou
(b) Lettre – facteur
(c) Langage – Gens
(d) Livres – Pages

9. Volume – Contenance

(a) Minute – Temps
(b) Longueur – Distance
(c) Poids – Balance
(d) Kilogramme – Poids

10. Carré – Cylindre

(a) Rectangle – Cube
(b) Ligne – Point

(c) Triangle – Trapèze
(d) Cylindre – Sphère

11. Digue – Inondation

(a) Veste – Pluie
(b) Obturation – Trou
(c) Clarté – Opacité
(d) Prudence – Catastrophe

12. Idéologie – Politique

(a) Constitution – Lois
(b) Philosophie – Métaphysique
(c) Histoire – Evénements
(d) Pouvoir – Gouvernement

13. Carrefour – Chemin

(a) Ciel – Nuages
(b) Rassemblement – Personnes
(c) Côté – Angles
(d) Terre – Engrais

14. Etude – Erudition

(a) Effort – Epuisement
(b) Orgueil – Fierté
(c) Fiançailles – Mariage
(d) Pleurs – Rires

15. Poisson – Branchies

(a) Animaux – Oxygène
(b) Mammifères – Poumons
(c) Plantes – Gaz carbonique
(d) Humains – Respiration

16. Roi – Souverain

(a) Ministre – Chef d'état
(b) Doigt – Main
(c) Policier – Soldat
(d) Chien – Animal

17. Règle – Tracé

(a) Pluie – Humidité
(b) Abat-jour – Lumière
(c) Table – Bois
(d) Dictionnaire – Traduction

18. Période – Temps

(a) Mètre – Centimètre
(b) Segment – Ligne
(c) Poids – Matière
(d) Surface – Volume

19. Astrologie – Etoiles

(a) Astronomie – Astres
(b) Arithmétique – Algèbre
(c) Graphologie – Ecritures
(d) Zoologie – Animaux

20. Chagrin – Sanglot

(a) Colère – Rage
(b) Sourire – Rire
(c) Douleur – Blessure
(d) Frayeur – Cri

21. Lampe – Chaleur

(a) Moteur – Bruit
(b) Arbre – Fruit

(c) Œuf – Poule
(d) Voiture – Encombrement

22. Lessive – Tache

(a) Neige – Froid
(b) Récolte – Moisson
(c) Etudes – Ignorance
(d) Montre – Temps

23. Prendre – Voler

(a) Se rappeler – Expliquer
(b) Expliquer – Avertir
(c) Raconter – Diffamer
(d) Détruire – Anéantir

24. Musique – Paroles

(a) Forme - Couleur
(b) Distance - Rapidité
(c) Lettre – Mot
(d) Règle – Grammaire

25. Gouttière – Eau

(a) Cheminée – Fumée
(b) Fenêtre – Vent
(c) Volet – Lumière
(d) Stylo – Mine

Une autre forme d'analogies

Dans la série d'exercices qui suit, vous devez compléter la série par un mot **dont le nombre de lettres est indiqué par le nombre de tirets.**

Il faudra que le mot trouvé entretienne un lien logique avec le mot qui le précède qui soit semblable ou proche avec le lien logique qui lie les deux premiers mots de chacune des séries.

Exemple :

Atome – Molécule
Mot – - - - - - -

Dans cet exemple, il fallait trouver Phrase. Le lien qui existe entre Atome et Molécule est le suivant : l'atome est le plus petit élément dont est constituée une molécule. De même que le mot est le plus petit élément dont est constituée une phrase.

C'est à vous !

26. Langage | Mot
Musique | - - - -

27. Torche | Obscurité
Tambour | - - - - - - -

28. Brûlant | Chaud
Excellent | - - -

29. Baguette | Miettes
Rosbif | - - -

30. Ampoule | Bougie
Voiture | - - - - - - -

31. Aire | Volume
Longueur | - - - -

32. Economiste | Commerçant
Agronome | - - - - - - - - - - -

33. Propriété | Clôture
Etat | - - - - - - - - -

34. Cerveau | Ordinateur
Robot | - - - - - - -

35. Problème – Résolution
Dette | _ _ _ _ _ _ _ _ _ _ _ _ _

5. CORRIGÉS

1 - Réponse a

Lien : **Maintenant** et **A présent** sont des synonymes.

- Fréquent et répandu sont des synonymes.
- Ce qui est probable n'est pas certain.
- Ce qui est doux n'est pas forcément frais.
- Ce qui est légal n'est pas forcément juste.

2 - Réponse b

Lien : lorsqu'un **pneu** crève, il faut le **changer**. De même lorsqu'une **batterie** est vide, il faut la **recharger**.

3. Réponse c

Lien : le **crépuscule** est la lueur qui précède le lever du soleil, c'est la période qui précède le jour. De même, la vieillesse (**vieillir**) est la période qui précède la **mort**.

Attention, la seconde ne précède pas la minute, mais une seconde est égale à un soixantième de minute. A la limite, *59* secondes précèdent la formation d'une minute.

4 - Réponse b

Lien : **Courber** un objet de manière exagérée peut avoir pour résultat que cet objet **se casse.**

C'est uniquement dans la réponse b que le rapport entre les mots est identique au rapport des mots de la question. Dans toutes les autres possibilités, le rapport entre les mots est tel que l'action (le mot de gauche) entraîne *nécessairement* le résultat (le mot de droite).

5 - Réponse a

Lien : on retire l'eau du **puits** à l'aide d'un **seau**.

C'est uniquement dans la réponse a que l'on retrouve ce même lien : on extrait le **minerai** d'une mine à l'aide d'une **brouette**.

- Un camion sert à transporter une cargaison d'un endroit à l'autre.
- Une grange sert à entreposer une récolte.
- Un fourreau sert à porter une épée.

NB : Efforcez-vous toujours de revenir à la définition première des mots qui vous sont proposés dans les solutions.

6 - Réponse b

Lien : le propre d'une **scie** est d'être **dentée**.

- Une table peut être allongée, mais elle ne l'est pas nécessairement.
- Le propre d'un **tamis** est d'être **percé**.
- Une poutre peut être rabotée mais pas nécessairement.
- Une fenêtre ouverte rend la pièce aérée.

7 - Réponse d

Lien : on peut formuler le rapport qui existe entre une vague et une lame de la manière suivante : une **lame** est une grande **vague** (au sens physique du terme).

On retrouve ce même rapport dans la réponse d : un **projecteur** est une grande **torche**.

Ce rapport est faux ou inexact dans les autres réponses. Ainsi par exemple, il est faux de dire « qu'une maison est un grand appartement » ou « qu'un barbecue est un grand feu ». Il y a en effet des appartements qui sont bien plus grands que certaines petites maisons de campagne.

8 - Réponse c

Lien : un **pont** relie les **rives**… pour établir une communication (entre les deux rives)

- Une clé ouvre un verrou.
- Une lettre est envoyée par la poste.
- Le **langage** relie les **êtres humains**… pour établir une communication.
- Un livre est composé de pages.

9 - Réponse b

Lien : la **contenance** se mesure en unités de **volume**.

Un même lien existe dans la réponse b : la **distance** se mesure en unités de **longueur**. Les réponses a et d paraissent convenir à première vue puisque le temps est lui aussi mesuré en minutes et le poids en kilogrammes ; cependant, il faut éliminer ces deux réponses. En effet, les minutes et les kilogrammes sont deux unités particulières de mesure (on peut aussi mesurer le temps en jours et le poids en tonnes) alors que « volume » et « longueur » sont des termes génériques.

10 - Réponse a

Un carré est une forme géométrique à deux dimensions et un cylindre est un solide à trois dimensions. Lien : dans un **cylindre**, il y a une dimension de plus que dans un **carré**.

On retrouve ce même lien dans la réponse a puisqu'un **cube** possède une dimension de plus que le **rectangle**. Ce lien ne se retrouve dans aucun autre couple de mots.

NB : n'oubliez pas de faire attention à l'ordre dans lequel les mots apparaissent dans le lien que vous formez et de respecter ensuite le même ordre lorsque vous testez le lien sur vos mots solutions.

11 - Réponse d

Lien : la fonction d'une **digue** est d'éviter une **inondation**.

On retrouve ce même lien dans la réponse d : la fonction de la **prudence** est d'éviter une **catastrophe**. La fonction d'une veste n'est pas d'éviter la pluie.

12 - Réponse a

Lien : une **idéologie** est la ligne directrice d'une **politique**.

Ce lien existe aussi dans le premier couple de mots proposés : la **constitution** est la ligne directrice suivie pour légiférer (**lois**).

13 – Réponse b

Lien : un **carrefour** est la rencontre de plusieurs **chemins**.

De la même manière, un **rassemblement** est la rencontre de plusieurs **personnes**.

Ce lien n'existe dans aucun des autres couples proposés. Un côté n'est pas une rencontre d'angles…

14 – Réponse a

Lien : l'érudition c'est l'instruction, le savoir. Plus j'**étudie**, plus je peux être amené à être **érudit**.

- De la même manière, un **effort** soutenu peut m'amener à être **épuisé**.
- L'orgueil et la fierté sont des mots de signification très proche.
- Les fiançailles sont une étape antérieure au mariage mais il n'y a pas de lien causal entre eux.
- Il n'y a pas de lien causal entre rires et pleurs.

15 – Réponse b

Lien : les **branchies** sont les organes respiratoires des **poissons**. De même que les **poumons** sont les organes respiratoires des **mammifères**.

16 – Réponse d

Lien : un **roi** est une sorte de **souverain**.

- Un ministre doit se soumettre au chef d'état (qui peut être le *Premier* Ministre…).
- Un doigt est une partie de la main.
- Un policier et un soldat remplissent des fonctions différentes.
- Un **chien** est une sorte d'**animal**.

17 – Réponse d

Lien : une **règle** est un instrument qui permet de **tracer**.

- La pluie est source d'humidité.
- L'abat-jour empêche la lumière de se propager.
- La table est généralement construite en bois.
- Le **dictionnaire** est un instrument qui permet de faire une **traduction**.

18 – Réponse b

Lien : une **période** est une portion (partie délimitée) de **temps**.

Ce même lien existe uniquement pour le couple de la réponse b : un **segment** est une portion (partie délimitée) de **ligne**.

19 – Réponse c

Lien : l'**astrologie** tente de révéler le caractère des individus à l'aide des **étoiles**.

- L'astronomie est l'étude des astres.
- La **graphologie** tente de révéler le caractère d'un individu à l'aide de son **écriture**.
- La zoologie est l'étude des animaux.

20 – Réponse d

Lien : le **sanglot** est l'expression d'un **chagrin**.

- Colère et rage sont deux sentiments semblables.
- Le sourire et le rire sont deux façons d'exprimer des sentiments semblables.
- La douleur est un effet possible d'une blessure.
- Le **cri** est l'expression d'une **frayeur**.

21 – Réponse a

Lien : la **chaleur** est un effet secondaire d'une **lampe** allumée.

- Le **bruit** est un effet secondaire d'un **moteur** en marche.
- Un fruit est le produit principal d'un arbre.
- L'œuf est le produit principal d'une poule.
- Un encombrement est créé par un surcroît de voitures. L'encombrement n'est nullement un effet secondaire de voitures en marche (prenez l'exemple de quelques voitures circulant en rase campagne en plein mois d'août vers 2h du matin.)

22 – Réponse c

Lien : la **lessive** a pour but de supprimer une **tâche**.

- La neige tombe dans certaines conditions dont l'une est le froid.
- La moisson est le produit de la récolte des champs.

- Les **études** ont pour but de supprimer l'**ignorance**.
- La montre donne une mesure du temps.

23 – Réponse d

Lien : **voler**, c'est **prendre** quelque chose à quelqu'un contre son gré dans le but (conscient ou inconscient) de nuire.

On retrouve le même lien dans le couple Raconter – Diffamer. En effet, diffamer signifie parler de quelqu'un contre son gré dans le but (avoué ou inavoué) ultime de lui nuire et ce, contre son gré.

24 – Réponse a

Lien : la **musique** et les **paroles** sont deux caractéristiques/composantes essentielles et différentes d'une chanson.

On retrouve ce lien dans Forme – Couleur. En effet, la forme et la couleur sont deux caractéristiques/composantes essentielles d'un objet.

25 – Réponse a

Lien : une **gouttière** sert à évacuer l'**eau**.

On retrouve ce lien dans Cheminée – Fumée. En effet une cheminée est un tuyau qui sert à évacuer la fumée.

Attention, une fenêtre sert à faire pénétrer du vent dans une pièce et un volet sert à intercepter, bloquer la lumière (entre autres usages)

Une autre forme d'analogies

26 – Note

La mot est l'élément de base qui compose le langage de même que la note est l'élément de base qui permet de composer de la musique.

27 – Silence

La lumière d'une torche casse et met fin à l'obscurité de même que le silence est cassé, brisé par le son du tambour.

28 – Bon

Brûlant signifie extrêmement chaud de même qu'excellent signifie extrêmement bon.

29 – Jus

Les miettes sont des résidus de pain de même que le jus est du résidu de rosbif.

30 – Calèche

La bougie est « l'ancêtre » (en termes de technologie) de l'ampoule de même que la calèche est « l'ancêtre » de la voiture.

31 – Aire

Le volume a une dimension de plus que l'aire de même que l'aire a une dimension de plus que la longueur.

32 – Agriculteur

L'économiste étudie, théorise (homme de sciences) et le commerçant pratique (homme de terrain). De même : l'agronome étudie, théorise (homme de sciences) et l'agriculteur pratique (homme de terrain….)

33 – Frontière

Une clôture permet de délimiter (et protéger) l'espace d'une propriété ; de même qu'une frontière permet de délimiter (et protéger) un état.

34 – Robot

L'ordinateur vise à remplacer le cerveau dans l'exécution de tâches élémentaires ; de même que le robot vise à remplacer l'ouvrier dans l'exécution de tâches élémentaires.

35 – Remboursement

Le propre d'un problème est d'être résolu de même que le propre d'une dette est d'être remboursée.

CHAPITRE 2

RAISONNEMENT LOGIQUE

I. NATURE ET OBJET DE L'EPREUVE

- Préparation à l'épreuve de raisonnement logique des concours d'admission en Ecole de commerce « post-bac » et préparation aux QCM de raisonnement de la **sous-épreuve numéro 4** du Test **TAGE MAGE**.

- Préparation au **CONCOURS ACCES** qui comprend une épreuve de mathématiques (3h) composée de deux parties.

La première partie a pour objectif d'évaluer votre niveau de connaissances en mathématiques (calcul, algèbre, arithmétique et géométrie). Le niveau requis correspond aux éléments communs de l'ensemble des classes de second cycle préparant les baccalauréats de série générale. Afin de préparer cette épreuve de façon optimale, je vous propose de vous référer dans un premier temps au Chapitre QCM de Calcul (Quatrième partie) de cet ouvrage, et je vous suggère ensuite de revoir par vous-même (ouvrages de mathématiques de terminale, annales de révisions pour le baccalauréat…) certaines notions de probabilités et d'analyse qui ne sont pas abordées dans cet ouvrage.

La seconde partie, qui fait l'objet du présent chapitre, évalue les capacités de raisonnement logique du candidat.

L'épreuve de raisonnement logique est une épreuve très exigeante. Vous devez faire preuve d'une très grande rigueur de raisonnement et d'une concentration redoutable. Surtout, vous devez être capable d'initier un raisonnement logique structuré, constructif et sans failles.

Je vous laisse vous référer au mode de notation de cette épreuve ainsi qu'à la table des coefficients attribués à l'épreuve par les différentes écoles. Cette information est généralement disponible dans la brochure de présentation des écoles de la banque Accès ou encore dans les annales des épreuves écrites Accès (disponibles sur **www.concours-acces.com**)

II. METHODE DE RESOLUTION (EXERCICES TYPE ACCES) ET FORMULES FONDAMENTALES

1. Méthode de résolution des exercices type Accès

1. Lire entièrement l'énoncé du problème et je dis bien **l'énoncé** seulement. Ne pas lire les assertions A, B, C et D. La lecture des assertions intervient toujours lors de la dernière étape.

2. Tirer un maximum d'informations à partir des données qui vous sont présentées dans l'énoncé du problème et rédiger si possible les différents scénarios – schémas qui se présentent à vous.

3. Une fois que vous avez tiré le maximum d'informations à partir des données, vous devez alors lire les assertions A, B, C et D et y répondre, si possible dans l'ordre, par vrai ou faux.

En général, si le travail de préparation de la seconde étape a été exécuté avec rigueur, la troisième ne doit durer que quelques minutes dans la mesure où lorsque vous avez tiré le maximum d'informations à partir de l'énoncé et rédigé vos scénarios, les réponses aux questions apparaissent tout naturellement.

2. Notions et formules fondamentales de logique pure

Voici quelques notions et formules fondamentales de logique pure qui peuvent vous aider à bâtir l'édifice de votre raisonnement.

La notion de conjonction

La notion de conjonction s'exprime le plus souvent par les termes « **et** », « **mais** », « **or** », « **toutefois** », « **pourtant** », « **certes** », etc.

Exemple : « Il fait beau **et** froid » qui signifie « Il fait beau **et** il fait froid ». Autre exemple : « La physique c'est difficile, **mais** c'est à la portée de tous ». Ici, « mais » joue exactement le même rôle que « et ». La différence tient en ce que ces mots véhiculent des présupposées différentes : un « mais » présuppose une certaine opposition entre les faits réunis, là où le « et » présuppose que ces faits sont admis comme compatibles, voire convergents. Dernier exemple : « Le chien a grimpé sur le canapé **or** le chat était posé dessus ». La locution « or » exprime encore une conjonction.

Le connecteur logique « conjonction » est noté : $\wedge$

La notion de négation

En logique, la vérité et la fausseté jouent un rôle exactement symétrique. Cette symétrie est omniprésente dans le langage de la vie courante sous la forme de l'opposition « Le ciel est bleu » et « le ciel **n'**est **pas** bleu ». Cette opération qui intervertit le vrai et le faux, s'appelle la négation.

Le connecteur logique « négation » est noté : $\neg$

La notion de disjonction

La notion de disjonction s'exprime le plus souvent par les termes **« ou »**, **« à moins que »**, **« ou bien »**, **« ou alors »**, etc.

Exemple : « Sharon a gagné au Millionnaire… **a moins qu'**elle n'ait hérité d'une fortune de sa tante Ida ». On exprime ici que parmi deux énoncés , l'un au moins est vrai : ou bien Sharon a gagné au Millionnaire ou bien elle a hérité de sa tante Ida. Autre exemple : « Ce soir, je vais aller au théâtre **ou** au restaurant » : si nous comparons les deux exemples, les faits « aller au théâtre » et « aller au restaurant » semblent s'exclure mutuellement (si je vais au théâtre je ne vais pas au restaurant ; si je vais au restaurant, je ne vais pas au théâtre) alors que Sharon peut très bien avoir *à la fois* gagné au Millionnaire *et* hérité de sa tante Ida. Pour résoudre cette ambiguïté, on convient d'entendre la disjonction au sens large : ses deux membres peuvent être ou n'être pas vrais simultanément. Pour indiquer que l'on veut exclure le cas où les deux faits seraient vrais, il convient de le faire explicitement : « Ce soir je vais **ou bien** aller au théâtre **ou bien** au restaurant ».

Le connecteur logique « disjonction » est noté : $\vee$

La notion d'implication

La notion d'implication s'exprime le plus souvent par les termes : **« Si…, alors… »**, **« implique »**, **« entraîne »**, **« dès que »** etc. Ces relations de conséquences sont chargées d'idée d'obligation, de causalité, de simultanéité, de succession, etc.

Exemple : « **Si** je réussis mes concours **alors** je pars à New York » : mon départ pour New York est ici irrésistiblement lié à ma réussite aux concours. Idée de conséquence, de succession et de causalité.

Attention : Soit deux énoncés A et B. Soit : $A \Rightarrow B$. On a alors : « A est vrai »

Le connecteur logique « implication » est noté : $\Rightarrow$

La notion d'équivalence

La notion d'équivalence s'exprime le plus souvent par les termes : **« égal à »**, **« revient à dire que »** etc.

Le connecteur logique « équivalence » est noté : $\Leftrightarrow$

Formules fondamentales

Soit A et B deux énoncés (membres) distincts.

$\equiv$: ce signe signifie que les formules sont équivalentes.

1. $A \Leftrightarrow \neg(\neg A)$: énoncer la négation du faux équivaut à énoncer le vrai.
2. Une formule essentielle : la contraposition
   $(A \Rightarrow B) \equiv (\neg B \Rightarrow \neg A)$: dire que A implique B équivaut à dire que non B implique non A.
3. L'équivalence $A \Leftrightarrow B$ est par définition $(A \Rightarrow B) \wedge (B \Rightarrow A)$: montrer que A est équivalent à B revient à montrer que A implique B *et* B implique A.
4. $\neg(A \vee B) \equiv \neg A \wedge \neg B$: loi de Morgan I
5. $\neg(A \wedge B) \equiv \neg A \vee \neg B$: loi de Morgan II
6. $(A \Rightarrow B) \equiv (\neg A \vee B)$

III. EXERCICES

Les exercices qui suivent sont d'une difficulté variable. Ils sont *une étape préparatoire* aux exercices type ACCES.

Exercice 1

Les cambriolages de pavillons dans la zone Z1 sont plus nombreux que dans la zone Z2. Conclusion possible : les verrous de la zone Z2 sont plus solides que ceux de la zone Z1. Cette conclusion se trouvera <u>renforcée</u> s'il s'avère :

(a) Qu'il y a plus de bijoux de valeur et d'argent dans les pavillons de la zone Z1 que de la zone Z2.

(b) Qu'il y a des barbelés aux fenêtres des pavillons de la zone Z2

(c) Que le nombre de cambriolages a diminué dans la zone Z1 lorsqu'on a installé de nouveaux verrous.

(d) Que la police fait plus de tours de garde dans la zone Z1

Exercice 2

Dans un immeuble de 6 étages, que l'on a numérotés de 1 à 6, habitent 6 personnes, une par étage. Voici les noms des habitants, ceux-ci n'étant pas forcément donnés d'après l'ordre de l'emplacement de leur appartement : Anne, Anthony, Aram, Frank, Serge et Carole. Le nombre d'étages qui séparent l'appartement d'Aram de celui d'Anthony est égal au nombre d'étages qui séparent l'appartement d'Anthony à celui d'Anne. L'appartement de Carole se trouve à un étage plus élevé que celui de Frank. Anne habite à l'étage 5 et Aram à l'étage 1.

Parmi les phrases suivantes, laquelle est nécessairement vraie ?

(a) Anne habite au dessus de Carole.
(b) Serge habite à un étage supérieur au 2ème étage.
(c) Frank habite à un étage supérieur au 2ème étage.
(d) Carole habite à un étage supérieur au 3ème étage.

Exercice 3

Valérie aime tous les gâteaux marocains. Isabelle ne mange que des gâteaux à la cannelle. Nathalie préfère les gâteaux ronds. Pendant la soirée, on a fait passer parmi les personnes présentes une assiette pleine de gâteaux identiques. Valérie et Isabelle ont mangé des gâteaux mais Nathalie a refusé d'en manger

Parmi les phrases suivantes, laquelle n'est pas acceptable ?

(a) Les gâteaux étaient à la cannelle et ronds.
(b) Les gâteaux n'étaient pas des gâteaux marocains.
(c) Les gâteaux étaient à l'anis et étaient marocains.
(d) Les gâteaux étaient à la cannelle et carrés.

Exercice 4

Voici quatre questions. Pour chaque question, on vous fournit des données sur le comportement de deux personnes : Jonathan et Franck. Parfois, ils nous donnent eux-mêmes des informations à leur sujet, parfois c'est Simon qui nous donne des informations les concernant. Simon agit selon la règle suivante : chaque fois que c'est lui qui parle, il dit la vérité dans la première phrase et ment dans tout ce qui suit. Vous devez choisir parmi les quatre conclusions suivantes celle qui découle des données de chaque question.

(1) Jonathan dit la vérité et Franck ment.
(2) Les deux sont des menteurs.
(3) Les deux disent la vérité.
(4) Il y a une contradiction interne dans les données.

Question 4.1.

Simon a dit : « Jonathan a dit la vérité. Franck agit de façon contraire à Jonathan. »

Question 4.2.

Simon a dit : « Franck agit de façon contraire à Jonathan. Jonathan agit de façon contraire à Guy. Guy est un menteur. »

Question 4.3.

Jonathan et Franck ont dit : « nous mentons en ce moment. »

Question 4.4.

Simon a dit : « Jonathan est un menteur. Franck agit de façon contraire à Guy. Guy agit de façon contraire à Stéphane. Stéphane agit de façon contraire à Jonathan. »

Exercice 5

Voici trois arguments. Chacun d'eux est composé de deux suppositions et d'une conclusion. Pour chaque argument vous devez décider si :

(1) La conclusion découle obligatoirement de chacune des suppositions prises séparément.

(2) La conclusion découle obligatoirement et uniquement des deux suppositions prises ensemble.

(3) La conclusion découle obligatoirement et uniquement de l'une des suppositions.

(4) La conclusion ne découle pas obligatoirement des suppositions.

Question 5.1. / Argument 1

a) Tous les gens riches ont l'habitude de faire une croisière à Punta Cana.

b) Seuls les propriétaires de yacht ont l'habitude de faire une croisière à Punta Cana.

Conclusion : il n'y a pas de gens riches qui n'aient pas de yacht.

Question 5.2. / Argument 2

a) Les habitants d'Amérique latine mangent plus de riz que de blé.

b) Les argentins mangent plus de riz que le reste des habitants d'Amérique latine.

Conclusion : les argentins mangent moins de blé que le reste des habitants d'Amérique latine.

Question 5.3. / Argument 3

a) Tous les parachutistes courent 60 km par jour.

b) Tous les pilotes courent 60 km par jour.

Conclusion : les pilotes qui sont parachutistes courent 60 km par jour.

Exercice 6

Bien que Jeff ait deux ans et demi révolus, ses pas ne sont pas encore assurés et son langage n'est pas clair. La supposition que sous-tend forcément cette phrase est :

(a) A l'âge de deux ans et demi, les enfants commencent à marcher et à parler.

(b) Jeff n'a aucun problème de développement dans les autres domaines.

(c) Jeff est un enfant qui s'est mal développé par rapport aux enfants de son âge.

(d) D'habitude, les enfants de deux ans et demi parlent et marchent convenablement.

Exercice 7

Sara n'arrive pas à se coiffer sans se regarder dans le miroir. Le seul miroir qu'il y a chez elle s'est brisé. Pourtant, aujourd'hui, Sara est arrivé coiffée au bureau.

Conclusion : quelqu'un d'autre l'a coiffé.

Parmi les faits suivants, lequel n'affaiblit pas la conclusion ?

(a) Il y a un miroir dans la voiture de Sara.

(b) Sara va souvent se coiffer chez sa voisine de palier.

(c) Il y a un miroir dans le bureau de Sara.

(d) Sara a acheté un miroir le jour même où le sien s'est brisé.

Exercice 8

Si l'immeuble de Patrick a été construit après 1990, il possède un ascenseur. D'après laquelle des généralisations suivantes, est-il possible d'arriver à cette conclusion ?

(a) Il ne peut y avoir d'ascenseur que dans des immeubles construits après 1990.

(b) Dans tous les immeubles construits après 1990, il y a des ascenseurs.

(c) Tous les ascenseurs se trouvent dans des immeubles construits après 1990.

(d) Aucun immeuble construit avant 1990 ne possède un ascenseur

Exercice 9

Les secrétaires de direction touchent un salaire beaucoup plus élevé que les infirmières. La durée des études pour les deux professions est identique. Les secrétaires de direction n'ont pas besoin d'appareils coûteux indispensables aux infirmières.

Par conséquent, celle qui a l'intention de suivre des cours pour être infirmière n'a pas fait un choix judicieux. Laquelle des phrases suivantes ne renforce ni n'affaiblit cette dernière phrase ?

(a) Les secrétaires de direction jouissent d'un plus grand prestige comparativement aux infirmières ou aux chirurgiens.

(b) Les secrétaires de direction débutantes gagnent très peu comparativement aux infirmières débutantes.

(c) De nombreuses infirmières se recyclent et deviennent secrétaires de direction après quelques années.

(d) Les chirurgiens gagnent bien plus que les secrétaires de direction et les infirmières.

Exercice 10

Les quatre questions qui suivent (10.1, 10.2, 10.3 et 10.4) se rapportent à la description et au schéma qui suivent. Ci-dessous, vous trouverez un tableau comportant 9 formes : une mauve, une rose, une noire, une blanche ; toutes les autres formes sont jaunes ou rouges. On ignore quelles sont les formes qui se trouvent dans les cases où figurent un point d'interrogation.

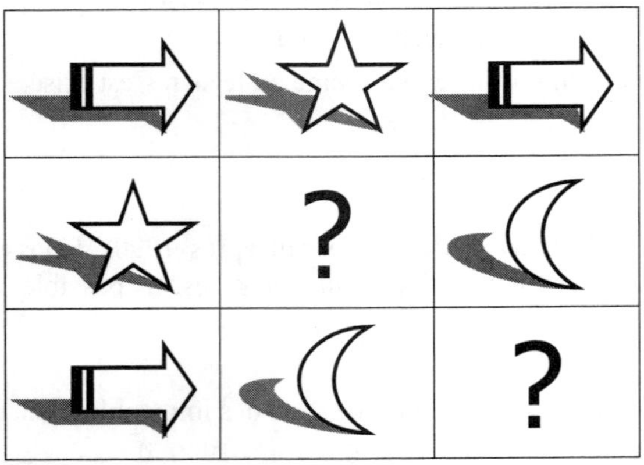

Le tableau a été construit selon les règles suivantes :

(1) Il n'y a que deux étoiles qui sont jaunes.

(2) La forme mauve et la forme rose sont en forme de lune.

(3) La lune rouge se trouve au dessus d'une autre lune et en dessous d'une forme de couleur rouge.
(4) Une flèche jaune et une étoile jaune se trouvent dans le même colonne mais ne se trouvent pas côte à côte.

Attention : répondez aux questions suivantes en ignorant les données des autres questions.

Question 10.1.
D'après les données, on peut affirmer avec certitude que :

(a) La flèche jaune se trouve dans la rangée de la flèche noire.
(b) La flèche blanche se trouve à côté de la lune mauve.
(c) Il y a trois flèches qui diffèrent l'une de l'autre par leur couleur.
(d) Il est impossible de connaître la couleur de chacune des flèches.

Question 10.2.
Lesquelles des couleurs suivantes ne peuvent pas se trouver sur la même rangée ?

(a) Blanc et noir.
(b) Rose et noir.
(c) Noir et mauve.
(d) Mauve et rouge.

Question 10.3.
On donne : dans la colonne de droite la lune du milieu est mauve. Si cette donnée complète les informations données dans les règles et la description préalable, quelle information supplémentaire pourrons-nous en déduire ?

(a) On pourra déterminer uniquement la couleur d'une seule forme supplémentaire.
(b) Nous n'aurons aucune information supplémentaire concernant les couleurs des autres formes.
(c) On pourra déterminer la couleur de chaque case du tableau.
(d) On pourra uniquement déterminer toutes les couleurs des formes d'une colonne entière et d'une rangée entière.

Question 10.4.

On a décidé de peindre en blanc une forme supplémentaire, identique à celle qui était déjà peinte en blanc, tout en conservant les règles 1, 2, 3 et 4. Dans combien de rangées et de colonnes y aura-t-il deux formes de couleur identique ?

(a) Dans deux colonnes et dans aucune rangée.
(b) Dans toutes les colonnes et dans une rangée.
(c) Dans deux colonnes et dans une rangée.
(d) Dans toutes les colonnes et dans aucune rangée.

Exercice 11

Le PDG de la banque INTEG a déclaré qu'un homme sensé peut économiser 100 € par mois sur ses revenus. Pour arriver à cette conclusion, il a nécessairement supposé que :

(a) Celui qui réussit à économiser 100 € par mois n'est pas stupide.
(b) Toutes les personnes sensées gagnent plus de 100 € par mois.
(c) Seul un homme sensé gagne plus de 100 € par mois.
(d) Seul un homme sensé peut économiser 100 € par mois.

Exercice 12

Dans un spot publicitaire pour la pile « MODEANI », douze motos miniatures roulent à une vitesse identique sur un circuit et s'arrêtent en même temps, excepté celle équipée de la pile « MODEANI », qui continue à rouler. Parmi les faits supplémentaires suivants, lequel n'amoindrira pas la fiabilité du spot publicitaire auprès des consommateurs ?

(a) Deux motos miniatures de la publicité étaient équipées de piles « MODEANI ».
(b) Les roues de la moto qui s'est arrêtée la dernière étaient de marque différente de celles des autres motos.
(c) La moto qui s'est arrêtée la dernière a démarré avant les autres motos.
(d) La moto qui s'est arrêtée la dernière a suivi un parcours particulièrement facile.

Exercice 13

L'évier de la maison de Stéphanie est en acier et c'est la raison pour laquelle elle dépend financièrement de ses parents. Laquelle des assertions suivantes est la conclusion la plus plausible de la phrase ci-dessus ?

(a) Les gens pauvres ont en général un évier en acier dans leur maison.
(b) Les frais d'entretien d'un évier en acier sont trop élevés pour Stéphanie.
(c) Ce sont les parents de Stéphanie qui sont responsables de son acquisition d'un évier en acier.
(d) Toutes les personnes dont l'évier n'est pas en acier ne dépendent pas de leurs parents.

Exercices type ACCES

Dans la série d'exercices qui suit, l'énoncé du problème pour chacun des exercices précède toujours 4 assertions (A, B, C et D). Pour chacune des 4 assertions, **vous devez simplement dire si elle est vraie ou si elle est fausse.**

Exercice 14

Enoncé : un meurtre a été commis pendant la nuit de la Saint Sylvestre. Quatre personnes ont été arrêtées : Armin, Buuren, Corsten et Dido. Voici les faits dont les commissaires responsables de l'affaire sont sûrs :

- Si Corsten est coupable, alors il a exactement deux complices
- Si Buuren est coupable, alors il a exactement un complice
- Armin est innocent

A – Corsten est innocent
B – On ne peut savoir si Buuren est coupable
C – Dido est coupable
D – Armin est le seul innocent

Exercice 15

Enoncé : un meurtre a été commis pendant le carnaval de Rio. Les commissaires responsables de l'affaire ont réuni les informations suivantes :

- Si Tiesto a menti alors Timo a tué Vasquez
- Si Tiesto dit la vérité alors l'arme du crime n'était pas un sabre
- Timo n'a pas tué Vasquez ou alors c'est que Sasha est complice

- L'arme du crime est bien un sabre

A – Si Sasha n'est pas complice alors Tiesto a dit la vérité
B – Sasha n'est pas complice
C – Timo n'a pas tué Vasquez
D – Tiesto a menti

Exercice 16

Enoncé : Une famille se compose du père, de la mère et de quatre enfants (deux filles et deux garçons). Les filles sont jumelles. Le total des âges fait 192. Le père est deux fois plus âgé que ses filles. La mère est de 2 ans plus jeune que son mari. L'aîné des frères a 4 ans de plus que l'autre et est 2 fois moins âgée que sa mère.

A – Les sœurs ont 20 ans
B – L'âge moyen des membres de la famille est de 32 ans
C – Le père a 30 ans de plus que le plus jeune de ses enfants
D – La mère a 23 ans de plus que ses filles

Exercice 17

Enoncé : Mike, un marchand de biens, possède 500 000 €, 2 hôtels particuliers et 6 tableaux de maître. Un autre marchand de biens, Jérémie, ne possède qu'une usine. Mike décide d'échanger avec Jérémie son usine contre 2 hôtels particuliers, 3 tableaux de maître et Z €. Une seconde transaction a lieu un mois plus tard : Mike rachète à Jérémie un hôtel particulier contre 3 tableaux de maître moins Z €. Deux mois plus tard, une dernière transaction a lieu : Mike veut racheter à Jérémie un tableau de maître. Pour cela, il paye à Jérémie (100 000 + Z) € et il lui reste encore 300 000 €.

A – L'usine vaut 1 500 000 €
B – Un tableau de maître vaut 200 000 €
C – Après les 3 transactions, Mike a plus d'euros qu'au début
D – Un hôtel particulier est deux fois moins cher qu'une usine

Exercice avec solutions uniquement

Exercice 18

Les trois questions qui suivent (18.1, 18.2 et 18.3) se réfèrent au passage qui suit et au schéma qui l'accompagne.

Huit enfants sont répartis sur le pourtour d'un cercle. Chaque enfant est séparé de son voisin par une distance de 10 mètres le long de la circonférence du cercle. Ils se passent un ballon de rugby d'après un certain nombre de règles :

(1) Il est interdit de passer le ballon à son voisin (voisine).
(2) Il est interdit de passer le ballon à un enfant dont le nom commence par la même lettre de celui qui fait la passe.
(3) Il est interdit de renvoyer le ballon à l'enfant qui vient de le passer.

La « distance de passe » est la distance en mètres le long de la circonférence du cercle entre celui qui passe la balle et celui qui la reçoit.

Attention : répondez aux questions suivantes en ignorant les données des autres questions.

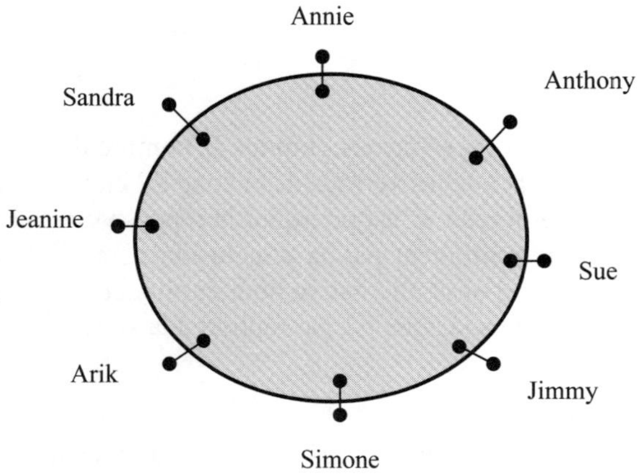

Question 18.1.
Jimmy a fait la première passe. Lequel des enfants suivants ne recevra nécessairement pas la *deuxième* passe ?

(a) Arik
(b) Sandra
(c) Annie
(d) Anthony

Question 18.2.

Simone fait la première passe et lance le ballon à une distance de 20 mètres le long de la circonférence. Après elle, la distance de chaque passe supplémentaire augmente de 10 mètres par rapport à la passe précédente. Qui peut recevoir la troisième passe ?

(a) Arik
(b) Anthony
(c) Les données ne sont pas suffisantes pour répondre à la question
(d) D'après les règles, un tel cas n'est pas possible

Question 18.3.

La règle suivante remplace la règle 2 : il est interdit de passer le ballon à un enfant dont le nom commence par une des initiales des noms des voisins immédiats du lanceur. Sue lance la balle la première. Qui recevra la troisième passe ?

(a) Simone
(b) Sue
(c) Jeanine
(d) Jimmy

III. CORRIGES

Exercice 1 – Réponse C

Si l'installation de nouveaux verrous diminue le nombre de cambriolages dans la zone Z1, la conclusion disant que les verrous de la zone Z2 étant meilleurs que ceux de zone Z1 se trouve donc renforcée. C'est pourquoi la réponse c est la réponse correcte. Les réponses a, b et d ne renforcent pas la conclusion ni ne l'affaiblissent puisque chacune d'elles donne une réponse alternative pour expliquer le plus grand nombre de cambriolages de pavillons dans la zone Z1 par rapport à la zone Z2.

Exercice 2 – Réponse D

Pour résoudre cette question, nous nous servirons du schéma ci-dessous :

	6
Anne	5
	4
Anthony	3
	2
Aram	1

On sait qu'Aram habite au 1er étage et Anne au 5ème. D'après la donnée concernant Anthony, il ressort qu'il habite nécessairement au 3ème étage. Puisque nous savons que Carole habite au dessus de Serge, il en découle que Carole ne peut habiter au 2ème étage. Donc Carole habite nécessairement au 4ème étage ou au 6ème, c'est-à-dire à un étage supérieur au 3ème. La réponse correcte est donc la réponse d.

Exercice 3 – Réponse C

La donnée concernant Valérie révèle qu'il n'y a pas de gâteaux marocains que Valérie n'aime pas. Cela ne signifie pas qu'elle n'aime *que* les gâteaux marocains .

On ne peut tirer aucune conclusion de la donnée concernant Nathalie car elle se réfère uniquement à une préférence. La donnée concernant Isabelle nous apprend que si elle a mangé un gâteau, il s'agit nécessairement d'un gâteau à la cannelle : donc Isabelle ne mange pas de gâteaux qui ne sont pas à la cannelle. On peut en conclure que la situation décrite dans la réponse c n'est pas possible : il est impossible qu'Isabelle ait mangé un gâteau à l'anis. La réponse correcte est donc la réponse c.

Exercice 4.1. – Réponse 3

Dans cette question, on nous donne une réplique de Simon, à propos duquel il est dit dans les données générales que ses premières phrases sont vraies tandis que le reste des phrases est faux. Sa première phrase est : « Jonathan dit la vérité ». Considérons cette phrase comme vraie. Sa seconde phrase est : « Franck agit de façon contraire à Jonathan ». Considérons la comme fausse ; on a alors la phrase suivante qui, elle, est vraie : « Franck agit comme Jonathan ». C'est pourquoi on peut conclure que Franck aussi dit la vérité. Les deux disent donc la vérité. Réponse 3.

Exercice 4.2. – Réponse 1

Dans cette question, on nous donne trois répliques de Simon à propos de trois personnes. D'après les données, la première réplique est vraie et les deux suivantes sont fausses. C'est pourquoi Franck agit de façon contraire à Jonathan, Jonathan agit comme Guy et Guy dit la vérité. De là, on peut conclure que Jonathan dit la vérité et que Franck ment. Réponse 1.

Exercice 4.3. – Réponse 4

Dans cette question, on nous donne la phrase prononcée par Jonathan et Franck pour laquelle nous n'avons pas d'instructions dans les données générales. Dans ce cas, il faut vérifier la phrase d'après chaque possibilité et découvrir ce que l'on peut conclure de chacune des combinaisons possibles.

1ère possibilité

Si l'un d'eux dit la vérité et le second ment, l'un d'eux dit à son sujet la vérité et l'autre ment. Cependant le menteur dans ce cas est celui qui dit la vérité (celui qui dit qu'il ment), et pourtant celui qui dit la vérité ment (en disant qu'il ment). Cette situation est impossible, car il existe ici une contradiction interne. Si quelqu'un est défini comme disant la vérité il ne peut pas mentir, et s'il est présenté comme menteur, il ne peut pas dire la vérité.

2ème possibilité

Si les deux sont menteurs, en disant qu'ils sont menteurs ils disent la vérité. Cette situation est elle aussi impossible et il y a une contradiction interne dans les données.

3ème possibilité

Si les deux disent la vérité, les deux mentent en déclarant qu'ils mentent. Ici encore, il y a une contradiction interne dans les données.

En conclusion, de quelque manière que l'on raisonne sur les données on y découvre une contradiction interne. C'est pourquoi la réponse 4 est la réponse correcte.

Exercice 4.4. – Réponse 2

D'après les données, la première constatation de Simon est vraie et ce qui suit est faux. De là on peut conclure que Jonathan ment, que Franck agit comme Guy, que Guy agit comme Stéphane et que Stéphane agit comme Jonathan. C'est pourquoi, Stéphane, Guy et Franck mentent tout comme Jonathan. Réponse 2.

Exercice 5.1. – Réponse 2

Sachant que tous les gens riches font une croisière à Punta Cana, et que les gens qui font une croisière à Punta Cana possèdent obligatoirement un yacht, tous les gens riches possèdent donc des yachts. L'unique manière d'arriver à cette conclusion est de combiner les 2 suppositions. Réponse 2.

Il s'agit ici d'une illustration de la propriété logique suivante :

A, B et C sont des assertions. Si $A \Rightarrow B$ *et* $B \Rightarrow C$ *alors* $A \Rightarrow C$

Ici l'assertion A est : « être riche ». L'assertion B est : « faire une croisière à Punta Cana » et C : « posséder un yacht ».

Exercice 5.2. – Réponse 4

La conclusion ne découle pas des suppositions : il est en effet possible que les argentins mangent d'une façon générale plus de nourriture que le reste des habitants d'Amérique latine – c'est-à-dire plus de riz (comme le dit la supposition b) mais aussi plus de blé.

Exercice 5.3. – Réponse 1

Il suffit d'une seule des deux suppositions pour arriver à la conclusion que des pilotes de ligne qui sont également des parachutistes courent 60 km par jour, parce que les pilotes de ligne parachutistes sont inclus dans chaque supposition séparément.

Exercice 6 – Réponse D

La phrase nous apprend que bien que Jeff ait déjà deux ans et demi, ses pas ne sont pas assurés et son langage n'est pas clair, ce qui suppose que les enfants de cet âge marchent et parlent convenablement.

La réponse a ne convient pas car en supposant cela, il n'est pas étonnant que Jeff ne marche ni ne parle convenablement.

La réponse b n'est ni la supposition qui sous-tend la phrase ni la conclusion qui en découle.

La réponse c est la conclusion qui découle de la phrase et non l'hypothèse qui la sous-tend.

Exercice 7 – Réponse C

La fait qu'il y ait un miroir dans le bureau de Sara ne nous indique pas qui l'a coiffé (on nous dit dans les données que Sara est arrivée déjà coiffée au bureau). Les réponses a, b et d affaiblissent la conclusion puisqu'elles permettent à Sara de s'être coiffée avant d'arriver au bureau.

Exercice 8 – Réponse B

La phrase affirmant que si l'on construit un immeuble après 1990 il possédera un ascenseur suppose que dans tout immeuble construit après 1990, il y a un ascenseur. Cependant il n'en découle pas que dans les immeubles construits avant 1990 il n'y a forcément pas d'ascenseurs. C'est pourquoi les réponses a, c et d ne conviennent pas.

Exercice 9 – Réponse D

Réponse a : cette phrase renforce la conclusion parce qu'elle indique un avantage supplémentaire à la profession de secrétaire de direction sur celle d'infirmière.

Réponse b : cette phrase affaiblit la conclusion puisqu'elle indique un avantage à la profession d'infirmière sur celle de secrétaire de direction.

Réponse c : cette phrase renforce la conclusion parce qu'elle apporte une information supplémentaire qui renforce l'affirmation en faveur de la profession de secrétaire de direction par rapport à celle d'infirmière.

Réponse d : cette phrase compare les professions de secrétaire de direction et d'infirmière à celle de chirurgien et il n'y a donc aucun rapport avec la conclusion comparant la profession de secrétaire de direction à celle d'infirmière. C'est la bonne réponse.

Exercice 10

La clé pour compléter ce tableau est la règle 4. On peut en déduire en effet que dans la case 9, il y a une étoile jaune et que la flèche de la case 3 est jaune. On peut déduire de la règle 3 que la forme qui se trouve dans la case 5 est une lune rouge et que la couleur de l'étoile dans la case 2 est rouge. Puisqu'il n'y a que deux étoiles jaunes (règle 1), l'étoile de la case 4 est jaune. Pour ce qui est des lunes des cases 6 et 8, on sait que l'une est rose et l'autre mauve (règle 2) ; cependant on ne peut déterminer laquelle d'entre elle est rose et laquelle est mauve.

En ce qui concerne les flèches des cases 1 et 7, on peut dire d'après le nombre de couleurs indiquées dans la description du début et la couleur des formes dans le restant des cases, qu'il s'avère que l'une d'entre elles est blanche et l'autre noire, mais on ne peut déterminer quelle est celle qui est noire et quelle est celle qui est blanche.

Dans le tableau que voici, sont présentées toutes les données que l'on peut déduire de la description des règles.

1  Blanc ou noir	2  Rouge	3 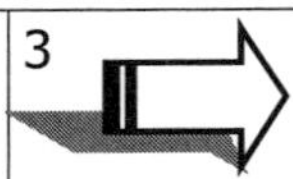 Jaune
4  Jaune	5  Rouge	6  Rose *ou* mauve
7 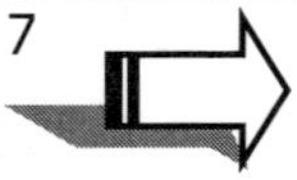 Blanc *ou* noir	8  Rose *ou* mauve	9  Jaune

Exercice 10.1 – Réponse C

Nous savons en effet qu'il y a trois flèches de couleur jaune, noire et blanche. Nous savons avec certitude que la flèche de la case 3 est jaune et donc que la réponse d ne convient pas. Puisque nous savons avec certitude où se trouvent la flèche blanche et la flèche noire, les réponses a et b ne conviennent pas.

Exercice 10.2. – Réponse A

Les seules formes de couleurs noire et blanche se trouvent dans la même colonne et non dans la même rangée. Toutes les autres paires de couleurs peuvent se trouver dans la même rangée comme on peut le voir d'après le tableau.

Exercice 10.3. – Réponse A

D'après la donnée supplémentaire, on peut déduire que la couleur de la lune de la case 8 est rose mais il est impossible de connaître les couleurs des triangles de la colonne de gauche. C'est pourquoi la réponse a est la réponse correcte.

Nous avons donc une information supplémentaire sur la couleur d'une seule forme (et la réponse b ne convient pas) mais nous n'avons aucune information sur les couleurs de toutes les formes (et la réponse c ne convient pas non plus). Les couleurs des formes dans les deux colonnes, celle de droite et celle du milieu sont connues et par conséquent la réponse d ne convient pas non plus.

Exercice 10.4. – Réponse D

La coloration en blanc d'une forme supplémentaire, identique à celle déjà peinte en blanc, tout en respectant les règles 1 à 4 ne peut être que celle de la flèche supplémentaire de la colonne de gauche. Il en découle que dans cette colonne, il y a deux formes de couleur identique de même que l'on savait déjà que dans la colonne de droite et la colonne du milieu il y a deux formes de couleur identique. En regardant le tableau, on se rend compte que dans aucune rangée il n'y a deux formes de couleur identique. C'est pourquoi la réponse d est la réponse correcte.

Exercice 11 – Réponse B

Il est en effet évident que pour économiser 100 € par mois, un homme sensé doit *nécessairement* gagner au moins 100 € par mois.

Exercice 12 – Réponse C

Le fait évoqué dans la réponse c n'amoindrit pas la fiabilité du spot publicitaire.

Ce n'est pas de la voiture équipée de la pile « MODEANI » dont il est question ici. A la limite, ce fait renforce même la fiabilité du spot publicitaire.

La réponse a sous-entend qu'une des motos équipée de la pile « MODEANI » est moins performante que l'autre… cela amoindrit la fiabilité du spot.

La réponse b peut laisser entendre que la moto qui s'est arrêtée la dernière était moins bien équipée (roues de moins bonnes qualité) que la moto équipée avec la pile « MODEANI » : cela peut sous-entendre que la moto équipée avec « MODEANI » était avantagée par rapport à celle qui était arrivée en dernier. Même raisonnement pour la réponse d.

Exercice 13 – Réponse B

a. rien ne permet d'affirmer que Stéphanie est pauvre
b. cette conclusion est la plus plausible. Stéphanie dépend financièrement de ses parents concernant l'évier car il se peut qu'un évier en acier exige un entretien régulier et coûteux dont les frais ne peuvent être assumés par Stéphanie.
c. conclusion non fondée
d. conclusion trop large et peu plausible

Exercice 14

A – Corsten est innocent

Pour vérifier la vérité de l'hypothèse « Corsten est innocent », nous allons supposer que « Corsten est coupable », c'est à dire considérer la négation de « Corsten est innocent », qui, en logique, est un énoncé symétriquement équivalent.

Hypothèse : « Corsten est coupable ».

D'après les données de l'énoncé, si Corsten est coupable alors il a exactement deux complices. Qui peuvent être les deux complices de Corsten ?

Différents cas de figures possibles :

1. Les deux complices sont Armin et Buuren : impossible car Armin est innocent (d'après les données de l'énoncé.)
2. Les deux complices sont Armin et Dido : impossible car Armin est innocent.
3. Les deux complices sont Buuren et Dido : impossible car si Buuren est coupable alors il a exactement *un* complice (et non pas deux (Corsten et Dido)).

Par conséquent, l'hypothèse Corsten est coupable est impossible. Corsten est donc innocent.

A – VRAI

B – On ne peut pas savoir si Buuren est coupable.

En effet on ne peut pas savoir si Buuren est coupable car il se peut très bien que seul Dido est coupable et que dans ce cas il ait agi seul.

B – VRAI

C – Dido est coupable.

Ceci est vrai. En effet, dans tous les cas Dido est impliqué dans le meurtre.

Si Buuren est coupable alors il a un complice qui est ou Corsten ou Dido. On a vu que Corsten est innocent ; le complice ne peut donc être que Dido et il est donc coupable.

C – VRAI

D – André est le seul innocent.

Ceci est faux. En effet, on a montré que Corsten est innocent.

D – FAUX

Exercice 15

Soit P : « Tiesto dit la vérité ».
Soit Q : « Timo a tué Vasquez »
Soit R : « Sasha est complice »
Soit S : « L'arme du crime est un sabre »

L'énoncé de l'exercice nous permet d'établir les relations suivantes :

1. $\neg P \Rightarrow Q$
2. $P \Rightarrow \neg S$
3. $\neg Q \vee R$
4. S est vraie.

La relation 2 est équivalente à : $S \Rightarrow \neg P$ et d'après la relation 1 : $\neg P \Rightarrow Q$.On a donc la relation $S \Rightarrow \neg P \Rightarrow Q$ qui signifie que si S est vraie alors $\neg P$ est vraie et si $\neg P$ est vraie alors Q est vraie.

La relation : $S \Rightarrow \neg P \Rightarrow Q$ nous permet de dire que du fait que l'arme du crime est bien un sabre alors Tiesto a menti et Timo a tué Vasquez. *D – VRAI et C – FAUX.*

Rappel : $(A \Rightarrow B) \equiv (\neg A \vee B)$. Ainsi : $\neg Q \vee R \equiv Q \Rightarrow R$. Comme Q est vrai alors R l'est aussi et Sasha est bien complice. *B – FAUX.*

L'assertion A est un peu plus délicate. On sait : $Q \Rightarrow R$. Or, $Q \Rightarrow R \equiv \neg R \Rightarrow \neg Q$. De la relation 1, on tire : $\neg P \Rightarrow Q \equiv \neg Q \Rightarrow P$. On a donc : $\neg R \Rightarrow \neg Q$ et $\neg Q \Rightarrow P$, soit par conséquent : $\neg R \Rightarrow P$. Ainsi, si « non R » est vraie alors P aussi est vraie. Autrement dit si Sasha n'est pas complice alors Tiesto dit la vérité. *A - VRAI*

Rappel : Si A implique B et B implique C alors A implique C

A – VRAI ; B – FAUX ; C – FAUX ; D – VRAI

Exercice 16

N'oubliez jamais de commencer par tirer un maximum d'informations à partir de l'énoncé et tentez toujours, dès que vous en avez la possibilité, de formaliser le problème sous formes de relations algébriques, équations…

Dans cet exercice, l'énoncé nous fournit une grande quantité d'information. Chacune des informations est à prendre avec beaucoup de considération.

Soit P : l'âge du père
Soit M : l'âge la mère
Soit F : l'âge d'une fille (elles sont jumelles : elles ont donc le même âge)
Soit G_1 : l'âge du fils aîné
Soit G_2 : l'âge du second fils

Exploitation des données de l'énoncé :

Le total des âges fait 192 : $P+M+2F+G_1+G_2=192$
Le père a deux fois l'âge de ses filles : $P=2F$
La mère est de deux ans plus jeune que son mari : $M=P-2$
L'aîné des frères a quatre ans de plus que l'autre : $G_1=G_2+4$, soit $G_2=G_1-4$
L'aîné des frères est deux fois moins âgé que sa mère : $G_1=\frac{M}{2}=\frac{P-2}{2}$

La première équation s'écrit donc à présent :

$$P+P-2+P+\frac{P-2}{2}+\frac{P-2}{2}-4=192$$

Soit : $4P=200$, soit **$P=50$**. Le père a donc 50 ans.

A présent, il est aisé de déduire les âges de chacun des membres de la famille :
$P=50$
$M=48$
$F=25$
$G_1=24$
$G_2=20$

L'âge moyen des membres de la famille est : $\frac{\sum \hat{a}ges}{\sum membres}=\frac{192}{6}=32$ ans

Nota Bene : vous auriez très bien pu exprimer tous les âges en fonction de M (l'âge de la mère), de F (l'âge des sœurs) ou encore de G_1 ou de G_2. On tombait dans tous les cas sur les mêmes réponses bien sûr !

A – FAUX ; B – VRAI ; C – VRAI ; D – VRAI

Exercice 17

Avant la première transaction :

	Mike	Jérémie
Euros	500 000	0
Hôtels particuliers	2	0
Tableaux de maître	6	0
Usine	0	1

Première transaction : 1 usine = 2 hôtels + 3 tableaux + Z €

A l'issue de la première transaction on a :

	Mike	Jérémie
Euros	500 000 – Z	Z
Hôtels particuliers	0	2
Tableaux de maître	3	3
Usine	1	0

Deuxième transaction : 1 hôtel = 3 tableaux – Z €

A l'issue de la deuxième transaction on a :

	Mike	Jérémie
Euros	500 000	0
Hôtels particuliers	1	1
Tableaux de maître	0	6
Usine	1	0

Troisième transaction : 1 tableau de maître = (100 000 + Z) €

A l'issue de la troisième transaction on a :

	Mike	Jérémie
Euros	400 000 – Z	100 000 + Z
Hôtels particuliers	1	1
Tableaux de maître	1	5
Usine	1	0

S'il reste 300 000 € à Mike à l'issue de la troisième transaction alors :
400 000 – Z = 300 000 ; soit : Z = 100 000 €.

Un tableau de maître vaut donc : 100 000 + Z = 100 000 + 100 000 = 200 000 €

Un hôtel = 3 tableaux – Z = 600 000 – 100 000 = 500 000

Une usine = 2 hôtels + 3 tableaux + Z = 1 000 000 € + 600 000 € + 100 000 € = 1 700 000 €

En conclusion :
A – FAUX ; B – VRAI ; C – FAUX ; D – FAUX

Exercice 18

18.1. c
18.2. d
18.3. b

Nota Bene : l'épreuve de mathématiques du concours ACCES est réputée pour être particulièrement difficile et discriminatoire. Une préparation sérieuse et soutenue s'impose ! Les candidats qui souhaitent se préparer spécifiquement à cette épreuve pourront se procurer l'ouvrage suivant : ***Réussir l'épreuve de mathématiques / Concours ACCES (cours, méthodologie et astuces + 5 années d'annales corrigées et commentées)***. Auteurs : Franck Attelan & Guillaume de Martel. Collection : Mise en examen. Editions Ellipses.

DEUXIEME PARTIE

SERIES LOGIQUES

CHAPITRE 1

SERIES DE RAISONNEMENT

I. LA LOGIQUE DES SERIES DE RAISONNEMENT : PRINCIPES ET METHODE

1. Introduction aux séries de raisonnement

- Des séries que l'on retrouve aux concours des banques **Sésame, Ecristart, Passerelle 1** (test **Arpège**) ainsi qu'aux tests de logique de l'**Essec** (concours **prépas** et concours **AST**)

- Les tests de séries de raisonnement permettent d'évaluer certaines capacités de raisonnement des candidats (ouverture, faculté d'abstraction, créativité, compréhension de modèles logiques). Ces tests permettent en outre de mettre à l'épreuve et d'apprécier la rapidité de raisonnement et d'exécution du candidat ainsi que sa gestion du temps et du stress.

- La résolution des séries de raisonnement ne doit laisser qu'une place occasionnelle au « feeling », à l'intuition, à l'improvisation. Elle doit faire appel bien au contraire à un éventail large de techniques et d'astuces.

  Il existe des centaines de tests différents. Cela dit, certains types de séries « classiques » font toujours l'objet de tests aux concours et font appel à des règles et techniques dont il sera question dans ce chapitre.

- **Les séries de raisonnement s'appuient sur une logique d'analogie.**

  Les séries de raisonnement sont des séries dans lesquelles il existe toujours une analogie entre des lettres, des mots, des chiffres, des nombres, des signes etc. Comme pour les analogies, il faut trouver ce lien puis l'appliquer.

  Je vous rappelle que le raisonnement par analogie consiste à raisonner de telle sorte que l'on trouve un lien, une correspondance, un rapport de sens entre deux ou plusieurs objets. Ici nos objets revêtiront des formes très diverses (chiffres, chiffres romains, nombres, lettres, mots, signes etc.)

2. Une méthode

Voici une méthode d'approche des séries de raisonnement :

Exemple : dans la série qui suit, remplacer « … » par l'objet qui convient :

Chien (5 – 2) Rat (3 – 1) Girafe (6 – 3) Léopard (…)

Ici, pour chacun des éléments de la série, nos objets sont d'une part des mots – des noms communs dont le sens importe peu – et d'autre part des chiffres entre parenthèses séparés par un tiret.

Dans cet exemple, vous devez dans un premier temps **inférer un lien logique**, c'est-à-dire trouver l'analogie qui existe entre un des mots de la série et son objet (chiffre – chiffre).

Dans un second temps, il s'agit de **tester**, de **vérifier** si cette analogie se vérifie également sur les autres couples <mot (chiffre – chiffre>.

Si tel est le cas, il ne vous reste alors plus qu'à **appliquer le lien logique trouvé**, c'est-à-dire ici, remplacer l'objet (chiffre – chiffre) par des chiffres respectant le même lien logique.

Application à notre exemple :

1. **J'infère le lien logique**

Ici, le premier chiffre correspond au nombre de lettres qu'il y a dans le mot. Le second chiffre correspond au nombre de voyelles qu'il y a dans le mot.

Ainsi, le mot Chien compte 5 lettres et 2 voyelles.

2. **Je teste ce lien**

Je teste ce lien sur le mot Rat qui compte bien 3 lettres et 1 voyelle et le mot Girafe qui compte 6 lettres et 3 voyelles.

3. **J'applique le lien trouvé**

J'applique ce lien sur Léopard. Ce mot compte 7 lettres et 3 voyelles. Je remplace donc «(…)» par 7 – 3.

Les séries de tests proposées dans ce chapitre incluent des séries de raisonnement à proprement parler mais aussi des séries de mots qui contiennent un intrus, des carrés magiques et autres séries dont l'originalité vous surprendra plus d'une fois.

Il est à noter que ce chapitre n'aborde pas les séries graphiques, qui peuvent parfois faire l'objet de tests aux concours. Les séries graphiques ne répondent à aucune logique remarquable si ce n'est une logique de construction généralement simple et ne font appel à aucune véritable technique de résolution.

3. Quelques notions importantes

3.1. L'alphabet

Je vous recommande vivement avant même de commencer toute résolution de série de raisonnement d'écrire l'alphabet sur une feuille séparée (sur votre brouillon, le jour des concours) avec en dessous de chaque lettre le chiffre ou le nombre qui représente l'ordre d'apparition de la lettre dans l'alphabet.

A	B	C	D	E	F	G	H	I	J	K	L	M	N	O
1	***2***	***3***	***4***	***5***	***6***	***7***	***8***	***9***	***10***	***11***	***12***	***13***	***14***	***15***
P	Q	R	S	T	U	V	W	X	Y	Z				
16	***17***	***18***	***19***	***20***	***21***	***22***	***23***	***24***	***25***	***26***				

En écrivant l'alphabet vous pourrez très rapidement repérer la valeur liée à la place d'apparition des lettres (aussi appelé le **rang** de la lettre). Vous pourrez aussi repérer la succession de lettres ou encore effectuer avec dextérité des opérations élémentaires, telles que : C + D = G (3 + 4 = 7) ; B x L = X (2 x 12 = 24).

Exemple : remplacer « … » par l'objet qui convient :

GRA (18)	***SLM (12)***	***GSR (19)***	***HUP (…)***

Ici, le chiffre entre parenthèses est égal au rang de la seconde lettre de chacun des mots. Le rang de R est 18 ; celui de L, 12 et celui de S, 19. Aussi le rang de U est 21. Je remplace donc « … » par 21. Noter ici que les premières et troisièmes lettres sont accessoires : elles ne servent à rien.

Exemple : remplacer « … » par l'objet qui convient :

BED (11)	***BAG (9)***	***MAD (18)***	***AIR (…)***

Ici, le chiffre entre parenthèses est égal à la somme des rangs des lettres des mots. Ainsi, pour BED, B(**2**)+E(**5**)+D(**4**)=**11**. Pour AIR, A(1)+I(9)+R(18)=28. Je remplace donc « … » par 28.

Attention, il arrive parfois que certaines séries de raisonnement ne s'appuient pas sur ce modèle d'apparition selon l'ordre alphabétique. C'est le cas où l'on attribue des **valeurs arbitraires** (voir le point 3.4. *Cryptage*) aux lettres soit A : 12, B : 8, C : 2, etc. Vous devrez alors vous adapter au modèle et prendre en considération ces valeurs arbitraires pour votre raisonnement.

3.2. Les anagrammes

Une anagramme est un mot obtenu par transposition des lettres d'un autre mot. Ainsi une anagramme du mot AIMER et MARIE. Certains mots ont plusieurs anagrammes. Le mot CRANE par exemple a pour anagrammes les mots ECRAN, NACRE et RANCE.

Une anagramme d'un mot n'est pas nécessairement un mot qui a un sens. Ainsi, des anagrammes du mot TRACE sont ETARC, CARET, CRATE, CARTE, ERATC, ERACT, TAREC etc…

3.3. Les palindromes

Un palindrome est un mot ou un groupe de mots qui peut être lu indifféremment de droite à gauche ou de gauche à droite en conservant le même sens.

Nous étendrons cette définition aux nombres et groupes de nombres.

Exemples : ELLE, BOB, RESSASSER, 101, 676, 1881, 2002, mais aussi les groupes suivants : ELU PAR CETTE CRAPULE, 20 02 2002 (20/02/2002 : 20 février 2002) etc.

3.4. Le cryptage

Chiffrer ou crypter un message consiste à remplacer les signes alphabétiques traditionnels par des chiffres (ou des symboles) grâce à un code.

1. A chaque lettre de l'alphabet j'associe une valeur numérique selon l'ordre d'apparition usuel : A : 1, B : 2, C : 3 ..., Y : 25, Z : 26.

   Le code « 19 21 3 3 5 19 » correspond ainsi au mot SUCCES. Le rang de S dans l'alphabet est 19, celui de U, 21, celui de C, 3, etc.

2. Disons que je décide d'envoyer à un destinataire le code « 4 7 2 8 1 5 3 19 7 » en lui spécifiant que celui-ci correspond au mot TRIOMPHER et que je reçois en retour le code « 5 2 19 7 7 8 4 » je comprendrai alors qu'il a voulu me renvoyer le mot PIERROT. En effet, la lettre T du mot TRIOMPHER correspond au chiffre 4, la lettre R au chiffre 7, la lettre I au chiffre 2, etc.

   Il s'agit ici d'un **cryptage** qui consiste à attribuer de façon **arbitraire** un chiffre à une lettre. L'attribution de ce chiffre ne respecte aucune règle précise (contrairement au cryptage précédent qui respectait l'ordre d'apparition des lettres dans notre alphabet).

3. Un autre type de cryptage (cryptage « pendu ») consiste à crypter un mot selon l'ordre d'apparition de ses lettres dans le mot : on peut ainsi par exemple crypter le mot MANGER en utilisant le code : « 3N5E1M6R2A4G ». Ce code signifie qu'en troisième position, vous trouvez la lettre N, en cinquième position la lettre E, en première la lettre M, en sixième la lettre R, en deuxième la lettre A et en quatrième la lettre G.

Aussi, si je vous envoie sur le même modèle de cryptage le code « 8E6I4S1R2E5S7T3U », vous devrez donc comprendre le mot : REUSSITE

4. Je peux décider enfin de coder un message dans lequel j'associe à chaque lettre de mes mots une valeur du type $ax + b$ où x est le rang des lettres dans l'alphabet et où a et b sont les clés du code.

Aussi, si je veux crypter le mot MILAN avec les clés $a = 2$ et $b = 5$, j'obtiens le code : « 31 23 29 7 33 ».

Explication :

	M	**I**	**L**	**A**	**N**
(x)	13	9	12	1	14
(x2)	26	18	24	2	28
(+5)	31	23	29	7	33

Je trouve donc le code « 31 23 29 7 33 » si je décide de crypter MILAN suivant la règle « 2x + 5 » où x est égal au rang des lettres du mot MILAN dans l'alphabet.

Je peux aussi envisager de *décrypter* un code qu'une personne aura bien voulu m'envoyer en me fournissant au préalable les clés du décryptage. Ainsi, si je reçois le code : « 27 36 33 3 45 6 48 » avec les clés a = 3 et b = – 9, je serai amené à trouver le mot LONDRES.

Explication :

Pour décrypter ce code avec les clés 3 et –9, je dois effectuer des opérations *inverses* aux opérations que j'ai effectuées lors du cryptage du mot MILAN. Ainsi, pour retrouver le mot qui a fait l'objet du cryptage, je dois ajouter 9 à chacun des nombres de mon code puis diviser les nombres obtenus par 3. Au final j'obtiens alors précisément les rangs des lettres du mot cherché.

	27	**36**	**33**	**3**	**45**	**6**	**48**
(+9)	36	45	42	12	54	15	57
(/3)	12	15	14	4	18	5	19
	L	O	N	D	R	E	S

II. QUELQUES CONSEILS

Compréhension de la logique des tests **VS** entraînement intensif aux tests

Il est bien plus important de comprendre précisément la logique d'un test, la façon dont le test est conçu ainsi que les principes de base des tests plutôt que de passer des heures interminables à faire et à refaire un nombre infini d'exercices. Il existe en effet des centaines de tests différents et il apparaît clairement insensé de vouloir apprendre une centaine de solutions stéréotypées. Aussi est-il surtout important que vous compreniez clairement les principes de construction des séries de raisonnement ainsi que certaines techniques de résolution.

Ne répondez pas au hasard !

Mieux vaut éluder une question difficile plutôt que de donner une réponse dont vous n'êtes guère convaincu car en logique, seules la conviction et l'honnêteté intellectuelle sont les véritables gages de votre réussite. Alors si vous n'êtes pas convaincu de votre réponse, passer sans stresser à la question suivante, en espérant bien entendu revenir sur la question s'il vous reste du temps.

L'évaluation puis la notation des épreuves de séries de logique verbale attribue généralement une pondération négative aux mauvaises réponses, ceci étant fait pour dissuader les étudiants de répondre au hasard.

Apprenez à gérer votre temps avec sagesse

On ne vous laissera rarement plus de 50 secondes en moyenne pour résoudre un test de raisonnement. Aux concours Sésame, vous disposez de moins de 30 minutes pour résoudre près de quarante séries de raisonnement.

Vous devez donc apprendre à gérer efficacement votre temps en prenant l'habitude de ne pas buter trop longtemps sur une question (jamais plus de une minute sur une question).

Les séries ne sont généralement pas de difficulté croissante ou décroissante, ce qui fait que vous pouvez très bien trouver des questions difficiles en début d'épreuves comme des questions plus faciles en milieu ou en fin d'épreuves. Il n'y a pas de règles à ce niveau là. Aussi, prenez l'habitude de consacrer un temps adéquat à chaque question. Vous allez rapidement vous rendre compte que vous mettrez parfois moins de 10 secondes pour résoudre un test alors que d'autres vous prendront un peu plus de 75 secondes. A vous de gérer votre capital temps de la façon la plus efficace qui soit. Il n'y a pas de mal à buter sur certaines questions et à passer aux suivantes. Je vous recommande toutefois de ne pas passer trop souvent, l'expérience montrant que vous augmentez alors inévitablement votre niveau de stress au fur et à mesure des questions que vous passez.

Maîtrisez votre stress

Il ne fait aucun doute que la complexité de certains exercices ajoutée à une forte contrainte de temps suscitent généralement beaucoup d'appréhension chez les étudiants et tendent à augmenter leur niveau de stress.

Si cela peut vous rassurer, sachez qu'un bon entraînement ainsi qu'une savante maîtrise du temps qui vous est imparti peut considérablement réduire votre stress.

Surtout, sachez qu'on attend rarement que vous finissiez toute l'épreuve. Il y a des années où certes, certaines épreuves peuvent être résolues entièrement dans le temps imparti ; il n'en demeure pas moins que ce n'est souvent guère le cas.

Il s'agit d'un concours et vous êtes donc toujours jugé par rapport à ce qu'on fait les autres candidats. Il ne s'agit plus ici d'obtenir la moyenne comme pour les épreuves du baccalauréat, mais il s'agit en revanche de faire toujours mieux que les autres candidats. Aussi, si les meilleures copies n'ont répondu en moyenne qu'aux trois quarts de l'ensemble des questions, ces meilleures copies obtiendront quand même des notes maximales. Il n'est pas rare de constater certaines années que des candidats ayant répondu (juste) à seulement près des trois quarts des questions d'une épreuve aient obtenu la note maximale de 20.

III. TESTS

Avant que vous ne commenciez à résoudre ces exercices, je vous conseille vivement de **noter vos réponses sur une feuille à part.**

Surtout, **ne consultez pas les réponses avant d'avoir terminé une série d'exercices.** Essayez toujours d'aller jusqu'au bout de l'épreuve dans le délai imparti, quitte à omettre certaines questions en chemin. Ayez une montre/chronomètre près de vous (et ne l'oubliez surtout pas le jour J). Une fois le temps écoulé, repérez et notez le nombre de questions auxquelles vous avez répondu et essayez de résoudre sur une feuille à part, en prenant votre temps, les exercices que vous avez passé ou que vous n'avez pas eu le temps de résoudre. L'important est que vous vous efforciez de trouver la logique propre à chacun des tests.

Série n° 1

Temps recommandé : 20 minutes

(1) FRAISE (6) COING (5) ORANGE (6) FRAMBOISE (9.)

(2) MANGECLOUS (10) SOLAL (5) QUASIMODO (9) SALTIEL (7)

(3) ALBATOR (2) GOLDORAK (1) ANTHONY (1) ARKANSAS (5..)

(4) TSAR (18 – 20) CHATEAU (21 – 3) RUSSIE (…)

(5) Riche Aigre Facile Difficile Doux …

(6) Dépendre Refaire Congeler Pendre Faire …

(7) 345 (Q) 234 (T) 567 (S) 789 (…)

(8) Mètre Centimètre Décimètre 1 0,01 …

(9) Huit (4) Un (2) Sept (4) Six (…)

(10) Heure Minute Seconde 1 60 …

(11) XXV (6) IV (3) XV (4) XXXXV (10) XXVIII (…)

(12) Un (2) Six (3) Huit (4) Douze (5) Quatre(…)

(13) 5 T 4 7 N 2 1 A 1 8 (…) 3

(14) Tonne Kilo Gramme 1 0,001

(15) TERIF MANOR NICHE FRITE ROMAN …

(16) ACHETER 4268183 … 41142683

(17) Société (7) Vanité (6) Frère (5) Création (…)

(18) Chien Marche Hirondelle Vole Truite …

(19) Ennui (5) Jean (4) Jus (3) il (…)

(20) SINGE SIGNE NIMAL MALIN ABERB …

(21) Eté Elle Bob Rot…

(22) XVI (S) XX (V) XII (D) XIII (…)

(23) Moto (2) Camion (8) Voiture (4) Vélo (…)

(24) 454 253 192 628 QDC(…)

(25) 111 (C) 1111 (M) 11 (O) 1(…)

Série n° 2

Temps recommandé : 25 minutes

(1)

56	30
34	12
25	10
39	(…)

(2)

95	4
83	5
71	(…)

(3) MAS est à ASM ce que THU est à …

(4) III V VII IX …

(5) Gorille (4) Lapin (3) Eau (0) Bénédiction (…)

(6) OUBLE / 23145 AUTEP / 23154 ITAL / …

(7) 25 (V) 670 (S) 312 (T) 1342 (…)

(8) DE = I AC = D LM = Y KH = …

(9) Dent (1) Lait (2) Boisson (3) Courageux (…)

(10) Etaler Table Etape …xe

(11) A – 10 – L B – 11 – N S – 6 – Z L – … – R

(12) ETE = 20 BOA = 16 SAH =12 ROC = …

(13) Ramener Mener Défendre …

(14) Maman (32) Papa (22) Benjamin (53) Jumeau (…)

(15) Conduire / 74162895 … / 8162895

(16) Dora 44 Anne 14 Dominique 49 Clara 35 Allégria…

(17)

A2	P4	C1	M3		CAMP
N3	E5	O2	H1	T4	…

(18) D 12 C R 18 A C 60 T G (…) J

(19) Irak 2 Afghanistan 4 Pakistan 3 Koweït…

(20) Décoration Accordéon Corps … ne

(21) CRANE / 59310 ECRAN / …

(22) PH est à QI ce que LX est à …

(23) Quel âge a Jonny sachant que :

- Ben a 12 ans
- Joan a 22 ans
- Péguy a 32 ans

Réponse : …

(24) 13/19 est à Mercedes ce que 10/8 est à …

- Jeanne
- Philippe
- Alfred
- Joseph
- Fabrice

Réponse : …

(25) TUC est à CTU ce que GUY est à …

(26) YYZZYZY est à 1122121 ce que YZYYZZY est à …

(27) ? ; # ; ? % , « @ / PARAPLUIE / ? % @ , # @ # / …

(28) 81 est à 9 ce que 16 est à …

(29) GEF est à HFG ce que PQR est à …

(30) VIII (h) III (t) XXI (v) XVII (…)

(31)	Retour	Travail	Raison	Bonheur	Joie
	(5)	(7)	(6)	(7)	(…)

(32) Liotetoile Inepret…

Série n° 3

Temps recommandé : 20 minutes

Souligner l'intrus

(1) Huile – Farine – Pain – Sucre – Sel

(2) Tulipe – Rose – Pivoine – Chrysanthème – Marguerite – Jacinthe

(3) Feu – Vent – Eau – Terre – Pétrole

(4) Melon – Citron – Orange – Pomme – Poire

(5) Courir – Sauter – Voler – Marcher – Nager

(6) Lis – Jonquille – Géranium – Mimosa – Bleuet – Jasmin

(7) Pomme de terre – Pastèque – Courgette – Noix – Citrouille - Radis

(8) Berlin – Paris – Lille – Ibiza – Milan

(9) Scooter – Voiture – Moto – Trottinette – Vélo

(10) Chaise – Fauteuil – Tabouret – Table – Sofa

(11) Beau – Joli – Grand – Séduisant – Admirable – Elégant

(12) Dés – Eponge – Bijou – Ancre – Sort

(13) Lingot – Absent – Efféminé – Ghana – Klaxon

(14) Chanvre – Laine – Coton – Jute – Lin

(15) Pays – Bébé – Goût – Petits-enfants – Train – Pensée – Plan

(16) Puma – Tigre – Chat – Hyène – Panthère

(17) N
H
A
F
V

(18) S
T
O
U
C

(19) B
P
D
R
C

(20) L'esprit est à la lettre ce que le fond est à …

(21) Grand – Laid – Lent – Rapide – Beau - …

(22) 4T3I7E5U1V2O6R – VOITURE 5A1C4V6L2H3E – …

(23) 227 (d) 335 (t) 956 (n) 144 (…)

(24) Renard (6) Abeille (7) Hirondelle (10) Kangourou (…)

(25) Le cube est au volume ce que le carré est à …

(26) Le télescope est à l'infiniment loin ce que le microscope est à l'infiniment …

(27)

24		...	
15	9	41	7
23	5	16	9

(28)

C	M	W	I	
	D	N	X	...
E	O	Y	K	
	F	P	Z	...

(29) SIX (1) TROIS (2) QUATRE (3) CINQ (…)

(30) 1 11 1111 111 – U O M …

(31) 3U6R2O4T1G5E GOUTER 2A6N5R1S7E4U3T …

(32) 365 8760 12 Jours Heures …

(33) 66F5 88H3 22B8 66(…)9

(34) 667 (SSS) 382 (THD) 567 (CSS) 421 (…)

Série n° 4

Temps recommandé : 25 minutes

Remplacer « … » par l'objet qui convient.

(1) Anne est à (1 – 4 – 5) ce que Franck est à (… – … – …)

(2) Valérie est à (22 – 5 – 7) ce que Serge est à (… – … – …)

(3) 5317 / RAGE 1357 / …

(4) 8965597702 / PAILLASSON 79502 / …

(5) ANNIVERSAIRE / 177960431940 … / 0796404

(6) (19 – 5 – 14) est à Simon ce que (… – … – …) est à Dora

(7) mamelle (a) presser (p) murmure (e) appat (t) insensé (…)

(8) 568 (H) 360 (Z) 184 (Q) 832 (…)

(9) 12 P 4 15 W 8 6 H 2 2 (…) 13

(10) DI est à JE ce que TQ est à …

(11) XXI (5) VII (4) VI (3) X (2) XXIV (…)

(12) Douze (4) Seize (19) Trente (20) Vingt (…)

(13) DONNER DONT REDONDANCE PAR…

(14) Pommes : 2 kg Bananes : 3 kg Radis : 2 kg Betteraves : …kg

(15) Etudiants (9) Studieux (8) Réussiront (10) Concours (…)

(16) PQR est à QRS ce que MNO est à …

(17) JKP est à PJK ce que SFA est à …

Soulignez l'intrus en vous inspirant des exemples :

(18)

Exemple : Gentil Obscur Méchant Célèbre Clair
Exercice : Réservé Insupportable artificiel Exubérant Naturel

(19)

Exemple : Brouiller Constituer Féliciter Chapitrer Concilier
Exercice : Courageux Insolent Hilare Lâche Maussade

(20)

Exemple : Bois Craie Sable Terre Béton
Exercice : Colline Delta Montagne Viaduc Crevasse

(21) Le coude est au bras ce que le genou est à la …

(22) Le neveu est à sa tante ce que le fils est à …

(23) La déférence est à la familiarité ce que le courage est à …

(24) La peau est à l'homme ce que l'écorce est à …

(25) XXX (12) VIII (10) XV (8) III (6) XXXVI (…)

(26) Quatorze (17) Dix (4) Cinq (3) Huit (…)

(27)

35	8
36	9
37	(…)

(28)

24	6
34	7
29	11
78	(…)

Souligner l'intrus :

(29) Violoncelle – Harpe – Mandoline – Saxophone – Violon – Guitare

(30) Parachute – Parapluie – Paravent – Paratonnerre – Paramètre – Parapet

(31) 24 (9) 34 (13) 33 (10) 72 (15) 82 (…) 2…(7)

(32)

1	9	6	…
16	5	…	6
18	12	2	14
10	32	12	20

(33) AGCB (7) FDCH (15) RAKB (10) DJMD (…)

(34) Atroce (COCA) Intact / Frite (…) Solfège

Série n° 5

Temps recommandé : 30 minutes

(1)

1	6	5
4	8	4
2	8	…

(2) $\frac{16}{11}$ $\frac{17}{10}$ $\frac{15}{12}$ $\frac{18}{9}$ $\frac{22}{13}$ $\frac{...}{...}$

(3) $\frac{B}{M}$ $\frac{O}{D}$ $\frac{...}{...}$ $\frac{S}{H}$ $\frac{J}{U}$

(4) Trouvez *les* 3 lettres qui permettent de former d'autres mots à partir des lettres suivantes ?

PL…, C…, G…, R…, M…, S…, NU…, ET…, P…

(5) Soulignez l'anagramme qui n'est pas celle d'un célèbre peintre ?

TAMISES
PASCOIS
LICMHENGEA
OZRAMT
NGHAVOG

(6) Trouvez *les 3* lettres qui permettent de former d'autres mots à partir des lettres suivantes ?

REG…, F…, HAG…., D…, L…

(7)

7	20	9
18	…	4
11	2	23

(8) (22 36 44) (18 11 22) (… 44 72)

(9) $\frac{2}{3}$ $\frac{4}{6}$ $\frac{5}{7}$ $\frac{7}{10}$ $\frac{8}{11}$ $\frac{10}{...}$

(10) Trouvez *les 4* lettres qui permettent de former d'autres mots à partir des lettres suivantes ?

LI…, TR…, M…, DE…, AN…, C…, PAR…

(11) Soulignez l'anagramme qui n'est pas celle d'un célèbre constructeur automobile :

DECREMES
ENCRITO
NATUREL
POUGETE
TENDINON

(12) Trouvez la préposition entre parenthèses qui peut former deux nouveaux mots avec les deux mots en dehors des parenthèses :

DES (…) TRACTION

(13) Trouvez le mot entre parenthèses qui peut former deux nouveaux mots avec les deux mots en dehors des parenthèses :

TR (…) NER

(14)

	235			…			7	
322		18	94		48	13		22
30		99	49		93	26		10

(15)

10	18	9	8	23	11	16	13	69
17	25	8	12	21	9	67	81	14
16	7	15	10	2	13	12	68	…

(16)

1811		2417		1912
	7		7	
9992		21…		2720

(17) Quel âge a Béatrice ?

Armand a 14 ans et 6 mois
Isabelle a 95 ans et 8 mois
Isaac a 93 ans et 5 mois

Réponse : …

(18)	NARGDIORDF	GRAND …
(19)	NEIGENICHE	GENIE …
(20)	NEFTANIOR	… ROI
(21)	NACREDARRA	ECRAN …
(22)	SAROIRSUMOSE	RASOIR …
(23)	BOLADIOHEMTEN	DIABOLO …
(24)	QIEPUSESATETI	PIQUE …
(25)	MEMOPREVET	… VERTE
(26)	BATAROJEI	… … (nom composé)
(27)	AEUHERMLATE	EAU …
(28)	NSASLETANT	SANS …
(29)	APECHAULEMON	… …. (2 mots)
(30)	USOSTEMEVENT	SOUS …
(31)	GOMPOR	…
(32)	BELILCITEMI	…
(33)	CRANFCOMAN	… … (nom composé)

(34) TSAETSUIN … … (nom composé)

(35) RUNBOHE …

(36) Tapage Réunion Escroc Page Union …

(37) CYGNE SIGNE BORGNE BA(…)

(38) 8 est à 64 ce que 10 est à …

(39) Trouvez un génie scientifique et deux grands artistes :
Z T T T S R O N N N M M I I E E E A A

(40) Regroupez en deux séries égales les pays suivants :
Turquie, Islande, Albanie, Grèce, Venezuela, Irlande, Japon, Israël, Ouzbékistan, Roumanie, Allemagne, Portugal, Australie, Chili, Russie, Espagne.

(41)

5	*12*	…
6 4	8 9	3 11
2 3	1 4	5 2

Série n° 6

Temps recommandé : 50 minutes

Vous n'avez bien évidemment pas le droit de vous servir d'un dictionnaire. Vous pouvez éventuellement utiliser des noms propres, des verbes conjugués, des pluriels ou des mots composés en tenant compte toutefois du fait que dans une même série, vous ne pouvez à la fois écrire les mots chat et chats ou encore les mots immobiliser et immobilisera. C'est à vous !

(1) Trouver 10 mots de 3 lettres

(2) Trouver 12 mots de 4 lettres

(3) Trouvez 12 mots qui finissent par ULE

(4) Trouvez 8 mots commençant et finissant par I

(5) Trouvez 12 mots de 5 lettres

(6) Trouvez 12 mots commençant par IM

(7) Trouvez 12 mots qui finissent par ARD

(8) Trouvez 12 mots commençant par EX

(9) Trouvez 12 mots qui finissent par TABLE

(10) Trouvez 12 mots commençant et finissant par la lettre E

(11) Trouvez 12 mots de 6 lettres

(12) Trouvez 8 mots commençant et finissant par la lettre C

(13) Trouvez 12 mots commençant par COM

(14) Trouvez 12 mots de 7 lettres

(15) Trouvez 12 mots commençant par TRANS

(16) Trouvez 8 mots commençant et finissant par la lettre F

(17) Trouvez 12 mots finissant par GRAMME

(18) Trouvez 12 mots de 8 lettres

(19) Trouvez 12 mots commençant et finissant par L

(20) Trouvez 12 mots finissant par AILLE

(21) Trouvez 12 mots de 9 lettres

(22) Trouvez 12 mots commençant et finissant par A

(23) Trouvez 12 mots finissant par EAU

(24) Trouvez 12 mots de 10 lettres

(25) Trouvez 8 mots commençant par SUB

(26) Trouvez 8 mots commençant et finissant par R

(27) Trouvez 8 mots finissant par ETTE

(28) Trouvez 12 mots de 11 lettres

(29) Trouvez 12 mots finissant par GRAPHE

(30) Trouvez 12 mots commençant et finissant par T

(31) Trouvez 12 mots de 12 lettres

(32) Trouvez 8 mots commençant par BI

(33) Trouvez 12 mots commençant par OB

(34) Trouvez 12 mots finissant par ISTE

(35) Trouvez 12 mots commençant par DIS

(36) Trouvez 12 mots commençant et finissant par RE

(37) Trouvez 8 mots de 13 lettres

(38) Trouvez 12 mots commençant par CHAN

(39) Trouvez 12 mots finissant par COQUE

(40) Trouvez 8 mots commençant par FRE

(41) Trouvez 8 mots commençant par Z

(42) Trouvez 8 mots contenant la lettre X

(43) Trouvez 8 mots commençant par K

(44) Trouvez 12 mots de 2 lettres

(45) Trouvez 12 mots de 13 lettres

(46) Trouvez 6 mots de 15 lettres

(47) Trouvez 12 mots commençant par H

(48) Trouvez 12 mots contenant la lettre Y

(49) Ecrivez 18 mots de votre choix

IV. CORRIGÉS

Série n° 1

(1) **FRAMBOISE (9)** : le chiffre entre parenthèses correspond au nombre de lettres qu'il y a dans le mot

(2) **SALTIEL (7)** : nombre de lettres dans le mot

(3) **ARKANSAS (3)** : nombre de A dans le mot

(4) **RUSSIE (5 – 18)** : le premier chiffre correspond au rang de la dernière lettre du mot dans l'alphabet. Le second chiffre correspond au rang de la première lettre du mot dans l'alphabet.

(5) **Pauvre**. Facile est l'antonyme de Difficile ; Aigre est l'antonyme de Doux ; Pauvre est l'antonyme de Riche.

(6) **Geler**. On a fait tomber la première syllabe des trois premiers mots.
*Dé*pendre → pendre ; *Re*faire → faire ; *Con*geler → geler

(7) **789 (H)** : la lettre entre parenthèses est la première lettre du deuxième chiffre des nombres. 7**8**9 : **H**uit ; 3**4**5 : **Q**uatre etc.

(8) **0,1**. 1 mètre = 1 *mètre* ; 1 centimètre = 0,01 *mètre* ; 1 décimètre = 0,1 *mètre*.

(9) **Six (3)**. Nombre de lettres dans le mot.

(10) **3600**. 1 heure = 1 heure ; 1 heure = 60 minutes ; 1 heure = 3600 secondes

(11) **XXVIII (9).** Il faut compter le nombre total de barres qui composent les chiffres romains. Ainsi, IV contient trois barres (une barre pour I et deux barres pour V).

(12) **Quatre (6)**. Nombre de lettres dans le mot.

(13) **8(X)3**. Le rang de la lettre entre parenthèses est égal au produit des deux chiffres. Ainsi 8x3 = 24 et la vingt-quatrième lettre de l'alphabet est X.

(14) **0,000001**. 1 tonne = 1 tonne ; 1 kilo = 0,001 tonne ; 1 gramme = 0,000001 tonne.

(15) **CHIEN**. Série d'anagrammes : une anagramme de TERIF est FRITE. Une anagramme de MANOR est ROMAN et une anagramme de NICHE est CHIEN.

Il fallait bien entendu donner des anagrammes qui sont des noms communs (des mots qui ont un sens) par analogie avec le fait qu'une anagramme de TERIF donnait FRITE (un mot qui a du sens).

(16) **ATTACHER**. Cryptage arbitraire. On a attribué à A la valeur 4, à C la valeur 2, à H la valeur 6, à E la valeur 8 etc.

A	C	H	E	T	E	R
4	**2**	**6**	**8**	**1**	**8**	**3**

A	T	T	A	C	H	E	R
4	**1**	**1**	**4**	**2**	**6**	**8**	**3**

(17) **Création (8)**. Nombre de lettres dans le mot.

(18) **Truite Nage**.

(19) **Il (2)**. Nombre de lettres dans le mot.

(20) **BARBE**. BARBE est une anagramme de ABERB de même que MALIN est une anagramme de NIMAL et SIGNE une anagramme de SINGE.

(21) **Rotor**. Série de palindromes. Il fallait ici compléter le mot Rot… de telle sorte que l'on obtienne aussi un palindrome.

(22) **XIII (T)**. Chaque nombre romain est suivi par sa première lettre. XIII : **T**REIZE ; XVI : **S**EIZE ; XX : **V**INGT ; XII : **D**OUZE

(23) **Vélo (2)**. Analogie : nombre de roues qu'il y a dans chacun des moyens de locomotion.

(24) **QDCS**. *454* : **Q**uatre cent cinquante deux ; *253* : **D**eux cent cinquante trois ; *192* : **C**ent quatre vingt douze ; *628* : **S**ix cent vingt huit.

(25) **1(U)**. *111* : **C**ent onze ; *1111* : **M**ille onze ; *11* : **O**nze ; *1* : **U**n

Série n° 2

(1) **(27)**. La multiplication des chiffres des nombres de la colonne de gauche donne les nombres de la colonne de droite. 5x6 = 30 ; 3x4 = 12 etc.

(2) **(6)**. Si vous considérez les nombres de la colonne de gauche et que soustrayez le deuxième chiffre au premier, vous obtenez les chiffres de la colonne de droite.
Ainsi, 9 – 5 = 4 ; 8 – 3 = 5 ; 7 – 1 = 6.

(3) **HUT**. Il suffit de replacer les lettres dans le même ordre.

(4) **XI**. Progression arithmétique de raison 2. III (*3*) V (*5*) VII (*7*) IX (*9*) XI (*11*)

(5) **Bénédiction (6)**. Nombre de consonnes dans le mot.

(6) **ITAL / 3421**
OUBLE est une anagramme de BOULE et le cryptage est le suivant :

O	U	B	L	E
B	**O**	**U**	**L**	**E**
2	**3**	**1**	**4**	**5**

Les chiffres de la troisième ligne rendent compte du changement de position des lettres.
Ainsi, O (de OUBLE) se trouve maintenant en position **2** (dans BOULE). U (de OUBLE) se trouve en position **3** (dans BOULE), B (de OUBLE) se trouve en position **1** (dans BOULE) etc.
Aussi, ITAL est une anagramme de LAIT et le cryptage est le suivant :

I	T	A	L
L	**A**	**I**	**T**
3	**4**	**2**	**1**

I (de ITAL) se trouve maintenant en position **3** dans le mot LAIT ; T (de ITAL) se trouve en position **4** dans LAIT ; A (de ITAL) se trouve en position **2** dans LAIT et L (de ITAL) se trouve en position **1** dans LAIT.

(7) **1342 (M)**. *25* : **V**ingt-cinq ; *670* : **S**ix cent soixante dix ; 312 : **T**rois cent douze ; *1342* : **M**ille trois cent quarante deux.

(8) **KH = S**. Le rang de la lettre S est égal à la somme des rangs des lettres K et H dans l'alphabet. K(11) + H(8) = S (19).

(9) **Courageux (5)**. Nombre de voyelles dans le mot.

(10) **Taxe**. La syllabe TA est commune à tous les mots.

(11) **L – 5 – R**. Le chiffre du milieu est égal à : ((rang de la deuxième lettre) – (rang de la première lettre) – 1). Ainsi : 5 = 18 – 12 – 1

(12) **ROC = 30**. 30 = (rang de R) + (rang de O) – (rang de C). De même pour SAH = 12 : 12 = (rang de S) + (rang de A) – (rang de H)

(13) **Fendre.** On a fait tomber la première syllabe des mots *Ra*mener et *Dé*fendre.

(14) **Jumeau (24).** Le premier chiffre est le nombre de consonnes dans le mot, le second chiffre est le nombre de voyelles.

(15) **INDUIRE.** Cryptage arbitraire.

C	O	N	D	U	I	R	E
7	**4**	**1**	**6**	**2**	**8**	**9**	**5**

I	N	D	U	I	R	E
8	**1**	**6**	**2**	**8**	**9**	**5**

(16) **Allégria 18.** Le premier chiffre est égal au rang de la première lettre du mot ; le second chiffre est égal au nombre de lettres qu'il y a dans le mot.

(17) **HONTE.** Cryptage « pendu ». Le chiffre associé à chaque lettre indique la place de la lettre dans le mot.

(18) **G(70)J.** Le chiffre entre parenthèses est égal à la multiplication des rangs des lettres. 70 = G(7) x J(10)

(19) **Koweït 3.** Nombre de voyelles dans le mot

(20) **Corne.** La syllabe COR est commune à tous les mots

(21) **ECRAN / 05931.** Cryptage arbitraire.

C	R	A	N	E
5	**9**	**3**	**1**	**0**

E	C	R	A	N
0	**5**	**9**	**3**	**1**

(22) **MY**. PH/QI : P et Q sont successives ; H et I sont successives. LX/MY : L et M sont successives ; X et Y sont successives.

(23) **Jonny a 23 ans.** Le premier chiffre de l'âge (2) est égal au nombre de voyelles dans le prénom et le deuxième chiffre (3) au nombre de consonnes.

(24) **10/8 est à Joseph**. Le premier chiffre (10) est égal au rang de la première lettre du prénom (J) et le deuxième chiffre (8) est égal au rang de la dernière lettre du prénom (h).

(25) **YGU.** Il suffit de replacer les lettres selon le même ordre.

(26) **1211221.** Cryptage arbitraire : Y = 1 et Z = 2

(27) **PLEURER**. Cryptage arbitraire avec signes.

?	;	#	;	?	%	,	«	@
P	**A**	**R**	**A**	**P**	**L**	**U**	**I**	**E**

?	%	@	,	#	@	#
P	**L**	**E**	**U**	**R**	**E**	**R**

(28) **4.** 81 est le carré de 9 de même que 16 est le carré de 4.

(29) **QRS.** **G***E*F : **H***F*G. **H** suit **G** dans l'alphabet ; *F* suit *E* ; G suit F.

(30) **XVII (d)**. XVII (**d**ix-sept) ; VIII (**h**uit) ; III (**t**rois) ; XXI (**v**ingt et un)

(31) **Joie (4)**. Nombre de lettres dans le mot.

(32) **Inepretpeintre.** toile est une anagramme de Liote de même que peintre est une anagramme de Inepret.

Série n° 3

(1) **Pain.** Le pain est composé de plusieurs ingrédients alors que les autres ingrédients sont des ingrédients de base.

(2) **Chrysanthème.** Chrysanthème est le seul nom de fleur masculin dans la liste. *Un* chrysanthème mais *une* tulipe, *une* rose, *une* pivoine etc.

(3) **Terre.** Ce n'est pas une source d'énergie.

(4) **Melon.** Le melon pousse au sol. Les autres fruits poussent dans les arbres.

(5) **Voler.** Seule activité qui n'est pas naturelle.

(6) **Jonquille.** Seul nom de fleur féminin. *Une* jonquille mais *un* bleuet, *un* jasmin, *un* mimosa, *un* géranium etc.

(7) **Noix.** Seul fruit qui pousse dans un arbre. Les autres fruits et légumes poussent au sol.

(8) **Berlin.** Seule ville dont le nombre de lettres n'est pas égal 5.

(9) **Voiture.** Seul moyen de locomotion *à 4 roues* (et non à 2).

(10) **Table.** On ne s'assied pas sur une table.

(11) **Grand.** Seul adjectif qui n'est pas subjectif.

(12) **Bijou.** Ce mot ne s'utilise pas dans une *expression* avec le verbe *jeter*. On dit « jeter les dés » ; « jeter l'éponge » ; « jeter l'ancre » ; « jeter un sort ».

(13) **Lingot.** Seul mot dont les deux premières lettres ne sont pas successives.

(14) **Laine.** Seule fibre textile d'origine *animale*.

(15) **Bébé**. Seul mot qui ne s'utilise pas dans un mot composé avec *arrière*. On dit arrière-pays, arrière-goût, arrière-petits-enfants, arrière-train, arrière-pensée, arrière-plan.

(16) **Hyène**. Seul animal qui n'est pas un félin.

(17) **V**. V est la seule lettre qui est composée de 2 portions de ligne. Les autres lettres sont composées de 3 portions de ligne.

(18) **T**. T est la seule lettre « carrée ». Toutes les autres lettres sont rondes.

(19) **C**. Les autres lettres sont composées d'un mélange de lignes droites et de courbes. La lettre C n'a qu'une courbe.

(20) **Forme**

(21) **Petit**

(22) **CHEVAL**. Cryptage « pendu ».

(23) **144 (c)**. *227* : **d**eux cent vingt-sept ; *956* : **n**euf cent cinquante-six. *144* : **c**ent quarante-quatre.

(24) **Kangourou (9)**. Nombre de lettres dans le mot.

(25) **Surface**

(26) **Petit**

(27) **41**. 41 = (41+16) – (7+9) de même que 24 = (15+23) – (9+5)

(28) **J et L**

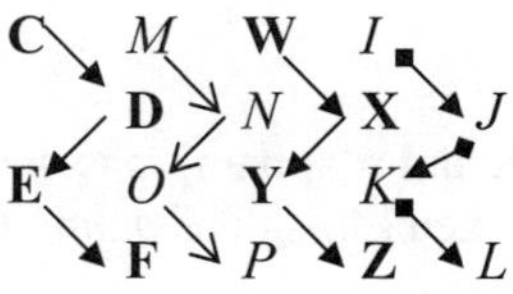

(29) **CINQ (1)**. Nombre de voyelles dans e mot.

(30) **U O M C.** 1 : **U**n ; 11 : **O**nze ; 1111 : **M**ille onze ; 111 : **C**ent onze.

(31) **SATURNE.** Cryptage « pendu ».

(32) **Mois**. Une année est composé de 365 jours, 8760 heures et 12 mois.

(33) **66(F)9**. Le deuxième chiffre est égal au rang de la lettre entre parenthèses.

(34) **421(QDU)**. 667 : **S**ix **S**ix **S**ept (SSS) ; 382 : **T**rois **H**uit **D**eux ; 567 : **C**inq **S**ix Sept ; 421 : **Q**uatre **D**eux **U**n.

Série n° 4

(1) **Franck (6 – 6 – 11)**. Le premier chiffre est égal au rang de la première lettre de *Franck* ; le second chiffre est égal au nombre de lettres dans le prénom ; le dernier chiffre est égal au rang de la dernière lettre de *Franc**k***. Il en est de même pour Anne (1 – 4 – 5).

(2) **Serge (19 – 5 – 5)**. Le premier chiffre est égal au rang de la première lettre de *Serge* ; le second chiffre est égal au rang de la dernière lettre de *Serg**e*** ; le dernier chiffre est égal au nombre de lettres dans le prénom. Il en est de même pour Valérie (22 – 5 – 7).

(3) **GARE**

(4) **SALON**

(5) **ENIVRER**

(6) **(4 – 4 – 1) Dora**. Premier chiffre : rang de la première lettre de Dora. Deuxième chiffre : nombre de lettres dans Dora. Troisième chiffre : rang de la dernière lettre de Dora.

(7) **Insensé (i).** Dans *insensé*, « i » est la seule lettre qui n'apparaît pas deux fois. De même, « a » est la seule lettre qui n'apparaît pas deux fois dans *mamelle*.

(8) **832 (D)**. La lettre entre parenthèses est la première lettre du dernier chiffre des nombres de la série. 83**2** : **D**eux.

(9) **O**. Le rang de la lettre est égal à la somme des chiffres. Rang de O (15) = 2+13.

(10) **RU**. DI/JE : D et E sont successives ; I et J sont successives. TQ/RU : T et U sont successives ; Q et R sont successives.

(11) **XXIV (7)**. Nombre de barres dans le nombre romain.

(12) **Vingt (22)**. Le chiffre entre parenthèses est égal au rang de la première lettre du mot associé. Rang de V dans Vingt : 22.

(13) **PARDON**. La syllabe DON est commune à tous les mots de la série.

(14) **Betteraves 4 kg**. Le nombre de kilos est égal au nombre de voyelles.

(15) **Concours (8)**. Nombre de lettres dans le mot.

(16) **NOP**. Lettres successives.

(17) **ASF**. Il suffit de replacer les lettres dans le même ordre.

(18) **Insupportable**. Dans l'exemple, Célèbre est le seul mot qui n'est pas associé à un antonyme. Gentil et Méchant sont antonymes ; Obscur et Clair aussi. De même, Insupportable est le seul mot qui n'est pas associé à un antonyme (Réservé/Exubérant ; Artificiel/Naturel)

(19) **Insolent**. Cf. explication de l'exercice précédent.

(20) **Viaduc**. Le béton est le seul matériau qui n'est pas naturel.

(21) **Jambe**

(22) **Sa mère**. Le neveu est de sexe masculin, la tante de sexe féminin. De même le fils est de sexe masculin et la mère de sexe féminin.

(23) **La lâcheté**. Le courage est l'antonyme de la lâcheté de même que la déférence est l'antonyme de la familiarité.

(24) **L'arbre**. La peau recouvre l'homme comme l'écorce recouvre l'arbre.

(25) **XXXVI (18)**. (Nombre de barres des nombres romains) x 2.

(26) **Huit (8)**. Le chiffre entre parenthèses est égal au rang de la première lettre du mot associé.

(27) **(10)**. L'addition des chiffres des nombres de la première colonne donne le nombre de la deuxième colonne.

(28) **(15)**. L'addition des chiffres des nombres de la première colonne donne le nombre de la deuxième colonne.

(29) **Saxophone**. Seul instrument qui n'est pas à cordes.

(30) **Paramètre**. Seul mot qui n'exprime pas l'idée de « protection contre ».

(31) **82(17) et 23(7)**. Le nombre entre parenthèses est égal au produit des chiffres hors parenthèses + 1. Ainsi, 17 = 8x2 + 1

(32) **7 (première ligne)** et **10 (deuxième ligne)**. Les nombres de la troisième ligne sont (dans le désordre) égaux au double des nombres de la première ligne. De la même façon, les nombres de la quatrième ligne sont (dans le désordre) égaux au double des nombres de la deuxième ligne.

(33) **DJMD (5)**. Le chiffre entre parenthèses est égal à : (rang de la 1ère lettre) + (rang de la 2nde lettre) – (rang de la 3ème lettre) + (rang de la 4ème lettre). Ainsi, pour DJMD, 5 = 4 + 10 – 13 + 4.

(34) **TIGE**. [Atr**O**Ce (**COCA**) Int**AC**t] et [Fr**IT**e (**TIGE**) Solf**EG**e].

Série n° 5

(1) **6**. Sur une même ligne, le chiffre de la troisième colonne est égal au : (chiffre de la deuxième colonne) – (chiffre de la première colonne). Ainsi, pour la première ligne : 5 = 6 – 1.

(2)

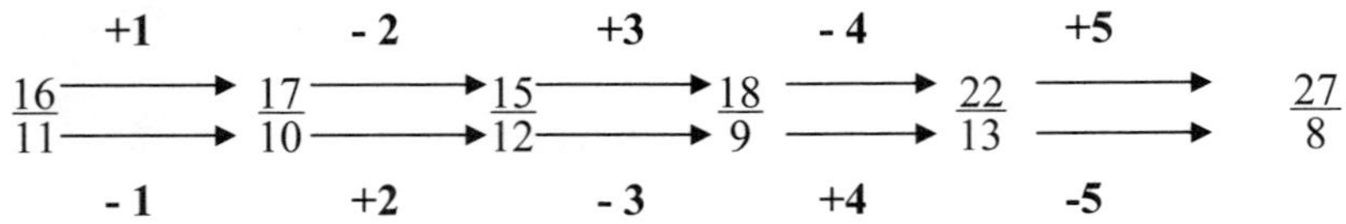

(3) **F et Q**. Si l'on remplace les lettres par leur rang respectif on obtient :

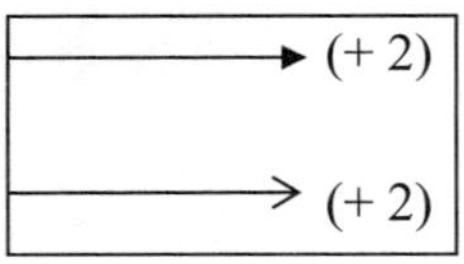

6 et 17 sont les rangs des lettres F et Q.

(4) **AGE**

(5) **OZRAMT (MOZART)**

(6) **ARD**

(7) **14**. La somme des nombres des colonnes comme la somme des nombres des lignes est égale à 36.

(8) **88**. Les nombres de la première série (22 36 44) *divisés par 2* donnent (dans le désordre) les nombres de la deuxième série (18 11 22). Puis, les nombres de la première série *multipliés par 2* donnent (dans le désordre) les nombres de la troisième série.

(9) **14**

1ère fraction : le dénominateur est égal à : (nominateur x 2) – 1

2nde fraction : le dénominateur est égal à : (nominateur x 2) – 2

3ème fraction : le dénominateur est égal à : (nominateur x 2) – 3

4ème fraction : le dénominateur est égal à : (nominateur x 2) – 4
5ème fraction : le dénominateur est égal à : (nominateur x 2) – 5
6ème fraction : le dénominateur est égal à : (nominateur x 2) – 6

(10) **ESSE**

(11) **TENINNOD (NINTENDO)**

(12) **SOUS**. DES**SOUS** et **SOUS**TRACTION

(13) **AME**. TR**AME** et **AME**NER

(14) **2**. Considérons le troisième groupe. On remarque que : 7 = (13 –10) + (26 – 22). De même pour le premier groupe : 235 = (322 – 99) + (30 – 18). Aussi : 2 = (94 – 93) + (49 – 48).

(15) **65**. 16 + *65* = **81** de même que 12 + 69 = **81** ; 67 + 14 = **81** ; 13 + 68 = **81**

(16)

18 \ 11		24 \ 17		19 \ 12
	7		*7*	
99 \ 92		21 \ …		27 \ 20

On remarque : 18 – 11 = 7 ; 24 – 17 = 7 ; 19 – 12 = 7 ; 99 – 92 = 7 ; 27 – 20 = 7. Aussi 21 – 14 = 7. Réponse : **14**

(17) **25 ans et 8 mois**. 25 ans : 2 est égal au rang de la première lettre de Béatrice et 5 au rang de la dernière lettre de Béatrice. 8 mois : 8 est égal au nombre de lettres qu'il y a dans Béatrice.

(18) GRAND FROID
(19) GENIE CHIEN
(20) ENFANT ROI
(21) ECRAN RADAR
(22) RASOIR MOUSSE
(23) DIABOLO MENTHE
(24) PIQUE ASSIETTE
(25) POMME VERTE

(26) RABAT JOIE
(27) EAU THERMALE
(28) SANS TALENT
(29) CHAPEAU MELON
(30) SOUS VETEMENT
(31) POGROM
(32) IMBECILLITE
(33) FRANC MACON
(34) ETATS UNIS
(35) BONHEUR

(36) **Croc**. On a fait tomber la première syllabe des mots.

(37) **BAGNE**. Syllabe commune : GNE

(38) **100**. 64 est le carré de 8 de même que 100 est le carré de 10.

(39) **MANET, MOZART** et **EINSTEIN**

(40) Le nom de 8 pays commencent par une consonne ; le nom des 8 autres par une voyelle.

(41) *7*. Le chiffre en italique est égal à la somme des deux nombres de la première ligne moins la somme des deux nombres de la deuxième ligne.

Série n° 6

A vos dictionnaires !

CHAPITRE 2

SERIES SIMPLES

I. INTRODUCTION AUX SERIES SIMPLES

- Les séries simples font l'objet de tests principalement aux concours **post-bac** (banques Sésame, Ecristart…), **Passerelle** (test Arpège) et **Essec**.

- Les séries simples sont composées de suites de nombres, de lettres ou encore de suites croisées de nombres et de lettres.

- Ces séries sont conçues autour d'une **logique de construction.** Les différents **éléments** d'une série simple sont toujours **interdépendants :** ils s'obtiennent à partir des éléments précédents.

II. SERIES SIMPLES DE CHIFFRES

Les séries simples de chiffres se composent de suites de nombres. Vous devez déterminer un ou plusieurs chiffres manquants. Ceux-ci s'obtiennent à partir des précédents par des opérations arithmétiques de base.

Voici les **règles les plus couramment utilisées** dans les épreuves de concours.

1 : Progression arithmétique

A. Progression arithmétique **croissante**

Exemple : complétez la série suivante :

2 5 8 11 14 …

Chaque nombre s'obtient en ajoutant 3 au précédent. On dit qu'il s'agit d'une progression arithmétique croissante de raison 3. Réponse : 17

B. Progression arithmétique **décroissante**

Exemple : complétez la série suivante :

28 24 20 16 12 … 4

Chaque nombre s'obtient en retranchant 4 au précédent. On dit qu'il s'agit d'une progression arithmétique décroissante de raison – 4. Réponse : 8

2 : Combinaisons de suites arithmétiques

Il s'agit de séries qui combinent 2 suites en progression arithmétique.

Exemple 1 : complétez la série suivante :

6 7 8 12 10 17 12 … … 27 16

Il s'agit ici de deux séries combinées.

6 7 8 12 10 17 12 … … 27 16

6 8 10 12 … 16

7 12 17 … 27

La première série suit une progression arithmétique de raison 5 ; la seconde suit une progression arithmétique de raison 2. Réponse : 22 et 14

Exemple 2 : complétez la série suivante :

2 15 8 13 14 11 20 … … 7 32

Il s'agit ici de la combinaison d'une série croissante et d'une autre décroissante.

2 15 8 13 14 11 20 … … 7 32

2 8 14 20 … 32

15 13 11 … 7

La première série suit une progression arithmétique de raison 6 ; la seconde suit une progression arithmétique de raison – 2. Réponse : 9 et 26

3 : Progression géométrique

A. Progression géométrique **croissante**

Exemple : complétez la série suivante :

2 4 8 16 32 … 128

Chaque nombre s'obtient en multipliant le précédent par 2. On dit qu'il s'agit d'une progression géométrique croissante de raison 2. Réponse : 64

B. Progression géométrique **décroissante**

Exemple : complétez la série suivante :

243 81 27 … 3 1

Chaque nombre s'obtient en divisant le précédent par 3. On dit qu'il s'agit d'une progression géométrique décroissante de raison 1/3. Réponse : 64

4 : Combinaisons de suites géométriques

Il s'agit de séries qui combinent 2 suites en progression géométrique.

Exemple 1 : complétez la série suivante :

2 7 6 14 18 28 … … 48 112

Il s'agit ici de deux séries combinées.

2 7 6 14 18 28 … … 48 112

2 6 18 … 162

7 14 28 … 112

La première série suit une progression géométrique croissante de raison 3 ; la seconde suit une progression géométrique croissante de raison 2. Réponse : 54 et 56

Exemple 2 : complétez la série suivante :

1 64 5 32 25 16 … … 125 4

Il s'agit ici de deux séries combinées, l'une croissante, l'autre décroissante.

1 64 5 32 25 16 … … 625 4

1 5 25 … 625

64 32 16 … 4

La première série suit une progression géométrique croissante de raison 5 ; la seconde suit une progression géométrique décroissante de raison ½ .

Réponse : 125 et 8

5 : Combinaisons de suites arithmétiques et géométriques

Exemple 1 : complétez la série suivante :

2 2 4 4 6 8 8 16 10 … … 64 14

La première série suit une progression arithmétique croissante de raison 2 ; la seconde suit une progression géométrique croissante de raison 2. Réponse : 32 et 12

Exemple 2 : complétez la série suivante :

256	10	64	20	16	30	…	…	1	50

La première série suit une progression géométrique décroissante de raison ¼ ; la seconde suit une progression arithmétique croissante de raison 10. Réponse : 4 et 40

6 : Progression arithmético – géométrique

Dans une même série la progression arithmétique est couplée à la progression géométrique.

Exemple 1 : complétez la série suivante :

2	3	6	7	14	15	30	…	…

Cette série est construite sur le schéma 2 **(+1)** 3 **(x2)** 6 **(+1)** 7 **(x2)** 14 **(+1)** 15 **(x2)** 30 **(+1)** 31 **(x2)** 62**.** Réponse : 31 et 62

Exemple 2 : complétez la série suivante :

2	5	10	11	14	28	29	32	64	65	…	…	137	140	280

Cette série est construite sur le schéma : +3 ; x2 ; +1 **;** +3 ; x2 ; +1 etc. Réponse : 68 et 136.

7 : Addition de nombres

Chaque terme de la série s'obtient en faisant la somme des deux nombres qui précèdent.

Exemple : complétez la série suivante :

3	5	8	13	21	34	55	…

On a : 8=3+5 ; 13=5+8 ; 21=8+13 ; 34=13+21 ; 55=21+34.
Réponse : 89 (89=34+55)

8 : Multiplication de nombres

Chaque terme de la série s'obtient en faisant la multiplication des deux nombres qui précèdent.

Exemple : complétez la série suivante :

3 2 6 12 … 864

On a : 6=3x2 ; 12=2x6 ; **...**=6x12=72 ; 864=12x72. Réponse : 72

9 : Addition croissante ou décroissante de nombres

Chaque terme de la série s'obtient en ajoutant un nombre qui augmente ou qui diminue de *manière constante.*

A. Addition croissante

Exemple : complétez la série suivante :

1 3 7 13 21 31 …

On a ajouté 2 au premier chiffre, 4 au deuxième, 6 au troisième, 8 au quatrième etc. (augmentation constante de 2 points). 1 **(+2)** 3 **(+4)** 7 **(+6)** 13 **(+8)** 21 **(+10)** 31 **(+12)** 43. Réponse : 43

B. Addition décroissante

Exemple : complétez la série suivante :

2 8 13 17 20 … 23

On a ajouté 6 au premier chiffre, 5 au deuxième, 4 au troisième, 3 au quatrième (diminution constante de 1 point) etc. 2 (+6) 8 (+5) 13 (+4) 17 (+3) 20 (+2) 22 (+1) 23. Réponse : 22

10 : Symétrie

Certains tests sont conçus autour de symétries simples. Les nombres vont par paires et le deuxième élément découle du premier élément en inversant les chiffres.

Exemple : complétez la série suivante :

13 31 26 62 39 93 … …

31 est ici le symétrique de 13 ; 26 est égal à 2x13; 62 est le symétrique de 26 ; 39 est égal à 3x13; 93 est le symétrique de 39.

Réponse : 52 et 25. En effet, 52 est égal à 4x13 et 25 est le symétrique de 52.

III. SERIES SIMPLES DE LETTRES

Les tests de séries simples de lettres s'appuient souvent sur le rang des lettres dans l'alphabet.

Je vous conseille donc vivement d'écrire dès le début de l'épreuve sur un brouillon l'alphabet en attribuant à chaque lettre son rang croissant et décroissant.

Vous verrez que dans de nombreux cas, il suffit de remplacer les lettres par leur numéro de rang pour retrouver et appliquer les règles vues pour les séries simples de chiffres.

A	**B**	**C**	**D**	**E**	**F**	**G**	**H**	**I**	**J**	**K**	**L**	**M**	**N**	**O**
1	2	3	4	5	6	7	8	9	10	11	12	13	14	15
26	*25*	*24*	*23*	*22*	*21*	*20*	*19*	*18*	*17*	*16*	*15*	*14*	*13*	*12*
P	**Q**	**R**	**S**	**T**	**U**	**V**	**W**	**X**	**Y**	**Z**				
16	17	18	19	20	21	22	23	24	25	26				
11	*10*	*9*	*8*	*7*	*6*	*5*	*4*	*3*	*2*	*1*				

<u>Une astuce ultra-efficace pour trouver très rapidement le rang d'une lettre.</u>

E	**J**	**O**	**T**	**Y**
5	*10*	*15*	*20*	*25*

En fait cette astuce peut se résumer en un mot : EJOTY. Et oui, si vous retenez ce mot et que vous associez à chacune des lettres de ce mot leur rang respectif, vous pourrez calculer très rapidement les rangs de toutes les lettres de l'alphabet.

Essayez donc : si je vous demande le rang de P et bien vous allez chercher la lettre du mot EJOTY la plus proche : c'est O. Or comme le rang O est égal à 15, vous en déduisez naturellement que le rang de P (qui vient juste après O) est égal à 16.

1 : Progression arithmétique

Chaque lettre de la série est séparée par le même nombre de lettres dans l'alphabet.

A. Progression arithmétique **croissante**

Exemple 1: complétez la série suivante :

A C E G I K …

La série progresse dans l'ordre de l'alphabet en sautant une lettre à chaque fois. Réponse : M (K *L* M)

Exemple 2: complétez la série suivante :

C G K O … W

La série progresse dans l'ordre de l'alphabet en sautant trois lettres à chaque fois. Réponse : S (O *PQR* S)

Si vous vous sentez plus à l'aise avec les chiffres et les nombres, vous pouvez remplacer chaque lettre par son numéro d'apparition croissant dans l'alphabet.

L'exemple 2 devient alors :

3 7 11 15 … 23

Vous reconnaissez une série qui suit une progression arithmétique de raison 4. Vous ajoutez alors 4 à 15 : vous obtenez 19 et la lettre de rang 19 dans l'alphabet est S.

B. Progression arithmétique **décroissante**

Exemple 1: complétez la série suivante :

X U R O L … F

On **remonte** l'alphabet en partant de X et en sautant 2 lettres à chaque fois. Ainsi passe-t-on de U à R en sautant les lettres T et S. Réponse : I (L *KJ* I)

Là encore, vous pouvez remplacer les lettres par leur ordre d'apparition dans l'alphabet. On obtient alors la suite :

24 21 18 15 12 … 6

Vous reconnaissez une série qui suit une progression géométrique de raison – 3. Le chiffre manquant est donc : 12 – 3 = 9 et la lettre de rang 9 est I.

2 : Combinaisons de suites arithmétiques

Vous pouvez aussi avoir des séries qui combinent deux suites de lettres en progression arithmétique.

Exemple : complétez la série suivante :

B Z E V H R K N … …

B Z E V H R K N … …

B E H K …

Z V R N …

Première série : progression arithmétique croissante : les lettres se suivent dans l'ordre croissant de l'alphabet avec saut de 2 lettres.

Deuxième série : progression arithmétique décroissante : les lettres se suivent dans l'ordre décroissant de l'alphabet avec saut de 3 lettres. Réponse : N et J

3 : Addition croissante ou décroissante de nombres

Les lettres sont séparées par un nombre de lettres qui augmente ou qui diminue de manière constante.

Exemple 1 : complétez la série suivante :

B D G K P …

Les lettres sont séparées par un nombre de lettres qui augmente de 1 à chaque fois. B et D sont séparés par une lettre, D et G par 2 lettres, G et K par 3 lettres, K et P par 4 lettres. Réponse : V (P et V sont séparées par 5 lettres).

Exemple 2 : complétez la série suivante :

Z W R K …

Les lettres remontent l'alphabet et sont séparées par un nombre de lettres qui augmente de 2 à chaque fois. Z et W sont séparées par 2 lettres, W et R par 4 lettres, R et K par 6 lettres. Réponse : B (K et B sont séparées par 8 lettres)

4 : Groupes de lettres

Une série peut se décomposer en plusieurs groupes de lettres.

Vous devez d'abord inférer la logique sous-jacente aux premiers groupes de lettres pour déterminer alors la ou les lettres qui manquent dans le dernier groupe.

Exemple 1 : complétez la série suivante :

KIGE GECA TRPN ZXV…

Dans chaque groupe de lettres, les lettres sont données dans l'ordre inverse de l'alphabet avec saut d'une lettre. Réponse : T (Z *Y* X *W* V *U* T)

Exemple 2 : complétez la série suivante :

GT HS AZ B…

G est en 7ème position en partant du début de l'alphabet et T est aussi en 7ème position, mais en partant de la fin de l'alphabet. Réponse : Y.

5 : Opérations sur lettres

Il s'agit d'effectuer des opérations simples (addition, soustraction, multiplication) sur des lettres.

Exemple : complétez la série suivante :

BC = E DF = J CI = L EK = …

On déduit une lettre à partir des deux autres en additionnant leur rang respectif. B + C = 2 + 3 = 5 = E ; D + F = 4 + 6 = 10 = J. Réponse : P.

IV. SERIES COMBINEES DE CHIFFRES ET DE LETTRES

Exemple 1 : complétez la série suivante :

D 2 G 4 J 8 M 16 P … …

Cette série combinée de chiffres et de lettres peut se résoudre en considérant les deux suites séparément.

D 2 G 4 J 8 M 16 P … …

D G J M P …

2 4 8 16 …

La première série suit une progression arithmétique avec saut de deux lettres.
La seconde série suit une progression géométrique de raison 2. Réponse : 32 et S

Exemple 2 : complétez la série suivante :

F 6 H 8 M 13 R 18 V … … 2

Les chiffres situés entre deux lettres indiquent le rang des lettres qui les précèdent. V est la 22ème lettre de l'alphabet et la lettre de rang 2 est B. Réponse : 22 et B.

Exemple 3 : complétez la série suivante :

C 2 F 4 K 1 M 6 T … X

Le chiffre situé entre deux lettres indique le nombre de lettres qui les séparent dans l'alphabet. T et X sont séparées par 3 lettres. Réponse : 3

Exemple 4 : complétez la série suivante :

A B 3 E H 13 …

La somme des rangs de A et B donne 3. La somme du rang de B et de 3 donne E. La somme de 3 et du rang de E donne H. La somme des rangs de E et H donne 13 et la somme du rang de H et de 13 donne U (H=8 ; 8+13=21=U). Réponse : U

V. EXERCICES

Pour chacune des séries qui suivent, vous devez remplacer les trois petits points par le chiffre, le nombre, la lettre ou les lettres qui conviennent.

(1) 6 9 13 18 … 31

(2) 5 8 10 13 15 … 20 23

(3) 16 5 14 9 12 13 10 … … 21 6

(4) 5 4 6 5 7 … … 7 9

(5) 13 26 39 412 … 618

(6) 8 16 19 36 39 78 … …

(7) 6 11 33 38 114 119 … …

(8) 21 12 43 34 65 56 … …

(9) 45 38 31 24 17 … …

(10) 8 6 7 5 6 … … 3 4

(11) 5 0 10 5 15 10 20 … …

(12) 4 7 11 16 22 … …

(13) 14 23 31 38 44 … 53

(14) 6 12 24 48 96 … …

(15) 6 12 13 26 27 … …

(16) 2000 … 200 100 20 10 … 1

(17) 1000000000 10000000 100000 1000 …

(18) 102 100 50 48 24 … 11

(19) 126 42 63 (.)4 147

(20) 164 255 366 497 …

(21) 18 21 24 45 48 52 … … 102 … 208

(22) 3 4 7 8 11 12 15 … …

(23) 32 … 19 14 10 7 5 …

(24) 18 13 9 6 … 3

(25) 16 14 11 9 6 … …

(26) 1320 660 220 55 …

(27) 14 41 56 65 78 87 91 …

(28) 1 2 6 24 120 … …

(29) 5 7 21 23 69 … …

(30) 5 10 30 120 …

(31) 5040 2520 840 210 … 7

(32) 156 78 80 … … 21 23

(33) 43 54 52 63 … 72 … … 79

(34) 35 42 49 … 63 70 … 84

(35) 21 24 28 … 39 46 … 63

(36) … 24 23 69 … … 203 609 608

(37) 1638 … 558 186 198 66 … … 38

(38) 8 10 13 … 11 14 10 … … 11

(39) 5 15 12 … 36 33 33 99 … 96

(40) … 12 16 15 30 … 33 66 70 …

(41) … … 15 18 19 19 23 20 27 21

(42) … 4 4 7 16 … 64 13 … 16 1024

(43) 32 37 36 41 39 … 41 46 …

(44) 5 7 21 26 26 28 84 89 89 91 … 278 …

(45) 1 4 3 16 27 64 … … 247 1024

(46) 4 8 12 16 28 32 60 64 … … 252

(47) 5 12 26 54 110 222 …

(48) 256 128 64 … 16 … 4 …

(49) 4 6 9 11 14 16 19 … …

(50) 52 58 56 62 59 65 61 67 62 … … … 61

(51) F … N R V …

(52) A B D G K … V

(53) U S Q O M … I … E

(54) HFEG DBAC LJIK P…O

(55) E G F H I K J L M O N P … …

(56) BT CS DR EQ FP …

(57) B3 D6 F9 H12 …

(58) 25 D 29 FG 33 IJK 37 MNOP … …

(59) A C B D … … D F E G F H

(60) ZA XC VE … RI PK

(61) Z G X J V M T … R S P … N

(62) A10 C30 E50 … I90 …

(63) U Q M … E A

(64) BCD GHI LMN QRS

(65) A D H M S …

(66) LK NN PQ RT … VZ

(67) BC EF IJ NO …

(68) G K O S …

(69) X V S Q N … I … D

(70) BF = H FJ = P CC = F KO = …

(71) BECDF GJHIK LOMNP …..

(72) HN KL NJ QH TF …

(73) GH JI KLNM OPRQ STVU ….

(74) 56K 39L 55J 98Q 79(.)

(75) AA1 CB6 HC24 KB(.) D(.)20

(76) C 2 F 4 K 3 O 2 … 5 …

(77) G 3 J 9 N 27 S … … 243

(78) A 5 G 10 R 2 U 2 … … Z

(79) A c F h K … … r

(80) B f K o T …

(81) B C E H L … W

(82) BDF (4) ISB (10) CFL(7) JXE (13) SF…(11) ABF (…)

(83) B 2 CD 4 EFGH 3 IJK 2 … … NOPQR

(84) 35 (H) 49 (M) 52 (...) 36 (I) 4…(L)

(85) Lk (M) Hg (I) Dc (E) Ts (…)

(86) B 4 G 7 O 10 Z – 5 T … Q 3 …

(87) F 3 G 4 H 5 … … J 7 … … L 9

(88) D g J m P … … y

(89) Ec (7) Ej (13) Hu (28) Ps (34) Kg (…)

(90) 1b 10f 100j 1000… … r

(91) 10 7 9 6 8 … 7 4 …

(92) 20 40 39 78 76 152 149 298 294 … … 1166

(93) 2 4 3 9 8 24 23 … … 684 …

(94) 0 2 6 12 20 30 42 … … 90 … 132

(95) 8 15 9 14 … 13 11 12

(96) B Y CD XW EFG …

(97) Y P I D …

(98) BC2 DEF6 GHIJ24 KLMNO…

(99) 5Y 4P 3I … 1A

(100) 12B 32F 53O 46X 63…

(101) 115 129 123 138 131 147 139 … …

(102) T P M … F

(103) X C X E X G X K X M X …

(104) B D G K …

(105) 3 4 5 11 14 107 …

(106) 3 8 18 38 … 158

(107) EAC (O) BCD (X) KAB (V) MBA (…) BE…(T)

(108) IB (77) KG (72) HD (48) FA (35) JF (…)

(109) A1 B8 C27 D… E125 …1000

(110) 5Y 4P 3I … 1A

(111) 12B 32F 53O 46X 63…

(112) A D I P …

(113) D N O S A …

(114) U D T Q C …

(115) B C E H M …

VI. CORRIGÉS

(1) Addition croissante de chiffres : +3 ; +4 ; +5 ; +6 ; +7. Réponse : 24

(2) Modèle : +3 ; +2 ; +3 ; +2 etc. Réponse : 18

(3) Deux suites combinées. Première suite : progression arithmétique décroissante de raison – 2. Deuxième suite : progression arithmétique croissante de raison 4. Réponse : 17 et 8

(4) Deux suites combinées : la première suit une progression arithmétique croissante de raison 1 ; la deuxième aussi. Réponse : 6 et 8

(5) **1|3** : **1**x**3=3** ; **2|6** : **2**x**3=6** ; **6|18** : **6**x**3=18.** Réponse : **515** : **5**x**3=15**

(6) Progression arithmético – géométrique : x2 ; +3 ; x2 ; +3 etc. Réponse : 81 et 162

(7) Progression arithmético – géométrique : +5 ; x3 ; +5 ; x3 etc. Réponse : 357 et 362

(8) Symétrie ordonnée. Réponse : 87 et 78

(9) Progression arithmétique décroissante de raison – 7. Réponse : 10 et 3

(10) Deux suites combinées : la première suit une progression arithmétique décroissante de raison – 1 ; la deuxième aussi. Réponse : 4 et 5

(11) Modèle : – 5 ; +10 ; – 5 ; +10 etc. Réponse : 15 et 25

(12) Addition croissante de chiffres : +3 ; +4 ; +5 ; +6 ; +7 ; +8. Réponse : 29 et 37

(13) Addition décroissante de chiffres : +9 ; +8 ; +7 ; +6 ; +5 ; +4. Réponse : 49

(14) Progression géométrique croissante de raison 2. Réponse : 192 et 384

(15) Progression arithmético – géométrique : x2 ; +1 ; x2 ; +1 etc. Réponse : 54 et 55

(16) Modèle : /2 ; /5 ; /2 ; /5 etc. Réponse 1000 et 2

(17) Progression géométrique décroissante de raison 1/100 (chaque nombre est obtenu en divisant le précédent par 100). Réponse : 10

(18) Modèle : – 2 ; /2 ; – 2 ; /2. Réponse : 22

(19) **12|6** : **12**=**6**x2 ; **42** : **4**=**2**x2 ; **147** : **14**=7x2. Réponse : 84 (**8**=**4**x2)

(20) **16|4** : **16**=**4**^{2} ; 25|5 : 25=5^2 etc. Réponse : 648 (**64**=**8**^{2})

(21) 18+3=21 ; 21+24=45 ; 45+3=48 ; 48+52=100 ; 100+3=103 ; 103+102=205 ; 205+3=208. Réponse : 100, 103 et 205

(22) Deux suites combinées. Première suite : progression croissante de raison 4. Deuxième suite : progression arithmétique croissante de raison 4.
Réponse : 16 et 19

(23) Soustraction décroissante de chiffres :-7 ; -6 ; -5 ; -4 ; -3 ; -2 ; -1.
Réponse : 25 et 4

(24) Soustraction décroissante de chiffres :-5 ; -4 ; -3 ; -2 ; -1. Réponse : 4

(25) Modèle : – 2 ; – 3 ; – 2 ; – 3 ; etc. Réponse : 4 et 1

(26) Modèle : /2 ; /3 ; /4 ; /5.
1320/2=660 ; 660/3=220 ; 220/4=55 ; 55/5= 11. Réponse : 11

(27) Symétrie. Réponse : 19

(28) Modèle : x2 ; x3 ; x4 ; x5 ; x6 ; x7. Réponse : 720 et 5040

(29) Modèle : +2 ; x3 ; +2 ; x3 etc. Réponse : 71 et 213

(30) Modèle : x2 ; x3 ; x4 ; x5. Réponse : 600

(31) Modèle : /2 ; /3 ; /4 ; /5 ; /6. Réponse : 42

(32) Modèle : /2 ; +2 ; /2 ; +2 etc. Réponse : 40 et 42

(33) Modèle : +11/-2 ; +11/-2 etc. Réponse : 61, 70 et 81

(34) Progression arithmétique de raison 7. Réponse : 56 et 77

(35) Addition croissante de chiffres : +3 ; +4 ; +5 ; +6 ; +7 ; +8. Réponse : 33 et 54

(36) Modèle : x3 ; -1 ; x3 ; -1 etc. Réponse : 8 ; 68 et 204

(37) Modèle : /3 ; +12 ; /3 ; +12 etc. Réponse : 546 ; 78 et 26

(38) Modèle : +2 ; +3 ; -4 **;** +2 ; +3 ; -4 etc. Réponse : 9, 12 et 15

(39) Modèle : x3 ; -3 et répétition du nombre **;** x3, -3 et répétition du nombre etc. Réponse : 12 et 96

(40) Modèle : x2 ; +4 ; -1 **;** x2 ; +4 ; -1 etc. Réponse : 6, 34 et 69

(41) Deux suites combinées : la première suite suit une progression arithmétique croissante de raison 4 ; la deuxième une progression arithmétique croissante de raison 1. Réponse : 11 et 17

(42) Deux suites combinées. La première suit une progression géométrique de raison 4 ; la seconde une progression arithmétique de raison 3. Réponse : 1, 10 et 256

(43) Modèle : +*5* ; -1 ; +*5* ; -2 ; +*5* ; -3 ; +*5* ; -4 etc. Réponse : 44 et 42

(44) Modèle : +2 ; x3 ; +5 ; répétition du nombre **;** +2 ; x3 ; +5 ; répétition du nombre etc. Réponse : 273 et 278

(45) Deux suites combinées : la première suit une progression géométrique de raison 3 ; la seconde, une progression géométrique de raison 4. Réponse : 81 et 256

(46) Modèle : 4+*4*=8 ; 4+8=12 ; 12+*4*=16 ; 12+16=28 ; 28+*4*=32, 28+32=60 ; 60+*4*=64 ; 60+64=124 ; 124+*4*=128 et 124+128=252. Réponse : 124 et 128

(47) Modèle : chaque nombre s'obtient en ajoutant 2 au double du précédent. Ainsi : **12**=**5**x2+2 ; **26**=**12**x2+2. Réponse : 446 (**446**=**222**x2+2)

(48) Progression géométrique décroissante de raison ½. Réponse : 32, 8 et 1

(49) Modèle : +2 ; +3 ; +2 ; +3 etc. Réponse : 21 et 24

(50) Modèle : +*6* ; -2 ; +*6* ; -3 ; +*6* ; -4 ; +*6* ; -5 ; +*6* ; -6 etc. Réponse : 68, 62 et 68

(51) Progression croissante avec saut de 3 lettres. **F** *GHI* **J** *KLM* **N** *OPQ* **R** *STU* **V** *WXY* **Z**. Réponse : J et Z

(52) Modèle : A et B sont séparées par 0 lettre ; B et D par 1 lettre ; D et G par 2 lettres, G et K par 3 lettres ; K et P par 4 lettres ; P et V par 5 lettres. Réponse :P

(53) On remonte l'alphabet en sautant une lettre à chaque fois. Réponse : K et G

(54) Les lettres du groupe de mot HFEG se suivent dans l'alphabet (EFGH). Il en est de même pour les lettres du groupe DBAC (ABCD). En suivant la même logique de construction, on obtient le groupe PNMO (MNOP). Réponse N et M

(55) Si l'on reconstitue la série en inversant dans chaque sous-groupe de 4 lettres les deuxième et troisième lettres on obtient la série : E F G H - I J K L - M N O P - Q R S T. On inverse donc les deuxième et troisième du groupe QRST ; on obtient le groupe QSRT. On a uniquement besoin des deux premières lettres de ce groupe. Réponse Q et S

(56) Deux séries combinées. La première, constituée des premières lettres de chacun des sous-groupes de deux lettres, est une suite croissante de lettres successives avec 0 saut de lettre. La deuxième, constituée des deuxièmes lettres de chacun des sous-groupes de deux lettres, est une suite décroissante de lettres successives de l'alphabet avec 0 saut de lettre. Réponse : GO

(57) Deux suites croisées : la suite de lettres suit une progression arithmétique croissante avec saut d'une lettre. La suite de chiffres suit une progression arithmétique de raison 3. Réponse : J15

(58) Série de chiffres : progression arithmétique croissante de raison 4. Série de lettres : une lettre est à chaque fois ajoutée ; les lettres sont successives avec saut d'une lettre entre les sous-groupes de lettres. Réponse : 41 et RSTUV

(59) Deux suites combinées. La première suit une progression arithmétique croissante avec 0 saut de lettre. La deuxième aussi. Réponse : C et E

(60) Z est en 1ère position en partant de la fin de l'alphabet et A est aussi en 1ère position mais en partant du début de l'alphabet. De la même façon, X est en 3ème position en partant de la fin de l'alphabet et C est en 3ème position en partant du début de l'alphabet. Les lettres A, C et E se succèdent avec un saut d'une lettre. Réponse : TG

(61) Deux suites combinées. La première suit une progression arithmétique avec saut d'une lettre en remontant l'alphabet ; la seconde, une progression arithmétique avec saut de deux lettres. Réponse : P et V

(62) 10 représente le rang de A dans l'alphabet multiplié par 10 ; 30 représente le rang de C dans l'alphabet multiplié par 10. Les lettres sont en progression arithmétique avec saut d'une lettre. Réponse : G70 et K110

(63) Progression arithmétique en remontant l'alphabet avec saut de 3 lettres. Réponse : I

(64) Si l'on relie les sous-groupes de la série, on obtient :

BCD**EF**GHI**JK**LMN**OP**QRS**TU**VWX : deux lettres séparent les sous-groupes de 3 lettres. Réponse : VWX

(65) A et D sont séparées par 2 lettres, D et H par 3 lettres, H et M par 4 lettres, M et S par 5 lettres, S et Z par 6 lettres. Réponse : Z

(66) Deux suites combinées. La première, constituée des premières lettres des sous-groupes de deux lettres, suit une progression arithmétique avec saut d'une lettre. La deuxième, constituée des deuxièmes lettres des sous-groupes de deux lettres suit une progression avec saut de deux lettres.

(67) Deux suites combinées. Dans la première (B E I N), B et E sont séparées par 2 lettres, E et I par 3 lettres, I et N par 4 lettres. La deuxième (C F J O) est construite autour du même modèle. Réponse : TU. En effet, N et T sont séparées par 5 lettres ; de même pour O et U.

(68) Progression arithmétique avec saut de 3 lettres. Réponse : W

(69) La série remonte l'alphabet avec saut alternatif +2 lettres / +1 lettre. Réponse : G et L

(70) Le rang de H est égal à la somme des rangs de B et F. K(11)+O(15)=Z(26). Réponse : Z

(71) En remettant dans l'ordre les lettres des sous-groupes on obtient : BCDEF GHIJK LMNOP. Le groupe suivant est QRSTU, qui, remis dans le désordre donne : QTRSU. Réponse : QTRSU

(72) Deux suites combinées. La première série (H K N Q T) suit une progression arithmétique avec saut de deux lettres ; la deuxième (N L J H F) remonte l'alphabet avec saut d'une lettre.

(73) En remettant dans l'ordre les lettres des sous-groupes on obtient :GHIJ KLMN OPQR STUV. Le groupe suivant est WXYZ, qui, remis dans le désordre donne :WXZY. Réponse : WXZY

(74) La somme des chiffres donne le rang de la lettre dans l'alphabet. Réponse : P (7+9=16 et 16 est le rang de P)

(75) Si on multiplie les rangs des deux lettres on obtient le chiffre associé. Ainsi : H(8)xC(3)=X(24). Réponse : 22 et E

(76) Les chiffres entre deux lettres indiquent le nombre de lettres qui séparent les deux lettres. Ainsi F 4 K signifie : F et K sont séparées par 4 lettres. Réponse : R et X

(77) Deux suites combinées. Série de lettres : G et J sont séparées par 2 lettres, J et N par 3 lettres, N et S par 4 lettres, S et Y par 5 lettres. Séries de chiffres : progression géométrique de raison 3. Réponse : 81 et Y

(78) Les chiffres entre deux lettres indiquent le nombre de lettres qui séparent les deux lettres. Réponse : X et 1

(79) Remarque : le fait que certaines lettres soient en minuscule ne change rien. Ici, sauts alternatifs +1 lettre / +2 lettres. Réponse : m et P

(80) Saut alternatifs +3 lettres / +4 lettres. Réponse : x

(81) C et E sont séparées par 1 lettre ; E et H par deux lettres, H et L par 3 lettres, L et Q par 4 lettres, Q et W par 5 lettres. Réponse : Q

(82) Le chiffre associé aux lettres d'un sous-groupe représente la moyenne arithmétique des rangs des lettres. Ainsi moyenne de C(3)F(6)L(12)=21/3=7. Réponse : H et 3

(83) Les chiffres indiquent le nombre de lettres des groupes qui suivent. Ainsi, dans notre série, le chiffre 4 signifie que 4 lettres vont suivre. Celles-ci sont successives aux lettres du groupe précédent selon l'ordre des lettres dans l'alphabet. Réponse : LM et 5

(84) La somme des chiffres donne le rang de la lettre entre parenthèses. Réponse : G et 8

(85) Les 3 lettres de chaque sous-groupe sont successives selon un ordre établi. Réponse : U

(86) Les chiffres entre deux lettres indiquent le nombre de lettres qui séparent deux lettres. Un chiffre négatif signifie que les deux lettres sont séparées par un

nombre de lettres qui « remontent » l'alphabet. Ainsi, Z – 5 T signifie que 5 lettres séparent Z et T. Réponse : – 2 et U

(87) Deux suites combinées. Les lettres sont successives. Les chiffres aussi – progression arithmétique de raison 1 – Réponse : I, 6, K et 8

(88) Progression arithmétique avec saut de deux lettres. Réponse : S et V

(89) (somme des rangs des lettres) – 1 = chiffre entre parenthèses. Réponse : 17

(90) Suites combinées. Suite de chiffres : progression géométrique de raison 10. Série de lettres : saut de 3 lettres. Réponse : n et 10000

(91) Modèle : -3/+2 ; -3/+2 etc. Réponse : 5 et 6

(92) Modèle : x2 / *-1* / x2 / *-2* / x2 / *-3* / x2 / *-4* etc. Réponse : 588, 583

(93) Modèle : *x2* / -1 / *x3* / -1 / *x4* / -1 / *x5* / -1 etc. Réponse : 115, 114 et 683

(94) On a élevé les chiffres 1, 2, 3, 4, 5, 6, 7, 8, 9, 10, 11, 12 au carré puis on leur a soustrait leur valeur propre. Cela donne notre série de chiffres. Ainsi **0**=1^2-1 ; **2**=2^2-2 ; **6**=3^2-3 ; **12**=4^2-4 ; **20**=5^2-5 ; **30**=6^2-6 ; **42**=7^2-7 ; **56**=8^2-8 ; **72**=9^2-9 ; **90**=10^2-10 ; **100**=11^2-11 ; **132**=12^2-12. Réponse : 56, 72 et 100

(95) Modèle : +7 / -6 / +5 / -4 / +3 / -2 / +1. Réponse : 10

(96) Deux suites combinées. L'une en sens direct (C, BD, EFG) et l'autre en sens inverse (Y, XW, VUT) avec pour chaque série des groupes qui augmentent à chaque fois d'une lettre. Réponse : VUT

(97) Rangs des lettres de la série : 25, 16, 9, 4. On reconnaît une suite décroissante de carrés parfaits. Le carré parfait qui précède 4 est 1, rang de A dans l'alphabet. Réponse : A

(98) Chaque chiffre à partir de 2 s'obtient en multipliant le précédent par le nombre de lettres qu'il suit. Ainsi : …=24x(nombre de lettres dans KLMNO)=24x5=120. Réponse : 120

(99) 5^2=25 : rang de Y ; 4^2=16 : rang de P ; 3^2=9 : rang de I, 2^2=4 : rang de D. Réponse : 2D.

(100) La multiplication des chiffres donne le rang de la lettre entre parenthèses. Réponse : 6x3=18 : rang de R dans l'alphabet. Réponse : R

(101) Modèle : +14 /-6 / +15 / -7 / +16 / -8 / +17 / -9 etc. Réponse : 156 et 147

(102) Saut alternatif +3 lettres / +2 lettres en remontant l'alphabet : T *RSQ* P *ON* M *LKJ* I *HG* F. Réponse : I

(103) Les lettres qui se trouvent entre les X (C, G, E, K et M) ont pour rang : 3, 5, 7, 11, 13. On retrouve une suite croissante de nombres premiers. Le suivant est 17. Réponse : Q

(104) Les lettres B et D sont séparées par une lettre ; D et G par 3 lettres ; G et K par 4 lettres ; K et Q par 5 lettres. Réponse : Q

(105) Progression où le chiffre s'obtient en portant au carré le premier puis en soustrayant le second et ainsi de suite. 3^2-4=5 ; 4^2-5=11 ; 5^2-11=14 ; 11^2-14=107 ; 14^2-104=89. Réponse : 89

(106) Chaque nombre s'obtient en ajoutant 2 au double du précédent. Réponse : 78 (78=38x2+2)

(107) La multiplication du rang des lettres donne le rang de la lettre entre parenthèses. Réponse : Z et B (M(13) x B(2) x A(1)=26(Z))

(108) (Rang de la première lettre au carré) – (Rang de la seconde lettre au carré). Réponse : 64 (J^2 - F^2 = 10^2 - 6^2 = 64)

(109) Le chiffre associé à chaque lettre est égal au rang de la lettre porté au cube. Réponse : 64 et J

(110) 5^2=25 : rang de Y ; 4^2=16 : rang de P ; 3^2=9 : rang de I, 2^2=4 : rang de D. Réponse : 2D

(111) La multiplication des chiffres donne le rang de la lettre entre parenthèses. Réponse : 6x3=18 : rang de R dans l'alphabet. Réponse : R

(112) Les rangs des lettres qui composent cette séries sont égaux à : 1 ; 4 ; 9 et 16, les carrés des premiers entiers naturels. Il ne nous reste plus qu'à compléter la série avec la lettre Y dont le rang de l'alphabet est égal à 25, le carré de 5.

(113) Pas simple…
Il s'agit en fait ici des initiales des mois de l'année, en supposant que l'on énumère les mois « à l'envers » en partant du mois de décembre.

(114) On a donc : Décembre, Novembre, Octobre, Septembre, Août… il ne nous reste plus qu'à compléter la série avec Juillet, i.e. avec la lettre J.

(115) **Initiales** des premiers nombres entiers : U pour Un, D pour Deux, etc. Il ne nous restait donc plus qu'à compléter la série avec la lettre S, initiale de Six.

CHAPITRE 3

SÉRIES DOUBLES

I. NATURE ET PRINCIPE DE L'EPREUVE

1. Présentation de l'épreuve

L'épreuve de séries doubles est une épreuve spécifique aux concours **TAGE MAGE, TAGE 2** et l'on retrouve donc cette épreuve aux admissions parallèles des concours Passerelle, Tremplin, EM Lyon, EDHEC, AUDENCIA. Elle peut toutefois faire l'objet de certaines batteries de tests d'autres concours d'entrée aux écoles de commerce.

L'épreuve de séries doubles exige de votre part une concentration toute particulière puisque l'esprit de cette épreuve est de toujours inviter l'étudiant à passer d'une technique de raisonnement à une autre dans un temps très limité. En effet, le temps à consacrer à la résolution d'une série double varie entre une minute et une minute trente. C'est dire que vous devez faire preuve de rapidité, c'est dire aussi que vous ne devez jamais oublier de raisonner avec méthode et technique. Tel est l'objet de ce chapitre : vous fournir la méthode et les techniques nécessaires à une résolution efficace des tests de l'épreuve de séries doubles.

Une série double est constituée de deux séries. Il existe des séries doubles de chiffres et des séries doubles de lettres. Une première série est présentée horizontalement et une deuxième verticalement. La série verticale, composée de 5 éléments ou plus *croise* la série horizontale, elle aussi composée de 5 éléments ou plus. Le point de croisement est un élément commun aux séries verticale et horizontale.

<u>**Illustration**</u> :

$$V_1$$

$$V_2$$

$$H_1 \quad H_2 \quad S \quad H_3 \quad H_4$$

$$V_3$$

$$V_4$$

V_1, V_2, V_3, V_4 sont les éléments de la série verticale et H_1, H_2, H_3, H_4 les éléments de la série horizontale. Ces éléments vous sont donnés. A vous de trouver l'élément S, élément qui appartient à la fois à la série verticale *et* à la série horizontale.

Aussi s'agit-il dans un premier temps d'inférer la règle logique (parfois *les* règles logiques) qui fédère les éléments de la première série puis celle de la deuxième série et enfin, déterminer parmi les cinq (parfois quatre) éléments - solutions proposés, celle qui respecte à la fois la règle logique de la première série *et* la règle logique de la deuxième série.

Je voudrais dès à présent que vous distinguiez précisément les séries doubles des séries simples.

Les différents éléments qui composent une série simple (les *séries simples* sont exposées au chapitre précédent) sont *interdépendants*, ils sont dépendants l'un de l'autre. Ils obéissent à une *règle de construction*. Les séries doubles obéissent quant à elles à une *règle d'identité*.

Afin de saisir cette nuance, je vous propose, pour commencer, de considérer la série simple de chiffres suivante :

12 14 17 21 26 32 39 **?**

Cette série répond à la règle de construction suivante : le deuxième élément de la série est égal au premier élément +2. Le troisième élément est égal au deuxième +3. Le quatrième élément est égal au troisième +4. Le cinquième élément est égal au quatrième élément +5 et ainsi de suite.

Ainsi, l'élément qui se cache derrière le point d'interrogation doit répondre à la même règle de construction et est égal à 47 (39 + 8). On dit que cette série simple respecte une logique de construction basée sur le modèle de progression arithmétique.

Dans cette série, il apparaît clairement que tous les éléments sont interdépendants. 21 n'existerait pas sans 17 comme 39 n'existerait pas sans 32. Ces éléments ne respectent généralement pas une règle d'identité qui leur est propre. Leur existence est liée aux éléments qui les précèdent.

2. Les séries doubles : une question d'identité

Les séries doubles, quant à elles, répondent dans la grande majorité des cas à une *règle ou logique d'identité.*

Une règle d'identité est une règle qui « fédère » les différents éléments d'une série (verticale ou horizontale) sous une règle commune, un trait commun, un caractère particulier.

Chacun des éléments considérés séparément répond à une règle qui lui est propre : c'est son identité, son caractère. Quant aux autres éléments, si vous les prenez séparément, alors ils répondent eux aussi à la même règle d'identité. Tous ces éléments ont donc un trait d'identité en commun. Ils appartiennent à une même famille.

Vous devez précisément trouver ce trait d'identité commun à tous les éléments d'une même série (verticale ou horizontale).

Et pour commencer, considérez la série horizontale suivante extraite d'une série double :

28	77	**?**	63	7

Que puis-je dire des éléments de cette série ? Quelle règle d'identité puis-je inférer ?

Ce que je peux dire déjà au premier coup d'œil, c'est que les différents éléments de cette série ne sont soumis à une aucune règle de construction logique. Que 63 soit en quatrième position ou en première, cela ne change absolument rien à ma série.

Justement, considérons 63 par exemple. Que puis-je dire de ce nombre ? Beaucoup de choses sans aucun doute. Tout d'abord, c'est un nombre impair. Ensuite, la somme de ces chiffres (6 + 3) est égale à 9… 63 est donc divisible par 9 et par 3. 63 est aussi divisible par 7 (7 x 9 = 63). 63 est donc impair, divisible par 3, 7 et 9.

Je réalise déjà que le trait de caractère « impair » de 63 ne me mènera nulle part puisque dans la série, 28 est pair. 28 et 63 appartiennent donc manifestement pas à la même famille des pairs ou des impairs.

Je considère à présent le nombre 28. Celui-ci est divisible par 2, 4 et 7. Un deuxième nombre divisible par 7 donc…

Considérons le nombre 77 : 77 = 7 x 11. Encore un nombre divisible par 7.

Je vérifie enfin que le dernier élément, 7, est divisible par 7… sans commentaire.

Qu'en est-il maintenant du nombre qui se cache derrière le point d'interrogation ? Vous l'aurez compris, il y en a une infinité. Celui-ci doit simplement respecter la même règle d'identité que mes autres nombres : il doit être divisible par 7. Aussi, ce nombre peut-il être 0, 7, 14, 35, 91, 105 ou encore 777.

Point d'inquiétude, la réponse se trouve dans le lot de solutions - au nombre de 4 ou 5 - qui vous sont proposées. Cette solution satisfera d'ailleurs aussi la règle d'identité, en principe différente, qui fédère les éléments de la série verticale.

Il est important de bien comprendre la nature et le principe de l'épreuve afin de ne pas tomber dans le piège qui consiste à vouloir trop souvent fonder vos raisonnements autour de règles de construction. Certes, **il se peut que des éléments de certaines séries doubles de chiffres soient à la fois fédérés par une règle d'identité**

***et* une règle de construction, mais vous devez toujours commencer par interroger l'identité de la série.**

Nota Bene : nous verrons que les **séries doubles de lettres** se prêtent assez volontiers à des règles d'identité ***et*** de construction. La règle de construction est généralement une règle de construction visuelle simple (déplacement de lettres d'un « mot » à l'autre par exemple) voir une règle de construction relativement complexe (déplacement de lettres d'un « mot » à l'autre **avec** saut de lettres !!).

II. UNE METHODE, DES TECHNIQUES, DES ASTUCES

1. Une méthode

Il convient d'appliquer une méthode simple mais efficace de résolution des séries doubles. C'est une méthode en 4 étapes à appliquer pour la résolution de toutes les séries doubles, de chiffres comme de lettres.

Je vous conseille vivement de respecter *à chaque fois* l'enchaînement de ces étapes et d'en appliquer le contenu. L'expérience montre qu'à vouloir brûler une ou deux étapes de la méthode, les étudiants perdent en efficacité et en rapidité.

N'oubliez pas que dans toute épreuve minutée et très limitée dans le temps, l'improvisation est à bannir. Aussi cette méthode et les techniques qui suivent proposent-elles de vous donner les moyens de procéder avec rigueur et dextérité.

Considérons, par exemple, la double série de chiffres suivante :

			9	
			15	
28	42	14	?	35
			147	
			63	

Solutions :	A) 12	B) 18	C) 7	D) 23	E) 21

E1 – Etape 1 : choix d'une série

Il s'agit dans un premier temps de choisir au hasard une des deux séries.

Il revient absolument au même de commencer par raisonner sur la série verticale ou sur la série horizontale.

Disons que vous décidez de commencer par raisonner sur la série horizontale. Vous devez alors *ignorer complètement* la série verticale pour vous concentrer exclusivement sur la série horizontale.

Application à notre exemple – je choisis la série horizontale et je pense déjà à ignorer la série verticale.

E2 – Etape 2 : détermination de la règle d'identité qui fédère les éléments de la première série choisie

Cette deuxième étape est fondamentale.

Vous devez considérer, un à un, chacun des éléments de la série horizontale afin de trouver le caractère, le trait qui est leur est commun.

Continuez à rester concentré sur la série horizontale tant que vous n'avez pas trouvé la règle d'identité et surtout, ne soyez pas tenté de raisonner en même temps sur la série verticale.

Pour trouver la règle d'identité d'une série, vous pourrez vous inspirer des différentes techniques et astuces exposées au chapitre suivant.

Application à notre exemple – 28, 42, 14 et 35 sont tous divisibles par 7

E3 – Etape 3 : réduction du nombre de solutions

Une fois que vous avez trouvé la règle d'identité de la série horizontale, vous devez la tester sur les différentes solutions proposées afin de ne retenir que celles qui répondent précisément au critère de la règle trouvée en E2.

Vous réduisez ainsi le nombre de solutions possibles et surtout vous savez que dans les solutions que vous avez retenues pour votre série horizontale, une d'elles est aussi solution de votre série verticale.

Application à notre exemple – je retiens les solutions C) 7 et E) 21 ; 7 et 21 étant divisibles par 7.

E4 – Etape 4 : lien d'identité de la deuxième série et choix définitif de la solution

Vous devez enfin trouver la règle d'identité qui existe entre les différents éléments de la série verticale.

Une fois la règle trouvée, vous devez le tester sur les solutions retenues en E3 et trouver *la* solution commune aux deux séries.

Application à notre exemple – tous les éléments de la série verticale sont divisibles par 3. Parmi les solutions retenues au terme de l'étape précédente je ne retiens plus que 21 qui est divisible par 3. Réponse E.

2. Des techniques et des astuces

A. Séries doubles de chiffres

Les éléments qui composent les séries verticale et horizontale des séries doubles de chiffres sont généralement composés de nombres de 1 à 4 chiffres.

A – 1 – Décomposition des nombres d'une manière unique en un produit de facteurs premiers

Il s'agit de trouver *tous* les diviseurs d'un nombre.

Exemples :

- 84 = 3 x 7 x 2 x 2 : cela signifie que 84 est à la fois divisible par 2, 3, et 7 (et accessoirement aussi par 1, 6, 12, 14 et 21 et 84)
- 33 = 3 x 11 : 33 est à la fois divisible par 3 et par 11
- 105 = 3 x 5 x 7 : 105 est à la fois divisible par 3, 5 et 7

Afin de décomposer rapidement un nombre en un produit de facteurs premiers, je vous conseille vivement de maîtriser parfaitement vos critères de divisibilité de 2 à 11. Ils vous permettront de savoir rapidement si un nombre est divisible par 3, 9 ou encore 11.

Je vous conseille aussi plus que jamais de connaître sur le bout des doigts vos tables de multiplication de 1 à 15. Vous trouverez les tables de 11 à 15 (ainsi que vos tables de carrés, cubes et puissances 4) dans le cours de mathématiques/arithmétique en troisième partie de cet ouvrage.

A – 2 – Repérer les carrés, les cubes et les puissances 4

Certains nombres d'une série ont parfois en commun le trait suivant : ils sont tous des carrés ou des cubes (ou beaucoup plus rarement des puissances 4) de nombres de base.

Exemples :

- Les éléments de la série 64, 343, 216, 1 et 8 sont tous des cubes de nombres de base. En effet, 64 est le cube de 4, 343 le cube de 7, 216 le cube de 6, 1 le cube de 1 et 8 le cube de 2.
- Les éléments de la série 100, 64, 400, 25 et 9 sont tous des carrés de nombres de base. 100 est le carré de 10, 64 de 8, 400 de 20, 25 de 5 et 9 le carré de 3.

Je vous conseille de connaître par cœur vos tables de carrés, de cubes et de puissances 4.

A – 3 – Repérer les chiffres successifs

Il s'agit de repérer des nombres dans lesquels deux ou trois chiffres sont successifs.

Exemples :

Succession classique

- Les deux derniers chiffres des nombres 823, 256, 867, 512 et 123 sont successifs. Le premier chiffre n'a aucune importance.
- Les chiffres des nombres 23, 45, 78 67 et 12 sont successifs.
- Les chiffres des nombres 567, 012, 789, 456 et 234 sont successifs.

Succession inverse

- Les deux derniers chiffres des nombres 165, 521, 698, 310 et 954 sont en succession inverse (succession de droite à gauche) Le premier chiffre est quelconque.
- Les chiffres des nombres 32, 54, 87 76 et 21 sont en succession inverse.
- Les 3 chiffres des nombres 765, 321, 987, 654 et 210 sont en succession inverse.

A – 4 – Repérer la récurrence de chiffres

Il s'agit de repérer des nombres où figurent 2, 3 ou 4 (voire davantage) chiffres semblables.

Exemples :

- Les nombres 11, 88, 66, 99 et des nombres qui contiennent tous 2 chiffres identiques.
- Les nombres 222, 555, 777, 111 et 444 contiennent tous trois chiffres identiques.
- Les nombres 233, 966, 771, 505 et 181 sont des nombres de 3 chiffres qui contiennent exactement 2 chiffres identiques.

Attention à la série qui suit :

- Soit la série : 55, 22, 111, 99 et 444. Une règle d'identité que l'on peut énoncer pour cette série est la suivante : les éléments de cette série sont des nombres qui contiennent ou 2 ou 3 chiffres identiques. Cette règle est une règle large. Cette dernière permet d'accepter comme solutions potentielles : 555, 88 ou 11 mais aussi 9909, 770, 101 ou encore 7888. En effet ces nombres sont bien des nombres qui contiennent ou 2 ou 3 chiffres identiques.

Renforcement d'une règle :

Il se peut parfois que votre critère soit trop large (plusieurs solutions sont possibles). Vous devez alors renforcer ce dernier. Si nous renforçons le critère d'identité de la série ci-dessus, cela donne : les éléments de la série sont des nombres de 2 chiffres avec 2 chiffres identiques ou bien des nombres de 3 chiffres avec 3 chiffres identiques. Les solutions potentielles sont alors réduites à : 555, 88 ou 11.

Dans la pratique je vous conseille de raisonner dans un premier temps sur des critères (des règles) larges et de les renforcer seulement au cas où, arrivé en E4, plus d'une solution demeure possible.

A – 5 – Repérer les miroirs (ou nombres palindromes)

Certains nombres sont des nombres appelés nombres miroirs comme : 232, 101, 555, 181 ou encore 4224, 5665, 18181, 10001 etc.

Ce sont des nombres « palindromes » (abus de langage), c'est-à-dire des nombres qui peuvent se lire indifféremment de gauche à droite comme de droite à gauche.

Ces nombres possèdent un axe de symétrie. Ainsi, 121 se lit 121 de gauche à droite et 121 de droite à gauche et 2 est l'axe de symétrie de ce nombre (le miroir). Pour 4554, l'axe de symétrie est un axe (miroir) imaginaire qui sépare 45 et 54.

Pour votre information, un nombre palindrome célèbre est : 10022001 (10 février 2001 – 10/02/2001)

A – 6 – Additionner les chiffres de vos nombres

Il s'agit ici de repérer les nombres dont la somme des chiffres donne le même résultat.

Exemples :

- Dans la série : 244, 910, 451, 712 et 334, la somme des chiffres de chacun de mes nombres est égale à 10 (2 + 4 + 4 = 10, 9 + 1 + 0 = 10 etc.)
- Dans la série 920, 92, 335, 65 et 191, la somme des chiffres de chacun des nombres est égale à 11 (9 + 2 + 0 = 11, 9 + 2 = 11, 3 + 3 + 5 = 11 etc.)

A – 7 – Multiplier les chiffres de vos nombres

Il s'agit ici de repérer les nombres dont le produit des chiffres donne le même résultat.

Exemple :

- Dans la série : 232, 431, 43, 621 et 162, le produit des chiffres de chacun des nombres est égal à 12 (2 x 3 x 2 = 12, 4 x 3 x 1 = 12 etc.)

A – 8 – Faire appel à la séparation

Il s'agit ici d'une **technique transversale** aux autres techniques qui permet de résoudre un nombre non négligeable de tests.

La technique de la séparation consiste à séparer un nombre en deux nombres distincts (parfois trois.) Vous devez alors trouver une relation algébrique qui lie vos deux nouveaux nombres.

Exemples :

- Soit la série : 721, 515, 412.

  Si je sépare les nombres de cette série au niveau du premier chiffre, j'obtiens pour 721 : 7 et 21 et… 7 x *3* = 21 ; pour 515, j'obtiens 5 et 15 et là encore 5 x *3* = 15 etc.

- Soit la série : 126, 63, 105.

  Si je sépare mes nombres en deux, j'obtiens pour 126 : 12 et 6 et… 6 x *2* = 12. Pour 63, j'obtiens 6 et 3 et… 3 x *2* : 6. Pour 105 enfin : j'obtiens 10 et 5 et 5 x *2* = 10.

- Soit la série : 525, 636, 204

  Si je sépare mes nombres au niveau du premier chiffre, j'obtiens pour 525 les nombres 5 et 25 et $5^2 = 25$. Pour 636, j'obtiens 6 et 36 et $6^2 = 36$. Pour 204 enfin, $2^2 = 4$ (04)

A – 9 – Attention au centre

Prêtez une attention particulière au centre de vos nombres (nombres à 3 ou 5 chiffres.)

Exemples :

- Soit la série : 198, 162, 150. Si vous multipliez par 2 le chiffre central des nombres de cette série, le résultat obtenu est égal au nombre composé des deux chiffres extérieurs.

  Pour 1**9**8 : **9** x *2* = 18. Pour 1**6**2 : **6** x *2* = 12 etc.

- Soit la série : 891, 253, 15802. Le chiffre central est égal à la somme des chiffres restants.

  Pour 8**9**1, 9 = 8 + 1. Pour 2**5**3, 5 = 2 + 3. Pour 15**8**02 enfin, 8 = 1 + 5 + 0 + 2.

B. Séries doubles de lettres

A la différence des séries doubles de chiffres, les séries doubles de lettres répondent à un nombre moins large de règles d'identité possibles.

En revanche, certaines séries doubles de lettres peuvent répondre à la fois à une règle d'identité *et* une règle de construction.

Les séries de lettres sont généralement composées de mots de 3 lettres.

B – 1 – Repérer la présence de lettres communes

Cette règle est simple et peut donner lieu à des tests : il s'agit de repérer la ou les lettre(s) commune(s) aux mots de votre série.

Exemples :

- Soit la série : AST, SAM, SPF, PSI et SQQ. On repère dans cette série la présence d'une lettre commune à chacun des mots de la série : la lettre S.
- Soit la série : AZT, ZRT, PTZ et ZAT on repère la présence de deux lettres communes : les lettres T et Z.

B – 2 – Attention à la position des lettres dans les mots

La position de lettres identiques dans les mots d'une série peut faire l'objet de règles d'identité et parfois de règles d'identité *et* de construction

Exemples :

- Dans les mots de la série STF, JTG, KTA, PTA et TTT la deuxième lettre est identique dans chacun des mots (la lettre T)

- Dans la série : FFA, MMA, HHA, RRA et LLA, vous avez à chaque fois 2 lettres identiques en début et vous avez aussi une lettre commune à tous les mots en 3ème position (la lettre A)

- Dans la série **A**GF, MM**A**, **A**ST, IS**A** et **A**DN, la lettre A, commune à chaque mot de la série se trouve tantôt en première position, tantôt en dernière position.

  Cette série est donc conçue autour de deux règles : une règle d'identité – tous les mots contiennent la lettre A – et une règle de construction – la lettre A est tantôt en première position tantôt en dernière position.

- Dans la série THU, YOH, FHA, PMH et DHL, la lettre commune est bien entendu la lettre H. Surtout, on remarque que dans chacun des mots de la série, la lettre H est tantôt en deuxième position tantôt en troisième.

B – 3 – Repérer la succession de lettres

Il s'agit ici de repérer dans chaque mot de la série deux ou trois lettres successives selon l'ordre d'apparition des lettres dans l'alphabet.

Exemples :

Succession classique sur deux ou trois lettres

- Les deux premières lettres des mots ABF, HIM, STQ, TUA et GHT sont successives selon l'ordre d'apparition dans l'alphabet. La troisième lettre, elle, n'a aucune importance.
- Les deux dernières lettres des mots HKL, XBC, HLM, YNO et WQR sont successives.
- Les trois lettres des mots JKL, ABC, XYZ et MNO sont successives selon l'ordre d'apparition dans l'alphabet.
- Les trois lettres des mots BDF, HJL, RTV et UWY sont successives avec saut d'une lettre dans l'alphabet. Ainsi dans BDF, les lettres C et E ont sauté (B*C*D*E*F) et dans RTV, ce sont les lettres S et U qui ont sauté (R*S*T*U*V.)

Succession inverse

- Les deux dernières lettres des mots de la série ESR, LVU, QZY, GON et RDE sont en succession inverse (les lettres se succèdent dans l'ordre droite gauche.)
- Les trois lettres des mots de la série ONM, IHG, EDC UTS et RQP sont en succession inverse.
- Les trois lettres des mots de la série RPN, QOM, GEC, WUS et MKI sont en succession inverse avec saut d'une lettre dans l'alphabet. Ainsi, pour RPN, les lettres O et Q ont sauté (R*Q*P*O*N.)

B – 4 – Repérer les mouvements de lettres

Exemples :

- Soit la série : **ADF, GAJ, HSA, ALM et FAP**. On peut remarquer d'une part qu'il y a une lettre – A – commune à chaque mot de la série (règle d'identité) et d'autre part que cette même lettre se déplace suivant un rituel bien précis (règle de construction) : en partant du premier mot de la série, la lettre A est d'abord en première position (ADF) puis en deuxième position (GAJ), puis en troisième (ADF) pour revenir ensuite en première position (HSA) et repasser enfin en seconde (FAP). On peut coder ce mouvement par le code suivant : *A(1, 2, 3, 1, 2).*

- Soit la série **KFC, LZF, FLT, PFM et JHF.**

  Règle d'identité : présence de la lettre F dans tous les mots de la série.

  Règle de construction : F se déplace selon un rituel bien précis que l'on peut coder par *F(2 – 3 – 1 – 2 – 3)* : F est d'abord en deuxième position, puis en troisième pour revenir en première, passer en seconde et finir en troisième. Ce mouvement de lettre, tout comme celui de l'exemple précédent n'a absolument rien d'anarchique : c'est un mouvement croissant, évolutif qui respecte une logique bien précise.

Mouvement serpentin & mouvement gauche droite

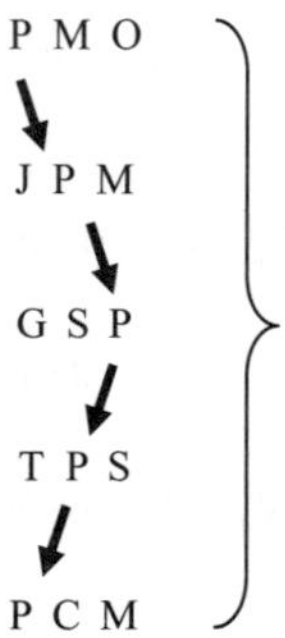

La règle d'identité de cette série est évidente : il y a une lettre P dans chacun des mots de la série.

La règle de construction de la série est quant à elle illustrée sur le schéma ci-dessus: P suit un mouvement que l'on appellera mouvement serpentin.

B – 5 – Repérer les sauts de lettres inter éléments

Exemples :

KHY MJO OSB QWM

Il s'agit ici d'une succession inter éléments avec saut d'une lettre qui porte sur les premières lettres des éléments de la série. Les seconde et troisième lettres des éléments de la série sont donc polluantes. K *l* M *n* O *p* Q

HYB GVS ZSJ OPX

Succession inter éléments avec saut décroissant de deux lettres portant sur les secondes lettres des éléments de la série. Y *wx* V *tu* S *qr* P

UYGKJI CXL HEP NDU

Succession inter éléments |+1/+2/+3/+4| portant sur les troisièmes lettres des éléments de la série. G *h* I *jk* L *mno* P *qrst* U

PFH NVKLBN JMQ

Succession inter éléments avec saut décroissant d'une lettre sur les premières lettres et saut de deux lettres croissant sur les troisièmes lettres.

P *o* N *m* L *k* J // H *ij* K *lm* N *op* Q

JUX OBL NUW CGP RMV

Succession **alternée** inter éléments avec saut d'une lettre. C'est une succession de type gauche | droite ou droite | gauche. **J** *k* **L** *m* **N** *o* **P** *q* **R**

B – 6 – Repérer les mots miroirs (ou mots palindromes)

Comme pour les séries doubles de chiffres, il s'agit ici de repérer les mots qui peuvent se lire à aussi bien à l'endroit qu'à l'envers.

Exemples :

- Série : SHS, YMY, BOB, PPP et ZAZ
- Série : BAB, POP, FGHGF, JMJ, ARTRA

FICHE MEMO

La méthode de résolution en 4 étapes

E1	Choix d'une première série et concentration exclusive sur la série choisie (j'ignore la deuxième série)
E2	Trouver la règle d'identité de la première série
E3	Eliminer les solutions qui ne respectent pas la règle d'identité de la première série
E4	Trouver la règle d'identité de la deuxième série et choix définitif d'une solution

Techniques de résolution & astuces

Séries de chiffres

T1	Décomposer les nombres en un produit de facteurs premiers
T2	Repérer les carrés et les cubes
T3	Repérer les successions (classique et inverse) de chiffres
T4	Repérer la récurrence de chiffres
T5	Repérer les nombres miroirs
T6	Additionner les chiffres
T7	Multiplier les chiffres
T8	Faire appel à la séparation
T9	Attention au centre

Séries de lettres

T1	Repérer la présence de lettres communes
T2	Attention à la position des lettres dans vos mots
T3	Repérer la succession de lettres (classique et inverse)
T4	Repérer les mouvements de lettres avec ou sans saut de lettres
T5	Repérer les sauts de lettres inter éléments
T6	Repérer les mots miroirs

Conseils

C1	Connaître parfaitement ses tables de multiplication (de 1 à 15), ses tables de carrés et de cubes
C2	Connaître ses critères de divisibilité // Ecrire l'alphabet

III. EXERCICES

1. Séries doubles de chiffres

Pour chacun des tests qui suivent, vous devez trouver le chiffre ou le nombre qui se cache derrière le point d'interrogation.

Ce nombre doit satisfaire à la fois la règle logique qui existe entre les éléments de la série horizontale et la règle logique qui existe entre les éléments de la série verticale.

Test 1

30

54

9

27

80 55 ? 75 20

Solutions : (A) 55 (B) 45 (C) 63 (D) 12 (E) 82

Test 2

78 23 ? 56 12

43

61

25

70

Solutions : (A) 89 (B) 28 (C) 52 (D) 34 (E) 45

Test 3

5

45

77 63 ? 49 7

50

15

Solutions : (A) 25 (B) 35 (C) 14 (D) 84 (E) 100

Test 4

	42			
	28			
24	?	30	18	9
	105			
	14			

Solutions :	(A) 23	(B) 7	(C) 19	(D) 12	(E) 21

Test 5

			27	
			45	
98	21	43	?	76
			81	
			108	

Solutions :	(A) 54	(B) 63	(C) 10	(D) 29	(E) 18

Test 6

				9
				49
27	343	125	216	?
				81
				4

Solutions :	(A) 8	(B) 100	(C) 64	(D) 66	(E) 25

Test 7

			147	
			63	
255	366	497	?	93
			105	
			168	

Solutions :	(A) 123	(B) 648	(C) 46	(D) 105	(E) 42

Test 8

	165			
77	?	22	666	555
	99			
	198			
	121			

Solutions : (A) 222 (B) 111 (C) 441 (D) 55 (E) 143

Test 9

				144
				100
				4
				196
8	343	27	216	?

Solutions : (A) 25 (B) 125 (C) 36 (D) 64 (E) 84

Test 10

		222		
		33		
		44		
213	459	?	437	358
		777		

Solutions : (A) 123 (B) 666 (C) 909 (D) 478 (E) 729

Test 11

			525	
			749	
			11	
			864	
408	612	918	?	714

Solutions : (A) 204 (B) 309 (C) 22 (D) 510 (E) 416

Test 12

		27		
		64		
325	718	?	112	516
		343		
		1000		

Solutions : (A) 512 (B) 125 (C) 729 (D) 718 (E) 314

Test 13

			255	
244	71414	81616	?	488
			891	
			684	
			479	

Solutions : (A) 366 (B) 63636 (C) 71284 (D) 84 (E) 146

Test 14

	216			
101	?	325	9110	415
	125			
	144			
	8			

Solutions : (A) 224 (B) 64 (C) 729 (D) 5510 (E) 100

Test 15

154				
165				
121				
?	222	555	111	44
110				

Solutions : (A) 73 (B) 99 (C) 333 (D) 100 (E) 132

Test 16

3437	?	644	82	273
	100			
	65			
	15			
	20			

Solutions : (A) 1225 (B) 1255 (C) 5128 (D) 1000 (E) 2166

Test 17

		515		
		636		
235	369	?	123	909
		202		
		999		

Solutions : (A) 336 (B) 100 (C) 121 (D) 202 (E) 246

Test 18

479	891	366	146	?
				777
				100
				222
				355

Solutions : (A) 234 (B) 111 (C) 684 (D) 1000 (E) 255

Test 19

	63			
	18			
	27			
	9			
1	?	16	256	625

Solutions : (A) 64 (B) 10000 (C) 526 (D) 36 (E) 45

Test 20

456

89

268   156   909   ?   347

345

67

Solutions : (A) 123   (B) 56   (C) 234   (D) 426   (E) 111

Test 21

246

579

6810

13

77   210   28   ?   14

Solutions : (A) 24   (B) 21   (C) 49   (D) 357   (E) 10

Test 22

284

168

297

650   38   ?   56   92

271

Solutions : (A) 24   (B) 155   (C) 47   (D) 290   (E) 521

Test 23

987

543

321

9714   ?   4566   597   993

432

Solutions : (A) 777   (B) 654   (C) 2568   (D) 25   (E) 876

Test 24

23	?	11	17	61
	91			
	28			
	55			
	19			

Solutions : (A) 37 (B) 82 (C) 31 (D) 13 (E) 64

Test 25

		5366		
		25742		
11121	15225	?	12144	10100
		5555		
		1982		

Solutions : (A) 2693 (B) 416 (C) 13169 (D) 16284 (E) 981

Test 26

?	255	10010	93	819
557				
222				
998				
133				

Solutions : (A) 333 (B) 366 (C) 497 (D) 93 (E) 488

Test 27

			3	
			11	
14	119	21	?	259
			19	
			31	

Solutions : (A) 222 (B) 105 (C) 164 (D) 7 (E) 43

Test 28

				3437
				1255
16	48	140	36	?
				82
				273

Solutions : (A) 123 (B) 10010 (C) 2166 (D) 444 (E) 644

Test 29

		122		
		236		
777	444	?	22	333
		339		
		248		

Solutions : (A) 99 (B) 313 (C) 515 (D) 666 (E) 111

Test 30

			111	
			313	
			919	
221	41	113	?	32
			818	

Solutions : (A) 717 (B) 212 (C) 818 (D) 14 (E) 222

Test 31

	39			
	26			
	169			
23	?	89	12	56
	65			

Solutions : (A) 78 (B) 13 (C) 67 (D) 34 (E) 52

Test 32

112 527 314 268 ?
33
221
88
433

Solutions : (A) 444 (B) 459 (C) 555 (D) 404 (E) 999

Test 33

63
163
332
29
36 ? 51 72 111

Solutions : (A) 18 (B) 9 (C) 192 (D) 613 (E) 222

Test 34

2444
3555 322 3000 ? 377
1222
5101010
6121212

Solutions : (A) 4888 (B) 8888 (C) 2888 (D) 3666 (E) 300

Test 35

23612
1224
521020
42816
139 2394 3390 139 ?

Solutions : (A) 33927 (B) 2248 (C) 351530 (D) 33918 (E) 13903

Test 36

717
555
636
424 484 ? 494 404
393

Solutions :	(A) 456	(B) 474	(C) 414	(D) 818	(E) 292

Test 37

726
672
807
375
767 701 ? 789 756

Solutions :	(A) 267	(B) 456	(C) 444	(D) 555	(E) 933

2. Séries doubles de lettres

Pour chacun des tests qui suivent, vous devez trouver le mot de 3 lettres qui se cache derrière le point d'interrogation.

Ce mot doit satisfaire à la fois la règle logique qui existe entre les éléments de la série horizontale et la règle logique qui existe entre les éléments de la série verticale.

Test 1

REK
PGR
PSA LMP ? APM AOP
FFR
APR

Solutions :	(A) PPR	(B) ZIP	(C) PST	(D) RCJ	(E) AIR

Test 2

	XDH			
ZAR	?	ZAP	LZP	AQZ
	KXM			
	HXP			
	ERX			

Solutions : (A) ZAX (B) XRT (C) MAX (D) MAZ (E) ZAL

Test 3

OPA				
?	DQR	PUV	ADE	QHI
FGB				
NOL				
HIP				

Solutions : (A) VWF (B) XEF (C) IGQ (D) KLM (E) AMN

Test 4

	ARZ			
	WAZ			
ULL	?	MUM	TUU	UZO
	RIZ			
	OZT			

Solutions : (A) ZZZ (B) YUJ (C) PZA (D) PRZ (E) ZUT

Test 5

HGN	NMS	?	VUM	JID
		NIH		
		SYX		
		BBA		
		HTS		

Solutions : (A) YXC (B) RED (C) VUT (D) BAQ (E) ATS

Test 6

			ASA	
			MMM	
			OYO	
DBB	LPP	HHH	?	AZZ
			POP	

Solutions : (A) AAA (B) CCA (C) LGG (D) KUK (E) TUU

Test 7

TZA	ATR	GTY	LMT	?
				ASH
				MLS
				PSW
				SAM

Solutions : (A) TUT (B) SLK (C) ETZ (D) SHU (E) STI

Test 8

	XJY			
VWT	?	GHU	KLO	EFO
	HPI			
	TAU			
	FKG			

Solutions : (A) KEN (B) OMP (C) KLN (D) ABB (E) UFM

Test 9

EDF	NMO	YXZ	?	BAC
			BAG	
			KJW	
			DCH	
			POT	

Solutions : (A) BTS (B) RAS (C) JIK (D) YXA (E) MNO

Test 10

JUS
KUJ
NKM HSG YSX ? OMN
ZAJ
JIP

Solutions :	(A) JAI	(B) JJJ	(C) JPQ	(D) MRS	(E) LJK

Test 11

KIL
RIS
MOT YPM ? FAM MAL
PIL
MII

Solutions :	(A) MIK	(B) SIM	(C) HHM	(D) MUI	(E) OIM

Test 12

OPN JKK ? DEW DEF
RCD
FGH
XKL
MWX

Solutions :	(A) LNO	(B) DER	(C) SFD	(D) BCK	(E) MNO

Test 13

RTU
ACD
MYZ
BHI
BZF GBI ? BUT PBG

Solutions :	(A) BOB	(B) ZCB	(C) HBC	(D) BLM	(E) BAB

Test 14

ADX
JXG
TUC IJA ? STY OPM
HXA
LUX

Solutions : (A) XYU (B) XBA (C) NON (D) AXA (E) RSU

Test 15

LOC
FIL
CAP RCJ ? CUI FCZ
BAL
LOU

Solutions : (A) LCI (B) LIT (C) CLO (D) LAC (E) COU

Test 16

FEB
POL
ZAZ KOK ? LPL QMQ
WVG
HGA

Solutions : (A) HHH (B) SFS (C) FED (D) KJS (E) NMN

Test 17

GFE
DUY ? USH PUI SOU
RQP
DCB
KJI

Solutions : (A) UTS (B) WVU (C) VUT (D) UUU (E) UJS

Test 18

		KMO		
		HJL		
FRS	SLP	?	ZRS	SAP
		RTV		
		SUW		

Solutions : (A) HSI (B) QSU (C) ACE (D) RTS (E) STU

Test 19

			LOP	
			DLH	
			KAL	
UVU	FGF	QRQ	?	OPO
			LIP	

Solutions : (A) RAR (B) LHL (C) LLM (D) LLL (E) JLP

Test 20

				BIM
KIG	PNL	QOM	JHF	?
				BOC
				SRB
				BLD

Solutions : (A) YWU (B) FDB (C) HFD (D) BAA (E) BDF

Test 21

	PAL			
	SPA			
RRT	?	JJL	FFH	EEG
	QPJ			
	PRI			

Solutions : (A) NNP (B) EEG (C) OPP (D) PPP (E) PPN

Test 22

		ABC		
		DEI		
NOZ	OPA	KLP	?	XYM
		BCE		
		ACD		

Solutions : (A) CDO (B) BDF (C) REM (D) ADE (E) CDG

Test 23

		ATP		
		TTT		
HJP	HMA	?	HHH	HNP
		RTI		
		ETM		

Solutions : (A) HHT (B) HTC (C) TMH (D) TTH (E) ZTT

Test 24

		RRV		
		JJN		
		FFJ		
GAE	REA		HEA	CAE
		MMQ		

Solutions : (A) EEA (B) KKL (C) AAE (D) ACC (E) EEI

Test 25

		GAP		
		PIG		
JOK	DPO	?	OCM	YOP
		MAG		
		GZP		

Solutions : (A) OOO (B) GOA (C) GIP (D) GMN (E) GGG

Test 26

	ADG			
	XAD			
TAF	?	SIT	TAM	PTF
	NQT			
	UXA			

Solutions : (A) TTT (B) QTW (C) MPO (D) HKN (E) BEH

Test 27

KOS				
JNR				
EIM				
?	AJF	ZFJ	YJF	XFJ
OSW				

Solutions : (A) SWA (B) ZFJ (C) JJF (D) BFJ (E) LPT

Test 28

		SUC		
		ZSH		
TXB	LPT	?	CGK	FJN
		PSG		
		SMT		

Solutions : (A) KOS (B) CAS (C) EIM (D) KLS (E) HLP

Test 29

MRW	BGL	DIN	PUZ	?
				MXD
				LAM
				MUR
				PIM

Solutions : (A) LQU (B) INS (C) CHM (D) ALM (E) LOM

Test 30

ABCBA DEFED GHIHG ? MNONM

RALPM

CSLKG

PMLAD

OCLZS

Solutions : (A) QRSRQ (B) HTHTH (C) OKLKO (D) KILOK (E) JKLKJ

Test 31

HGC

KBE

BBN

ROL QNK ? NKH XUR

APA

Solutions : (A) FGD (B) FKP (C) IFC (D) JEC (E) PLN

Test 32

QMG ? SOI KGA UQK

INB

KAM

QWG

CHU

Solutions : (A) LHB (B) PME (C) LNX (D) OKE (E) SUX

Test 33

OAM

BNH

JUV MKN XGL ? ZNQ

WLA

KOR

Solutions : (A) COM (B) MAM (C) NJU (D) MCN (E) JUW

IV. CORRIGES

Séries doubles de chiffres

Test 1 : réponse B

Série verticale : multiples de 3 (somme des chiffres égale à 3… critère de divisibilité)⇒je garde 45, 63 et 12

Série horizontale : multiples de 5 (dernier chiffre égal à 0 ou 5… critère de divisibilité)⇒ je garde 45

Test 2 : réponse D

Série verticale : la somme des chiffres de chacun des nombres est égale à 7 (4+3=7, 6+1=7, 7+0=7 etc.) ⇒je garde 52 et 34

Série horizontale : les chiffres de chacun des nombres de la série sont en succession classique⇒ je garde 34

Test 3 : réponse B

Série verticale : multiples de 5⇒je garde 25, 35 et 100

Série horizontale : multiples de 7⇒ je garde 35

Test 4 : réponse E

Série verticale : multiples de 7⇒je garde 7 et 21

Série horizontale : multiples de 3⇒ je garde 21

Test 5 : réponse A

Série verticale : multiples de 9 (somme des chiffres égale à 9… critère de divisibilité)⇒ je garde 54, 63 et 18

Série horizontale : les chiffres de chacun des nombres de la série sont en succession inverse ⇒ je garde 54

Test 6 : réponse C

Série verticale : série de carrés parfaits ($9=3^2$, $49=7^2$, $4=2^2$, $81=9^2$)⇒je garde 100 ($100=10^2$), 25 ($25=5^2$) et 64 ($64=8^2$)

Série horizontale : série de cubes parfaits ($27=3^3$, $343=7^3$, $125=5^3$, $216=6^3$)⇒je garde 64 ($64=4^3$)

Test 7 : réponse E

Série verticale : multiples de 3 et de 7 (donc de 21)⇒je garde 105 et 42.

Série horizontale : séparation avec carré. 25*5* : 25 et 5 ; $25=5^2$, 36*6* : 36 et 6 ; $36=6^2$; 9*3* : 9 et 3 : $9=3^2$ ⇒ je garde 4*2* : 4 et 2 ; $4=2^2$.

Test 8 : réponse D

Série verticale : multiples de 11 (le chiffre du milieu est égal à la somme des deux autres… critère de divisibilité par 11 pour les nombres de 3 chiffres) ⇒ je garde 55 et 143.

Série horizontale : les nombres ont ou 2 ou 3 chiffres identiques ⇒ je garde 55

Test 9 : réponse D

Série verticale : carrés parfaits ($169=13^2$) ⇒ je garde 25, 36 et 64

Série horizontale : cubes parfaits ⇒ je garde 64

Remarque : 1 et 64 sont à la fois carrés parfaits (de 1 et 8 respectivement) et cubes parfaits (de 1 et 4 respectivement)

Test 10 : réponse C

Série verticale : les nombres ont ou 2 ou 3 chiffres identiques ⇒ je garde les nombres 666 et 909

Série horizontale : séparation avec addition. *21*3 : *2+1*=3, *43*7 : *4+3*=7 ⇒ je garde 909 (*90*9 : *9+0*=9)

Test 11 : réponse A

Série verticale : séparation. *5*25 : 5 et 25 ; $5^2=25$ ⇒ je garde 204 (204 : 2 et 4 ; $2^2=4=04$), 309 et 416

Série horizontale : séparation avec multiplication. 408 : 4 et 08 ; 4x2=8=08. 612 : 6 et 12 ; 6x2=12 etc. ⇒ je garde 204

Test 12 : réponse C

Série verticale : cubes parfaits ⇒ je garde 512, 125 et 729 ($729=9^3$)

Série horizontale : séparation avec addition. 325 : 3+2=5, 718 : 7+1=8 ⇒ je garde 729

Test 13 : réponse A

Série verticale : attention au centre ! 2|**5**|5 : $\mathbf{5}^2=25$, 891 : $9^2=81$ ⇒ je garde LES nombres 366 et 146

Série horizontale : séparation avec double répétition. **24|4|** : **2**x2=**4** et je répète **4**, **71414** : **7**x2=**14** et je répète 14⇒ je garde 366

Test 14 : réponse C

Série verticale : carrés parfaits ⇒ je garde 64, 729 et 100

Série horizontale : séparation avec addition. 9|10 : 9+1=10 ; 4|15 : 4+1=5 ⇒ je garde 729.

Test 15 : réponse B

Série verticale : multiples de 11 ⇒ je garde 99 et 132

Série horizontale : les nombres ont ou 2 ou 3 chiffres identiques ⇒ je garde 99

Test 16 : réponse B

Série verticale : séparation avec cubes. 343|7 : 343=7^3, 273 : 27=3^3 ⇒ je garde 1255, 5128 et 2166

Série horizontale : multiple de 5 ⇒ je garde 1255

Test 17 : réponse D

Série verticale : nombres palindromes (miroirs) ⇒ je garde 121 et 202

Série horizontale : séparation avec addition. 235 : 2+3=5 ⇒je garde 202 (2+0=2)

Remarque : le fait que votre solution soit un nombre qui se trouve déjà parmi les éléments de votre série ne pose aucun problème.

Test 18 : réponse E

Série verticale : séparation avec centre et carré. 4|**7**|9 : 7^2=49 ⇒ je garde les nombres 684 et 255

Série horizontale : les nombres ont ou 2 ou 3 chiffres identiques ⇒ je garde 255

Test 19 : réponse D

Série verticale : multiples de 9 ⇒ je garde 36 et 45

Série horizontale : carrés parfaits ⇒ je garde 36

Test 20 : réponse A

Série verticale : chiffres successifs ⇒je garde 123, 56 et 234

Série horizontale : séparation avec addition. 268 : 2+6=8 ⇒ je garde 123

Test 21 : réponse D

Série verticale : succession avec saut d'un chiffre. 246 : 23456⇒ je garde les nombres 24 et 357.

Série horizontale : multiple de 7 ⇒ je garde 357 (357/7=51)

Test 22 : réponse B

Série verticale : séparation avec multiplication. 2|**8**|***4*** : **8**x3=***24***⇒ je garde 155

Série horizontale : la somme des chiffres est égale à 11 ⇒ je garde 155

Test 23 : réponse E

Série verticale : succession inverse sur 3 chiffres ⇒ je garde 654 et 876

Série horizontale : la somme des chiffres est égale à 21 ⇒ je garde 876

Test 24 : réponse A

Série verticale : la somme des chiffres est égale à 10 ⇒ je garde 37, 82 et 64

Série horizontale : série de nombres premiers ⇒ je garde 37

Test 25 : réponse C

Série verticale : la somme des chiffres est égale à 20 ⇒ je garde 2693 et 13169

Série horizontale : séparation avec carrés. 11|121 : $11^2=121$; 10|100 : $10^2=100$ ⇒je garde 13169

Test 26 : réponse B

Série verticale : les nombres ont ou 2 ou 3 chiffres identiques ⇒je garde 333, 366 et 488

Série horizontale : séparation avec carrés. 81|9 : $81=9^2$ ⇒ je garde 366

Test 27 : réponse D

Série verticale : nombres premiers ⇒ je garde 7 et 43

Série horizontale : multiples de 7 ⇒ je garde 7

Test 28 : réponse E

Série verticale : séparation avec cubes ⇒je garde 10010, 2166 et 644

Série horizontale : multiples de 4 – revoir critère de divisibilité ⇒ je garde 644

Test 29 : réponse E

Série verticale : séparation avec multiplication. 236 : 2x3=6 ; 339 : 3x3=9 ; 248 : 2x4=8 ; 122 : 1x2=2 ⇒ je garde 313, 515 et 111

Série horizontale : les nombres ont deux ou trois chiffres identiques ⇒ je garde 313, 515 et 111. Je dois renforcer mon lien. Les nombres sont des nombres de deux chiffres avec deux chiffres identiques ou des nombres de trois chiffres avec trois chiffres identiques ⇒ je garde 111.

Test 30 : réponse B

Série verticale : nombres miroirs avec pour chaque nombre le chiffre 1 en deuxième position ⇒ je garde 717, 212 et 818.

Série horizontale : la somme des chiffres est égale à 5 ⇒ je garde 212

Test 31 : réponse A

Série verticale : multiples de 13 ⇒ je garde 78, 13 et 52

Série horizontale : chiffres en succession classique ⇒ je garde 78

Test 32 : réponse D

Série verticale : séparation avec addition. 527 : 5+2=7 ⇒ je garde 459 et 404

Série horizontale : les nombres ont ou deux ou trois chiffres identiques ⇒ je garde 404

Test 33 : réponse C

Série verticale : la multiplication des chiffres entre eux est égale à 18. 63 : 6x3=18 ; 163 : 1x6x3=18 ; 322 : 3x3x2 = 18 ⇒ je garde 192 et 613

Série horizontale : multiples de 3 ⇒ je garde 192

Test 34 : réponse D

Série verticale : séparation avec multiplication et répétition. **5101010** : **5**x2=**10** et je répète **10** deux fois ⇒ je garde 4888 et 3666

Série horizontale : nombres avec pour premier chiffre 3 et deux ou trois chiffres identiques ⇒ je garde 3666

Test 35 : réponse D

Série verticale : séparation avec multiplication. Accrochez-vous ! **23612** : **2**x**3**=**6** puis **6**x*2*=**12** ; **42816** : **4**x**2**=**8** puis **8**x*2*=**16** ⇒ je garde 2248, 351530, 33918

Série horizontale : les nombres de cette série ont deux chiffres en commun – 3 et 9 – toujours placés respectivement en deuxième et troisième position ⇒ je garde 33918

Test 36 : réponse B

Série verticale : nombres miroirs ⇒ je garde 474, 414 et 818

Série horizontale : nombres miroirs avec en première et troisième position le chiffre 4 ⇒ je garde 474 et 414

Je renforce alors une des règles. Règle supplémentaire pour la série verticale : la somme des chiffres est égale à 15 ⇒ je garde 474

Test 37 : réponse A

Série verticale : la somme des chiffres est égale à 15 ⇒ je garde 267, 456 et 933

Série horizontale : le premier chiffre des nombres et 7 et les deux derniers chiffres sont successifs (succession classique) ⇒ je garde 267

Séries doubles de lettres

Test 1 : réponse A

Série verticale : R récurrent dans chacun des mots de la série ⇒ je garde PPR, RCJ et AIR

Série horizontale : P récurrent dans chacun des mots de la série ⇒ je garde PPR

Test 2 : réponse A

Série verticale : X récurrent ⇒ je garde ZAX, XRT et MAX

Série horizontale : Z récurrent ⇒ je garde ZAX

Test 3 : réponse D

Série verticale : les deux premières lettres sont successives ⇒ je garde VWF et KLM

Série horizontale : les deux dernières lettres sont successives ⇒ je garde KLM

Test 4 : réponse E

Série verticale : Z récurrent ⇒ je garde ZZZ, PZA, PRZ et ZUT

Série horizontale : U récurrent ⇒ je garde ZUT

Test 5 : réponse C

Série verticale : les deux premières lettres sont en succession inverse ⇒ je garde YXC, VUT, BAQ

Série horizontale : les deux dernières lettres sont en succession inverse ⇒ je garde VUT

Test 6 : réponse A

Série verticale : mots palindromes ⇒ je garde AAA et KUK

Série horizontale : les deux dernières lettres sont identiques ⇒ je garde AAA

Test 7 : réponse E

Série verticale : T récurrent ⇒ je garde TUT, ETZ et STI

Série horizontale : S suit un mouvement serpentin ⇒ je garde STI

Test 8 : réponse D

Série verticale : les premières et troisièmes lettres sont successives ⇒ je garde OMP et ABB

Série horizontale : les deux premières lettres sont successives ⇒ je garde ABB

Test 9 : réponse C

Série verticale : les 3 lettres sont successives selon l'ordre « 2ème lettre – 1ère lettre – 3ème lettre » ⇒ je garde JIK

Série horizontale : les deux premières lettres sont en succession inverse ⇒ je garde JIK

Test 10 : réponse A

Série verticale : J suit un mouvement serpentin droite - gauche ⇒ je garde JAI, JJJ et JPQ

Série horizontale : les premières et troisièmes lettres sont en succession inverse ⇒ je garde JAI

Test 11 : réponse A

Série verticale : I en deuxième position ⇒ je gare MIK, SIM et OIM

Série horizontale : alternance du M (1ère position – 3ème position) ⇒ je garde MIK

Test 12 : réponse E

Série verticale : les deux dernières lettres sont successives ⇒ je garde LNO et MNO

Série horizontale : les deux premières lettres sont successives ⇒ je garde MNO

Test 13 : réponse E

Série verticale : les deux dernières lettres sont successives ⇒ je garde HBC et BAB

Série horizontale : B suit un mouvement *B(1, 2, 3, 1, 2)* ⇒ je garde BAB

Test 14 : réponse A

Série verticale : X suit un mouvement serpentin ⇒ je garde XYU et XBA

Série horizontale : les deux premières lettres sont successives ⇒ je garde XYU

Test 15 : réponse D

Série verticale : L suit un mouvement serpentin droite gauche ⇒ je garde LCI, LIT et LAC

Série horizontale : C suit un mouvement *C(1, 2, 3, 1, 2)* ⇒ je garde LAC

Test 16 : réponse E

Série verticale : les deux premières lettres sont en succession inverse ⇒ je garde FED, KJS et NMN

Série horizontale : mots palindromes ⇒ je garde NMN

Test 17 : réponse A

Série verticale : les 3 lettres sont en succession inverse ⇒ je garde UTS, WVU et VUT

Série horizontale : U suit un mouvement *U(2, 3, 1, 2, 3)* ⇒ je garde UTS

Test 18 : réponse B

Série verticale : succession avec saut d'une lettre. KMO : **K**L**M**N**O** ; RTV : **R**S**T**U**V** ⇒ je garde QSU et ACE

Série horizontale : S suit un mouvement *S(3, 1, 2, 3, 1)* ou plus simplement, il y a récurrence du S ⇒ je garde QSU

Test 19 : réponse D

Série verticale : L suit un mouvement serpentin ⇒ je garde LLM, LLL et JLP

Série horizontale : mots palindromes ⇒ je garde LLL

Test 20 : réponse B

Série verticale : B suit un mouvement serpentin droite - gauche ⇒ je garde FDB et BAB

Série horizontale : série délicate. Les trois lettres sont en succession inverse avec saut d'une lettre. **P**O**N**M**L** ⇒ je garde FDB – **F**E**D**C**B**

Test 21 : réponse A

Série verticale : P suit un mouvement serpentin ⇒ je garde NNP, OPP et PPP

Série horizontale : les deux premières lettres sont identiques ET les deuxièmes et troisièmes lettres sont successives avec saut d'une lettre ⇒ je garde NNP – **NN**O**P**

Test 22 : réponse E

Série verticale : la somme des rangs des deux premières lettres (selon l'ordre d'apparition dans l'alphabet) est égale à la troisième lettre ⇒ je garde BDF, ADE et CDG

Série horizontale : les deux premières lettres sont successives ⇒ je garde CDG

Test 23 : réponse B

Série verticale : T en seconde position ⇒ je garde HTC, TTH et ZTT

Série horizontale : H en première position ⇒ je garde HTC

Test 24 : réponse C

Série verticale : les deux premières lettres sont identiques ET les deuxièmes et troisièmes lettres des mots sont en succession classique avec saut de 3 lettres. RRV : **RR**STU**V**, **FF**GHI**J** ⇒ je garde AAE et EEI

Série horizontale : récurrence des lettres A et E en deuxième et troisième positions avec alternance AE/EA/AE/EA/AE ⇒ je garde AAE

Test 25 : réponse B

Série verticale : G suit un mouvement serpentin gauche – droite ⇒ je garde GIP, GGG, GGN et GOA

Série horizontale : O suit un mouvement convergent. O se trouve forcément en deuxième position dans le troisième mot de la série ⇒ je garde GOA

Test 26 : réponse B

Série verticale : trois lettres successives avec saut de 2 lettres ⇒ je garde QTW, HKN et BEH

Série horizontale : T suit un mouvement *T(1, 2, 3, 1, 2)* ⇒ je garde QTW

Remarque : pour UXA dans la série verticale, ces 3 lettres sont successives avec saut de 2 lettres. On a supposé que l'on a refait un tour dans l'alphabet et que A suit Z. Ainsi UXA : **U**VW**X**YZ**A**

Test 27 : réponse D

Série verticale : trois lettres successives avec saut de 3 lettres. KOS : **K**LMN**O**PQR**S** ⇒ je garde SWA, BFJ et LPT

Série horizontale : F et J sont respectivement en deuxième et troisième position avec alternance FJ/JF ⇒ je garde BFJ

Test 28 : réponse A

Série verticale : S suit un mouvement serpentin ⇒ je garde KOS, CAS et KLS

Série horizontale : trois lettres successives avec saut de 3 lettres ⇒ je garde KOS

Test 29 : réponse C

Série verticale : M suit un mouvement serpentin droite – gauche ⇒ je garde CHM, ALM et LOM

Série horizontale : trois lettres successives avec saut de 4 lettres ⇒ je garde CHM

Test 30 : réponse

Série verticale : mots palindromes ⇒ je garde QRSRQ, HTHTH, OKLKO et JKLKJ

Série horizontale : L en deuxième position ⇒ je garde JKLKJ

Test 31 : réponse C

Série verticale : la somme des rangs des lettres des éléments de la série est toujours égale à 18.

Série horizontale : saut décroissant de deux lettres entre les deuxièmes et premières lettres.

Test 32 : réponse D

Série verticale : succession **alternée** INTER éléments |+3| de type droite-gauche.

- - **E**

INB

KA**M**

QWG

CH**U**

Série horizontale : succession INTRA éléments de type |-3/-5|

Test 33 : réponse B

Série verticale : succession **mouvementée** INTER éléments de type serpentin.

OAM

B**N**H

- - **M**

W**L**A

KOR

Série horizontale : Succession **mouvementée** INTER éléments.|

JUV M**K**N XG**L** **M** - - Z**N**Q

TROISIEME PARTIE

Cours de Mathématiques & Notions avancées

CHAPITRE 1

Cours de mathematiques

I. ARITHMETIQUE

Les épreuves des concours d'entrée aux écoles de commerce font largement appel à des notions d'arithmétique. Il s'agit en effet à chaque fois de juger votre capacité à manipuler les chiffres et les nombres avec rapidité et dextérité.

Une épreuve de QCM de calcul aux concours Tage-Mage, Tremplin ou encore Passerelle contient généralement près de 25% de questions qui sont purement et simplement des questions de calcul mental (plus de 50% pour une épreuve du concours Sésame)

Ces questions de calcul mental permettent d'évaluer votre aptitude à poser des règles de trois, des additions, soustractions, multiplications et autres divisions ***et*** à les résoudre très rapidement. Une épreuve de calcul aux concours Tage-Mage propose aux candidats de résoudre 15 problèmes en l'espace de 20 minutes. Aussi donne-t-on moins de 30 minutes aux candidats du concours Sésame pour répondre à un QCM de près de 40 questions.

L'objet de cette partie consacrée à l'arithmétique est de vous donner les techniques qui vous permettront de résoudre rapidement des exercices et problèmes utilisant des notions fortes de calcul mental. Je vous propose ici de rentrer au cœur même des nombres et d'en entrevoir l'extrême puissance et richesse. Les notions qui suivent sont à maîtriser parfaitement.

Retrouvez des fiches de synthèse portant sur le cours de mathématiques sur www.aurlom.com

A. VOCABULAIRE

Ensemble des nombres entiers (ou entiers naturels)

Il s'agit de l'ensemble des nombres entiers positifs, 0 inclus : 0, 1, 2, 3, 4,... 85, 86,..., 1000, 1001,... 200000, ... il y en a une infinité ! (souvenez-vous lorsque vous avez appris à compter).

Ensemble des nombres entiers relatifs

L'ensemble des nombre entiers relatifs contient l'ensemble des nombres entiers naturels PLUS l'ensemble des nombres entiers naturels précédés du signe – (ce sont des nombres entiers négatifs), tels que : – 11, – 12, – 1000…

Ensemble des nombres décimaux

Il s'agit de l'ensemble des nombres qui sont des divisions de nombres entiers par des puissances (positives) de 10. Ainsi 2,76 est un nombre décimal car il s'écrit sous la forme : $2{,}76 = 276/100 = 276/10^2$. De même 0,01023 est un nombre décimal car il s'écrit sous la forme $0{,}01023 = 1023/100000 = 1023/10^5$

Vous l'aurez compris, les nombres entiers sont aussi des nombres décimaux (il n'y a alors que des 0 après la virgule).

Ensemble des nombres rationnels

Il s'agit de l'ensemble des nombres que l'on peut écrire sous forme fractionnaire $\frac{p}{q}$ avec p et q des entiers relatifs.

Ensemble des nombres irrationnels

Il s'agit de l'ensemble des nombres que l'on ne peut écrire sous forme fractionnaire. Ainsi, $\sqrt{2}$ et π sont considérés comme des nombres irrationnels puisqu'ils ne peuvent s'écrire sous forme de fractions.

Ensemble des nombres réels

L'ensemble des nombres réels est l'ensemble le plus large sur lequel on peut vous demander de travailler. Cet ensemble contient l'ensemble des nombres entiers naturels et relatifs, l'ensemble des nombres décimaux, des fractions et des irrationnels.

Facteurs, multiples et diviseurs

La relation simple A X B = C , avec A, B et C des nombres entiers quelconques nous permet d'introduire le vocabulaire suivant :

A x B = C	2 x 3 = 6
A et B sont des facteurs de C	2 et 3 sont des facteurs de 6
A et B sont des diviseurs de C	2 et 3 sont des diviseurs de 6
C est divisible par A et B	6 est divisible par 2 et 3
C est multiple de A et de B	6 est multiple de 2 et de 3

PGCD

C'est le Plus Grand Commun Diviseur

Exemples :

- 5 est le PGCD de 10 et de 15. En effet, 10 = **5** X 2 et 15 = **5** X 3
- 11 est le PGCD de 11, 143 et de 144. En effet, 11 = **11** X 1, 143 = **11** X 13 et 154 = **11** X 7 X 2

PPCM

C'est le Plus Petit Commun Multiple

Exemples :

- 2 est le PPCM de 4, 6 et 12. En effet 4 = **2** X 2, 6 = **2** X 3, 12 = **2** X 2 X 3
- 3 est le PPCM de 36 et 33. En effet 27 = **3** X 3 X 4, 33 = **3** X 11

Division euclidienne

si a et b sont *deux entiers relatifs*, b différent de 0, il existe des entiers q et r déterminés de manière unique par les conditions suivantes :

$$\mathbf{a = b \times q + r} \text{ avec } 0 \leq r \leq b-1$$

q s'appelle le quotient de la division de a par b et r est le reste de cette division. Si le reste est nul, cela signifie qu'il existe un entier q tel que $a = b \times q$; on dit alors que b divise a , ou que a est un multiple de b .

Exemple :

Je veux diviser 38 par 7

Une simple division que je pose à la main donne :

38 par 7 : 7 divise 38 5 fois, 5 X 7 = 35, et il me reste (38 – 35) = 3

Ainsi dans notre exemple : a = 38, b = 7, q = 5 et r = 3.

Je vérifie bien que r est inférieur ou égal à b – 1, ce qui est le cas, et je peux alors écrire : 38 = 7 X 5 + 3

ⓘPour information, la condition : $0 \leq r \leq b-1$ nous assure le fait que la division euclidienne est terminée. En effet, mon reste, 3, est inférieur à mon diviseur, 7, et donc je ne peux plus continuer ma division. Je vous prie de bien vouloir distinguer la division euclidienne de la division courante. La division courante m'aurait permis de continuer ma division et de trouver que 38 divisé par 7 donne : 5,42857142857143 avec un reste égal à 0 cette fois ci. La division euclidienne, elle, me dit que dès que mon reste r est inférieur ou égal à b – 1 (diviseur – 1), alors je m'arrête.

Nous allons étudier à présent de très près certaines notions fondamentales de l'arithmétique

B. Les critères de divisibilité

Je vous conseille vivement de connaître ces critères de divisibilité sur le bout des doigts car ils vous permettront de gagner un temps précieux pour bon nombre de vos calculs.

N'oubliez jamais que les épreuves de logique numérique et mathématiques (calcul et conditions minimales) font largement appel à votre maîtrise parfaite du calcul mental : vous serez souvent amené à faire des calculs rapides de tête (additions, multiplications, puissances) ou à simplifier des fractions. Or pour simplifier rapidement des fractions, il est indispensable de maîtriser ces critères de divisibilité. Nous verrons aussi par la suite que la maîtrise de ces critères de divisibilité vous aideront à comprendre rapidement certaines finesses de l'épreuve de Séries Doubles.

Je vous rappelle que vous n'avez jamais le droit à la calculatrice.

1. Critère de divisibilité par 2

Un nombre N est divisible par 2 si et seulement si il se termine par 0, 2, 4, 6 ou bien 8… autrement dit si et seulement si il est pair.

Exemple :

- les nombres 28, 1004, 82632 et 1736456374 sont tous divisibles par 2

2. Critère de divisibilité par 3

Un nombre N est divisible par 3 si et seulement si la somme de ses chiffres est divisible par 3.

Exemples :

- le nombre 243 est divisible par 3 car 2+4+3=9 et 9 est bien sûr divisible par 3. De même 738 est divisible par car 7+3+8=18 et 18 est divisible par 3.
- le nombre 43652364 est divisible par 3 car 4+3+6+5+2+3+6+4=33 et 33 est divisible par 3 (en effet pour 33, on a 3+3=6 et 6 est divisible par 3).

3. Critère de divisibilité par 4

Un nombre N est divisible par 4 si et seulement si il se termine par 2 chiffres AB constituant un nombre divisible par 4, c'est-à-dire si et seulement si le dernier chiffre B est égal à 0, 4 ou 8 - pour un avant-dernier chiffre A pair - ou bien égal 2 ou 6 pour un avant-dernier chiffre B impair.

Exemples :

- Le nombre 548 est divisible par 4 car ses deux derniers chiffres 4 et 8 forment le nombre 48 qui est divisible par 4 (en effet, nous sommes dans le cas où le dernier chiffre est 8 avec un avant-dernier chiffre pair : 4).

- Le nombre 132476 est 548 est divisible par 4 car ses deux derniers chiffres 7 et 6 forment le nombre 76 qui est divisible par 4 (en effet, nous sommes dans le cas où le dernier chiffre est 6 avec un avant-dernier chiffre impair : 7).

Entraînez-vous sur d'autres exemples !

4. Critère de divisibilité par 5

Un nombre N est divisible par 5 si et seulement si il finit par 0 ou 5.

Exemples :
- Le nombre 1550 finit par 0… il est donc divisible par 5
- Le nombre 14362635 finit par 5… il est donc aussi divisible par 5
- Le nombre 505555551 finit par 1… il n'est donc pas divisible par 5

5. Critère de divisibilité par 6

Un nombre N est divisible par 6 si et seulement si il est divisible par 2 *et* par 3, nombres pour lesquels vous connaissez maintenant les critères.

Exemples :
- Le nombre 25458 est divisible par 6 car : il est divisible par 2 (en effet, 25458 finit par 8) *et* il est divisible par 3 (en effet, 2+5+4+5+8=24 et 24 est divisible par 3 (2+4=6))
- Le nombre 466 n'est pas divisible par 6 car il n'est pas divisible par 3 (en effet la somme de ces chiffres donne 16 et 1+6=7 n'est pas divisible par 3)
- Le nombre 1117722 est divisible par 6 car : il est divisible par 2 (en effet, 1117722 finit par 2) *et* il est divisible par 3 (en effet, 1+1+1+7+7+2+2=21 et 21 est divisible par 3 (2+1=3))

6. Critère de divisibilité par 7

Un nombre N est divisible par 7 si et seulement si en calculant la somme de ses chiffres *pris à partir de la droite* et multipliés respectivement par 1, 3, 2, 6, 4, 5, 1, 3, 2, 6, 4, 5, etc. on obtient un nombre divisible par 7.

Ce critère peut, à première vue, vous paraître un peu obscur… suivez bien alors les deux exemples qui suivent.

Exemples :
- Un exemple très simple : le nombre 14 est divisible par 7 car 4x1+1x3=7 et… 7 est bien sûr divisible par 7 !)
- Le nombre 364 est divisible par 7 car 4x**1**+6x**3**+3x**2**=28 et 28 est divisible par 7
- Le nombre 35651 est-il divisible par 7 ?
- 1x1+5x3+6x2+5x6+3x4=1+15+12+30+12=80 ; or 80 n'est pas divisible par 7 (en effet 0x1+8x3=24 et 24 n'est pas divisible par 7 car 4x1+2x3=10 et 10 n'est pas divisible par 7 etc.) donc 35651 n'est pas divisible par 7.

Il est vrai que ce critère peut paraître quelque peu superflu. Il aurait été en effet certainement plus rapide de vérifier que 35651 n'est pas divisible par 7 en posant une simple division euclidienne. Tout dépend de votre sensibilité pour ces techniques/critères. A vous de pratiquer ces critères de divisibilité aussi souvent que possible et de juger alors, l'expérience aidant, dans quels cas il vaut mieux choisir entre le recours à ces critères ou le recours à la division euclidienne.

7. Critère de divisibilité par 9

Un nombre N est divisible par 9 si et seulement si la somme de ses nombres est divisible par 9

Exemples :

- Le nombre 378 est divisible par 9 car 3+7+8=18 et 18 est divisible par 9 (1+8=9)
- Le nombre 203985 est divisible par 9 car 2+0+3+9+8+5=27 et 27 est divisible par 9 (2+7=9)

8. Critère de divisibilité par 10

Un nombre N est divisible par 10 si et seulement si il se termine par 0

Exemples :

- Le nombre 289830 est divisible par 10 car il finit par 0
- Le nombre 8101 n'est pas divisible par 10 car il ne finit pas par 0

9. Critère de divisibilité par 11

Critère général : un nombre N est divisible par 11 si et seulement si la différence entre la somme de ses chiffres de rang impair et celle de ses chiffres de rang pair est un multiple de 11.

Critère pour les nombres à 3 chiffres : pour vérifier que votre nombre de 3 un critère suffisant (mais non nécessaire) consiste à vérifier que la somme du premier et du dernier chiffre de votre nombre est égale au second chiffre de votre nombre. Ainsi, 176 est divisible par 11 car 1+6=7 et 781 est aussi divisible par 11 car 7+1=8

Exemples :

- Nombres à 2 chiffres : les nombres 11, 22, 33, 44, 55, 66, 77, 88, 99 sont tous divisibles par 11
- Appliquons dans cet exemple le critère général pour le nombre 715462. D'après le critère, il suffit de faire la différence entre la somme des chiffres de rang impair (7+5+6=18) et la somme des chiffres de rang pair (1+4+2=7), c'est à dire 18-7, qui est égal 11. Or comme 11 est un multiple de 11, le nombre 715462 l'est aussi.
- Autre exemple : le nombre 12727 est divisible par 11 car (1+7+7) – (2+2) = 15 – 4 = 11… et 11 est bien sûr un multiple de 11.

C. Les nombres premiers

1. Définition d'un nombre premier

Un nombre premier est un nombre qui n'est divisible *que* par lui-même *et* par 1.

- 1 n'est pas un nombre premier
- Apprenez par cœur les 10 premiers nombres premiers : 2, 3, 5, 7, 11, 13, 17, 19, 23, 29.
- Remarque : 2 exclus, tous les nombres premiers sont impairs

2. Décomposition d'un nombre en un produit de facteurs premiers

Tout entier naturel a > 1 est décomposable *d'une manière unique* en un *produit de nombres premiers distincts.*

Exemples:

- $45 = 5 \times 3 \times 3 = 5 \times 3^2$ avec 3 et 5 des nombres premiers.
- $187 = 11 \times 17$ avec 11 et 17 des nombres premiers.
- $1827 = 9 \times 7 \times 29 = 3 \times 7 \times 29$ avec 3, 7 et 29 des nombres premiers.

3. Cas pratique : comment savoir si un nombre est premier ?

La méthode consiste à trouver dans un premier temps une approximation de la racine (que nous appellerons r) de ce nombre. Une fois que vous avez trouvé r, il vous suffit de vérifier si les nombres premiers inférieurs à r divisent votre nombre en question. Si aucun des nombres premiers inférieurs à r ne divise votre nombre, c'est que celui-ci est premier.

Exemples : 101 et 253 sont-ils premiers ?

- 101 : $r=\sqrt{101}<\sqrt{121}\approx 11$. Les nombres premiers inférieurs à 11 sont : 7, 5, 3 et 2. On vérifie aisément à l'aide des critères de divisibilité que 101 n'est pas divisible par 2 ni par 3, 5 ou 7… 101 est donc est donc un nombre premier.
- 253 : $r = \sqrt{253} < \sqrt{256} = 16$. Les nombres premiers inférieurs à 16 sont : 13, 11, 7, 5, 3 et 2. On vérifie là encore à l'aide des critères de divisibilité que 253 n'est pas divisible par 2 ni par 3, 5, 7 ou 11. Une division classique nous dit que 253 n'est pas divisible par 13 non plus… 253 est donc un nombre premier.

D. Parité

1. Définition d'un nombre pair

Un nombre pair est un nombre entier positif, multiple de 2, dont le dernier chiffre est 0, 2, 4, 6 ou 8. Un nombre pair N s'écrit sous la forme N = 2p, avec p un entier naturel.

Exemples : 2, 4, 16 et 568 sont des nombres pairs. Et ils peuvent s'écrire sous la forme 2 = **2** X 1, 4 = **2** X 2, 16 = **2** X 8 et 568 = **2** X 259.

2. Définition : nombre impair

Un nombre impair est un nombre entier positif dont le dernier chiffre est 1, 3, 5, 7 ou 9. Un nombre impair M s'écrit sous la forme M = 2p + 1, avec p un entier naturel.

Exemples : 5, 17, 251 et 567 sont des nombres impairs. Et ils peuvent s'écrire sous la forme 5 = **2** X 2 + **1**, 17 = **2** X 8 + **1**, 251 = **2** X 125 + **1**, 567 = **2** X 283 + **1**

Remarque : Un nombre impair est toujours consécutif à un nombre pair et un nombre pair est toujours consécutif à un nombre impair.

3. Opérations fondamentales

Je vous conseille de maîtriser ces opérations de base sur les nombres pairs et impairs.

Pair	+	Pair	=	Pair
Pair	+	Impair	=	Impair
Impair	+	Impair	=	Pair

Pair	X	Pair	=	Pair
Pair	X	Impair	=	Pair
Impair	X	Impair	=	Impair

$(\text{Pair})^n$	=	Pair	quel que soit la valeur de n, un entier naturel
$(\text{Impair})^n$	=	Impair	quel que soit la valeur de n, un entier naturel

E. Tables de 1 à 15, de carrés, de cubes et de puissances 4

Que les choses soient claires dès maintenant : je vous recommande de maîtriser parfaitement (et je dis bien *parfaitement*) vos tables de multiplication de 1 à 15, ainsi que les tables de carrés, cubes et puissances 4 qui suivent.

Outre le fait qu'il est on ne peut plus indispensable de maîtriser ses tables pour gagner en rapidité et en précision dans les calculs et ainsi pouvoir espérer terminer les épreuves de calcul, ceux qui passent le concours Tage-Mage réaliseront rapidement que le fait de connaître ses tables de 1 à 15 peut s'avérer être déterminant à la réussite des épreuves de conditions minimales et de séries doubles.

1. Tables de 11 à 15

11	12	13
11 FOIS 1 = 11	12 FOIS 1 = 12	13 FOIS 1 = 13
11 FOIS 2 = 22	12 FOIS 2 = 24	13 FOIS 2 = 26
11 FOIS 3 = 33	12 FOIS 3 = 36	13 FOIS 3 = 39
11 FOIS 4 = 44	12 FOIS 4 = 48	13 FOIS 4 = 52
11 FOIS 5 = 55	12 FOIS 5 = 60	13 FOIS 5 = 65
11 FOIS 6 = 66	12 FOIS 6 = 72	13 FOIS 6 = 78
11 FOIS 7 = 77	12 FOIS 7 = 84	13 FOIS 7 = 91
11 FOIS 8 = 88	12 FOIS 8 = 96	13 FOIS 8 = 104
11 FOIS 9 = 99	12 FOIS 9 = 108	13 FOIS 9 = 117
11 FOIS 10 = 110	12 FOIS 10 = 120	13 FOIS 10 = 130
11 FOIS 11 = 121	12 FOIS 11 = 132	13 FOIS 11 = 143
11 FOIS 12 = 132	12 FOIS 12 = 144	13 FOIS 12 = 156
11 FOIS 13 = 143	12 FOIS 13 = 156	13 FOIS 13 = 169

14	15
14 FOIS 1 = 14	15 FOIS 1 = 15
14 FOIS 2 = 28	15 FOIS 2 = 30
14 FOIS 3 = 42	15 FOIS 3 = 45
14 FOIS 4 = 56	15 FOIS 4 = 60
14 FOIS 5 = 70	15 FOIS 5 = 75
14 FOIS 6 = 84	15 FOIS 6 = 90
14 FOIS 7 = 98	15 FOIS 7 = 105
14 FOIS 8 = 112	15 FOIS 8 = 120
14 FOIS 9 = 126	15 FOIS 9 = 135
14 FOIS 10 = 140	15 FOIS 10 = 150
14 FOIS 11 = 154	15 FOIS 11 = 165
14 FOIS 12 = 168	15 FOIS 12 = 180
14 FOIS 13 = 182	15 FOIS 13 = 195

2. Tables de carrés, de cubes et de puissances 4

Carrés	Cubes	Puissances 4
$1^2 = 1$	$1^3 = 1$	$1^4 = 1$
$2^2 = 4$	$2^3 = 8$	$2^4 = 16$
$3^2 = 9$	$3^3 = 27$	$3^4 = 81$
$4^2 = 16$	$4^3 = 64$	$4^4 = 256$
$5^2 = 25$	$5^3 = 125$	$5^4 = 625$
$6^2 = 36$	$6^3 = 216$	
$7^2 = 49$	$7^3 = 343$	
$8^2 = 64$	$8^3=512$	
$9^2 = 81$	$9^3=729$	
$10^2 = 100$	$10^3=1000$	
$11^2 = 121$	$11^3=1331$	
$12^2 = 144$	$12^3=1728$	
$13^2=169$		
$14^2=196$		
$15^2 = 225$		
$16^2 = 256$		
$17^2 = 289$		
$18^2 = 324$		
$19^2 = 361$		
$20^2 = 400$		
$25^2 = 625$		
$30^2 = 900$		
$40^2 = 1600$		

Nota Bene

Dans les problèmes des concours Sésame, Accès, Passerelle, Tage-Mage, Tremplin, Passerelle, etc., vous êtes généralement amenés à travailler sur des carrés parfaits, c'est à dire des carrés de nombres entiers. Ainsi, si dans la résolution de votre problème vous devez calculer une racine carrée d'un nombre entier, ce nombre est dans la plupart des cas un carré parfait. Par exemple, vous serez très rarement amenés à calculer la racine carrée de 431 qui donne un nombre à virgules… tandis que l'on ne vous fera aucune excuse sur le calcul de la racine carrée de 144 ou de 625 qui sont respectivement égales à 12 et 25. Cela s'explique par le fait que vous n'avez pas le droit à la calculatrice et que les épreuves sont très limitées dans le temps.

Surtout, je ne saurais jamais trop vous le rappeler : **n'hésitez jamais, et je dis bien jamais à poser des multiplications, des divisions voire des soustractions ou additions : c'est une des conditions majeures de votre succès.**

II. LES OPERATIONS FONDAMENTALES

A. L'addition, la soustraction, la multiplication et la division de nombres positifs et négatifs

1. Opération + (addition)

Signe nombre A	Signe nombre B	Résultat
+	+	+
+	–	Indéterminé
–	–	–

2. Opération X (Multiplication) et Opération / (Division)

Signe nombre A	Signe nombre B	Résultat
+	+	+
+	–	–
–	+	–
–	–	+

B. Passage des décimales en fractions et des fractions en décimales

1. Savoir convertir des nombres décimaux en des fractions simplifiées

Exemples : convertir 11,25 et 0,32 en fractions simplifiés.

- $11{,}25=\frac{1125}{100}=\frac{225}{20}=\frac{45}{4}$
- $0{,}32=\frac{32}{100}=\frac{16}{50}=\frac{8}{25}$

2. Savoir convertir des fractions en des nombres décimaux

Exemples : convertir les fractions $\frac{6}{15}$ et $\frac{1}{80}$ en nombres décimaux.

- $\frac{6}{15}=\frac{6\times100}{15\times100}=\frac{600}{15\times100}=\frac{40}{100}=0{,}4$
- $\frac{1}{80}=\frac{100}{8\times1000}=\frac{12{,}5}{1000}=0{,}0125$

3. Passages fractions – décimales à connaître par cœur dans les deux sens :

$\frac{1}{2} = 0{,}5$	$\frac{1}{20} = 0{,}05$
$\frac{1}{3} = 0{,}333\ldots$	$\frac{1}{25} = 0{,}04$
$\frac{1}{4} = 0{,}25$	$\frac{1}{30} = 0{,}0333\ldots$
$\frac{1}{5} = 0{,}2$	$\frac{1}{40} = 0{,}025$
$\frac{1}{6} = 0{,}1666\ldots$	$\frac{1}{50} = 0{,}02 = 0{,}025$
$\frac{1}{7} = 0{,}1428\ldots$	$\frac{1}{100} = 0{,}01 = 1\%$
$\frac{1}{9} = 0{,}111\ldots$	$\frac{1}{1000} = 0{,}001 = 0{,}1\% = 1‰$
$\frac{1}{10} = 0{,}1$	$\frac{1}{10\ldots0(k\text{"zéros"})} = 0{,}0\ldots01$
$\frac{1}{12} = 0{,}083$	(k-1 « zéros » après la virgule)

C. FRACTIONS

Soit la fraction $\frac{a}{b}$: *a* est appelé le numérateur, *b* est appelé le dénominateur.

1. Simplification de fractions

Sachez que vous devez maîtriser parfaitement la réduction de fractions au même dénominateur (pour les additions et comparaisons de fractions) ainsi que la simplification de fractions. Les fractions proposées comme solutions dans les QCM de calcul sont toujours des fractions simplifiées.

Exemples :

- Réduire au même dénominateur $w=\frac{5}{12}$ et $x=\frac{7}{18}$

Le plus grand des dénominateurs est 18. On cherche dans la suite croissante des multiples non nuls de 18 le premier multiple de 12 : 18 X 1 = 18, 18 X 2 = 36, 18 X 3 = 54, 18 X 4 = 72 etc.

Le premier multiple de 12 dans cette suite est le nombre 36 (12 X 3 = 36).

On choisit donc 36 comme dénominateur commun. $w=\frac{5\times3}{12\times3}=\frac{15}{36}$, $x=\frac{7}{18}=\frac{14}{36}$.

- Comparer les fractions $\frac{7}{6}$ et $\frac{13}{11}$

  $\frac{7}{6}=\frac{7\times11}{6\times11}=\frac{77}{66}$, $\frac{13}{11}=\frac{13\times6}{11\times6}=\frac{78}{66}$.

  Etant donné que $\frac{78}{66}>\frac{77}{66}$, la fraction $\frac{13}{11}$ est plus grande que $\frac{7}{6}$

- Simplifier les fractions : $\frac{18}{48}$, $\frac{21}{315}$ et $\frac{126}{180}$.

  $\frac{18}{63}=\frac{3^2\times2}{3^2\times7}=\frac{2}{7}$

  $\frac{21}{315}=\frac{3\times7}{3\times3\times5\times7}=\frac{1}{5\times3}=\frac{1}{15}$

  $\frac{126}{180}=\frac{2\times3^2\times7}{3^2\times2\times10}=\frac{7}{10}$

2. Addition et soustraction de fractions

$$\frac{a}{b}+\frac{c}{d}=\frac{a\times d+c\times b}{b\times d} \quad \text{et} \quad \frac{a}{b}-\frac{c}{d}=\frac{a\times d-c\times b}{b\times d}$$

3. Multiplication et division de fractions

$$a\times\frac{b}{c}=\frac{a\times b}{c} \qquad \frac{\frac{1}{a}}{\frac{1}{b}}=\frac{b}{a}$$

$$\frac{a}{b}\times\frac{c}{d}=\frac{a\times c}{b\times d} \qquad \frac{\frac{a}{b}}{\frac{c}{d}}=\frac{a}{b}\times\frac{d}{c}$$

$$\frac{1}{a}\times\frac{1}{b}=\frac{1}{a\times b} \qquad \frac{1}{\frac{1}{a}}=a$$

4. Egalité de fractions

Si $\frac{a}{b}=\frac{c}{d}$ alors $a\times d=b\times c$

5. Exemples de calculs sur des écritures fractionnaires

Calculer $Z = \dfrac{\frac{3}{2}+\frac{1}{3}}{\frac{2}{3}-\frac{1}{6}} \times \dfrac{\frac{2}{5}-\frac{1}{2}}{\frac{3}{10}+\frac{1}{5}}$

$$Z = \frac{\frac{9}{6}+\frac{2}{6}}{\frac{4}{6}-\frac{1}{6}} \times \frac{\frac{4}{10}-\frac{5}{10}}{\frac{3}{10}+\frac{2}{10}} = \frac{\frac{11}{6}}{\frac{3}{6}} \times \frac{-\frac{1}{10}}{\frac{5}{10}} = -\frac{11}{6} \times \frac{6}{3} \times \left(-\frac{1}{10} \times \frac{10}{5}\right) = -\frac{11\times6\times10}{6\times3\times10\times5} = -\frac{11}{3\times5} = -\frac{11}{15}$$

Simplifier $U = \dfrac{\dfrac{1-\frac{2}{5}x+\frac{3}{10}}{\frac{1}{10}y^2-\frac{5}{2}y}}{\frac{2(x-y)}{6xy}+\frac{1}{3x}}$

$$U = \frac{\frac{20}{20}-\frac{8}{20}x+\frac{6}{20}}{\frac{2}{20}y^2-\frac{50}{20}y} \times \frac{1}{\frac{2(x-y)}{6xy}+\frac{2y}{6xy}} = \frac{\frac{26-8x}{20}}{\frac{2y(y-25)}{20}} \times \frac{1}{\frac{2(x-y)+2y}{6xy}} = \frac{2(13-4x)}{2y(y-25)} \times \frac{6xy}{2x} = \frac{39-12x}{y-25}$$

D. PUISSANCES

1. Formules à connaître par cœur

$$a^0 = 1$$

$$a^1 = a$$

$$a^n = a \times a \times a \times \ldots \times a \text{ (n fois)}$$

$$a^n \times a^m = a^{n+m}$$

$$a^n \times b^n = (a \times b)^n$$

$$\frac{a^n}{a^m} = a^{n-m}$$

$$\frac{1}{a^n} = a^{-n}$$

$$(a^n)^m = a^{n\times m}$$

2. Quelques remarques importantes

- Si x est un nombre positif *ou* négatif et si n est une puissance paire de x ($n = 0, 2, 4, 6, 8, \ldots$) alors on aura toujours : $x^n \geq 0$

- Si x est un nombre positif et si n est une puissance impaire de x ($n = 1, 3, 5, \ldots$), alors on aura toujours : $x^n \geq 0$

- Mais si x est un nombre *négatif* et si n est une puissance impaire de x alors on aura toujours : $x^n \leq 0$

- Attention, $(a+b)^n \neq a^n + b^n$ (j'entends bien *N'EST PAS EGAL* ! ! !)

3. Exemples de calcul sur des puissances

Simplifier : $a^{b-a}b^{a-b}$, avec $a = b = 7$

Si $a = b = 7$ alors $a^{b-a}b^{a-b} = 7^0 7^0 = 1 \times 1 = 1$

Simplifier : $\dfrac{\dfrac{6j^4p^3}{5}}{\dfrac{12p^4}{2j^2}}$

$$\frac{\dfrac{6j^4p^3}{5}}{\dfrac{12p^4}{2j^2}} = \frac{6j^4p^3}{5} \times \frac{2j^2}{12p^4} = \frac{12 \times j^{4+2}}{12 \times 5p^{4-3}} = \frac{j^6}{5p}$$

Simplifier : $\dfrac{\dfrac{(5d^{\frac{2}{3}}t^{\frac{-3}{7}})^3}{9y^2}}{\dfrac{5t^{-\frac{2}{7}}}{y}}$

$$\frac{\dfrac{(5d^{\frac{2}{3}}t^{\frac{-3}{7}})^3}{9y^2}}{\dfrac{5t^{-\frac{2}{7}}}{y}} = \frac{5^3d^2t^{-\frac{9}{7}}}{9y^2} \times \frac{y}{5t^{-\frac{2}{7}}} = \frac{25d^2t^{\frac{-9+2}{7}}}{9y} = \frac{25d^2t^{-1}}{9y} = \frac{25d^2}{9yt}$$

E. RACINES CARRES

a est ici un nombre réel positif ou nul et **b** un nombre réel positif non nul.

N'oubliez pas qu'une racine carrée est toujours positive

1. Formules à connaître par cœur

$$\sqrt{a^2} = a$$

$$\sqrt{a} \times \sqrt{b} = \sqrt{a \times b}$$

$$\frac{\sqrt{a}}{\sqrt{b}} = \sqrt{\frac{a}{b}}$$

$$(\sqrt{a})^n = \sqrt{a^n}$$

$$\sqrt{x} = \sqrt[2]{x} = x^{\frac{1}{2}}$$

$$\sqrt[p]{a^n} = a^{\frac{n}{p}}$$

2. Exemples de calculs sur les racines carrées

- Simplifier : $\frac{1}{2}\sqrt{180} + \frac{1}{3}\sqrt{45} - \frac{2}{5}\sqrt{20}$

$$\frac{1}{2}\sqrt{180} + \frac{1}{3}\sqrt{45} - \frac{2}{5}\sqrt{20} = \frac{1}{2}\sqrt{5 \times 2^2 \times 3^2} + \frac{1}{3}\sqrt{5 \times 3^2} - \frac{2}{5}\sqrt{5 \times 2^2}$$

$$= \frac{2 \times 3}{2}\sqrt{5} + \frac{3}{3}\sqrt{5} - \frac{2 \times 2}{5}\sqrt{5} = \frac{16}{5}\sqrt{5}$$

- Que vaut : $(3\sqrt{3})^3$?

$$(3\sqrt{3})^3 = 3^3 \times \sqrt{3^3} = 27 \times \sqrt{3^2 \times 3} = 27 \times 3 \times \sqrt{3} = 81\sqrt{3}$$

- Simplifier : $2\sqrt{18} \times 6\sqrt{2}$

$$2\sqrt{18} \times 6\sqrt{2} = 2 \times 6 \times \sqrt{3^2 \times 2^2} = 2 \times 6 \times 3 \times 2 = 72$$

- Calculer et simplifier : $\frac{1}{2}\sqrt{2}(\sqrt{6}+\frac{1}{2}\sqrt{2})$

$$\frac{1}{2}\sqrt{2}(\sqrt{6}+\frac{1}{2}\sqrt{2})=\frac{1}{2}\sqrt{6\times 2}+\frac{1}{2}\times\frac{1}{2}\times(\sqrt{2})^2=\frac{1}{2}\sqrt{2^2\times 3}+\frac{1}{4}\times 2=\frac{1}{2}\times 2\times\sqrt{3}+\frac{2}{4}=\sqrt{3}+\frac{1}{2}$$

- Simplifier : $\sqrt{\frac{x^2}{9}+\frac{x^2}{16}}$

$$\sqrt{\frac{x^2}{9}+\frac{x^2}{16}}=\sqrt{\frac{16\times x^2+9\times x^2}{9\times 16}}=\sqrt{\frac{25x^2}{144}}=\frac{\sqrt{25}\times\sqrt{x^2}}{\sqrt{144}}=\frac{5x}{12}$$

F. La Règle de Trois – Proportions

1. Définition

La règle de trois est très largement utilisée dans les problèmes de calcul.

Une règle de trois est une opération dans laquelle on connaît trois nombres et ou l'on cherche la valeur du quatrième. La condition est que le quatrième nombre recherché doit être *dans le même rapport* avec l'un des trois que les deux autres entre eux.

Vous l'utilisez de façon innée pour la résolution de questions très simples. Exemple : si je peux lire en moyenne 30 pages en 2 heures, combien de pages puis-je lire en 6 heures ? la réponse est bien sûr 90 pages. Il s'agit d'une règle de trois que je peux formaliser sous la forme du tableau suivant :

30 pages	2 heures
X	6 heures

X est le nombre de pages que je peux lire en 6 heures. Et pour trouver la valeur de X, vous multipliez les deux valeurs en diagonale que vous divisez ensuite par la troisième valeur.

Soit : $X=\frac{30\times 6}{2}=\frac{180}{2}=90$ pages

Je vous propose maintenant de traiter 3 autres exemples à l'aide la règle de trois.

2. Exemples

- Exemple 1 : 3 mètres de fil de soie indienne coûtent 250 €, combien en coûtent 5 mètres ?

Le prix de ce tissu est proportionnel au métrage du tissu, on peut donc résoudre le problème par une règle de trois.

3 m coûtent 250

1 m coûte $\frac{250}{3}$

5 m coûtent $\frac{5\times 250}{3} = 416{,}67$

On peut bien entendu présenter le calcul comme suit :

3 m	250 €
5 m	X

Soit : $X = \frac{5\times 250}{3} = 416{,}67$ €

- Exemple 2 : un junior manager gagne 1800 € net en 6 jours.
  Combien de jours doit-il travailler pour gagner la somme de 6300 € ?

  On peut présenter le calcul comme suit :

1800 €	6300 €
6 jours	X

Soit : $X = \frac{6300\times 6}{1800} = \frac{6300}{300} = 21$ jours

- Exemple 3 : **la règle de trois *inverse***
  5 peintres mettent 40 heures pour peindre un édifice. Dans les mêmes conditions, combien de temps mettraient 10 peintres pour effectuer le même travail ?

Si le nombre de peintres augmente, le nombre d'heures pour effectuer le même travail diminue. La règle de trois est inverse.

Raisonnement:

Pour peindre l'édifice, 5 peintres mettent 40 heures.

Pour peindre le même édifice, 1 peintre mettrait 5 fois plus de temps soit $40 \times 5 = 200$ heures et 10 peintres mettraient 10 fois moins de temps qu'un peintre seul soit $\frac{40 \times 5}{10} = \frac{200}{10} = 20$ heures.

On peut présenter le calcul comme suit :

5 peintres	40 heures
10 peintres	X

Soit : $X = \frac{5 \times 40}{10} = 20$ heures.

Remarque : pour trouver la valeur inconnue à l'aide de la règle de trois inverse, vous devez faire le produit des deux valeurs alignées en horizontale (ou en verticale selon les cas) que vous divisez ensuite par la valeur restante. Par mesure de sécurité, avant de présenter le calcul sous la forme d'un tableau, je vous conseille vivement de conduire un raisonnement à chaque fois qu'un cas de règle de trois inverse se présente à vous.

G. Polynômes de base

1. Des formules à connaître par cœur

$$ab + ac = a(b + c)$$

$$ab - ac = a(b - c)$$

$$s(a + b) + y(a + b) = (s + y)(a + b)$$

$$(a + b)^2 = a^2 + 2ab + b^2$$

$$(a - b)^2 = a^2 - 2ab + b^2$$

$$(a - b)(a + b) = a^2 - b^2$$

2. Exemples de calcul autour des polynômes

- $(x + 2y)^2 = x^2 + 2 \times x \times 2y + (2y)^2 = x^2 + 4xy + 4y^2$
- $(\frac{1}{3}a - 5b)^2 = \frac{1}{9}a^2 - 2 \times \frac{1}{3}a \times 5b + 25b^2 = \frac{1}{9}a^2 - \frac{10}{3}ab + 25b^2$
- $144x^2 - 49y^2 = (12x - 7y)(12x + 7y)$

III. POURCENTAGES

A. Introduction

1. Définitions de base

$\boxed{\text{Part} = \text{Pourcentage} \times \text{Total}}$ ou encore : $\boxed{\text{pourcentage} = \frac{\text{part}}{\text{total}}}$

$\boxed{a\% = \frac{a}{100}}$ … un pourcentage est une fraction

2. Des passages fondamentaux

Voici quelques passages fondamentaux que vous devez connaître par cœur :

$\frac{1}{2} = 0{,}5$	$\frac{1}{20} = 0{,}05$
$\frac{1}{3} = 0{,}333\ldots$	$\frac{1}{25} = 0{,}04$
$\frac{1}{4} = 0{,}25$	$\frac{1}{30} = 0{,}0333\ldots$
$\frac{1}{5} = 0{,}2$	$\frac{1}{40} = 0{,}025$
$\frac{1}{6} = 0{,}1666\ldots$	$\frac{1}{50} = 0{,}02 = 0{,}025$
$\frac{1}{7} = 0{,}1428\ldots$	$\frac{1}{100} = 0{,}01 = 1\%$
$\frac{1}{9} = 0{,}111\ldots$	$\frac{1}{1000} = 0{,}001 = 0{,}1\% = 1‰$
$\frac{1}{10} = 0{,}1$	$\frac{1}{10\ldots0(k\text{"zéros"})} = 0{,}0\ldots01$
$\frac{1}{12} = 0{,}083\ldots$	(k-1 « zéros » après la virgule)

3. Jonglez avec les écritures !

« x augmente de a% » se traduit par la relation algébrique suivante :

$$\boxed{x + a\%x = (1 + \frac{a}{100})x}$$

« x baisse a% » se traduit par la relation algébrique suivante :

$$\boxed{x - a\%x = (1 - \frac{a}{100})x}$$

Exemples :

- $x + 2\%\ x = 1{,}02\ x$; $x - 2\%\ x = 0{,}98\ x$
- $x + 15\%\ x = 1{,}15\ x$; $x - 15\%\ x = 0{,}85\ x$
- $x + 79\%\ x = 1{,}79\ x$; $x - 79\%\ x = 0{,}21\ x$

- $x + 2\%\ x = 1{,}02\ x$
  Cette relation signifie que quand x augmente de 2%, on obtient 1,02x.
- $x - 2\%\ x = 0{,}98\ x$
  Cette relation signifie que quand x diminue de 2%, on obtient 0,98x.

Doubler	c'est faire	+100%
Tripler	c'est faire	+200%
Quadrupler	c'est faire	+300%
Décupler	c'est faire	+900%
Augmenter de moitié	c'est faire	+50% *ou* x 1,5
Diminuer de moitié	c'est faire	- 50% *ou* x 0,5
Tout perdre	c'est faire	- 100%

B. Audit des 3 types de questions posées aux concours

Voici les trois types de questions sur les pourcentages qui peuvent vous être posées aux concours :

1. Calcul d'un pourcentage d'augmentation ou de baisse

$$\boxed{\text{pourcentage d'augmentation} = \left(\frac{\text{quantité d'augmentation}}{\text{quantité d'origine}} \times 100\right)\%}$$

$$\boxed{\text{pourcentage de baisse} = \left(\frac{\text{quantité de baisse}}{\text{quantité d'origine}} \times 100\right)\%}$$

Attention !

Soyez toujours sûrs d'utiliser la quantité de départ (d'origine, de base) dans vos calculs

Exemples de calcul d'augmentation et de baisse en pourcentage :

A. Une action côte 7,5 € le lundi 1/2/02. Mercredi 1/3/02 : la même action côte 9 €. Quelle est la plus-value (pourcentage d'augmentation) qu'un investisseur a pu réalisé sur cette action ?

Il s'agit ici de calculer un pourcentage d'augmentation (une *plus*-value)

Quantité d'augmentation : $9-7{,}5=1{,}5$

Quantité d'origine : 7,5

$$\text{pourcentage de baisse}=\left(\frac{1{,}5}{7{,}5}\times 100\right)\%=\left(\frac{1}{5}\times 100\right)\%=20\%.$$

La plus-value réalisée par un investisseur sur cette action a donc été de 20%.

B. Valérie a acheté une veste en daim, en soldes, au prix de 150 €. Si elle avait acheté la même veste au prix fort, elle l'aurait payé 180 €. Que vaut, en pourcentage, la remise dont elle a bénéficié ?

Il s'agit ici de calculer un pourcentage de baisse.

Quantité de baisse : $180-150=30$

Quantité d'origine : 180

$$\text{pourcentage de baisse}=\left(\frac{30}{180}\times 100\right)\%=\left(\frac{100}{6}\right)\%\cong 16{,}67\%.$$

Valérie a donc bénéficié d'une remise de 16,67 %.

2. Calcul d'une quantité d'origine

Il s'agit dans ce deuxième cas de figure de trouver une quantité d'origine c'est-à-dire une quantité sur laquelle a été opérée une baisse ou une augmentation. On vous donne la valeur de cette quantité après la baisse ou l'augmentation. A vous de retrouver la valeur de la quantité d'origine.

Exemples :

A. Alain a acheté le dernier modèle de Ferratley 200 000 €. Ce prix tenait compte d'une une remise de 20%. Quel était le prix initial (sans remise) de la Ferratley ?

Attention ! il ne faut surtout pas ici faire l'erreur classique qui consiste à rajouter 20% aux 200 000 € dans l'espoir de retrouver le prix initial. Ceci est une grave erreur d'interprétation. Aussi, appliquez toujours dans un tel cas la méthode suivante :

Si la Ferratley a été achetée avec une remise de 20%, cela signifie que le prix avec remise représentait alors 100% - 20% = 80% de son prix initial.

Il suffit donc de poser puis résoudre la règle de trois suivante :

100% du prix initial	X
80% du prix initial	200 000 €

Soit $X=\frac{100\%\times200\,000}{80\%}=\frac{200000}{0,8}=\frac{2000\,000}{8}=250\,000$ €

B. Gérard a (enfin) gagné en bourse ! Il a fait en une journée une plus-value de 15% sur ZZZ, une valeur du Nasdaq. Il a vendu aussitôt ses actions ZZZ et s'est retrouvé alors en possession de la coquette somme de 92 000 €. Quelle était la valeur initiale de son investissement ?

Là encore, fuyez l'erreur qui consiste à retirer 15% de 92 000 € dans l'espoir de retrouver la valeur de l'investissement.

Le raisonnement est le suivant : son investissement initial représente 100% de son investissement initial (!). S'il a réalisé une plus-value de 15% sur cet investissement, celui-ci représente donc, plus-value incluse, 100% + 15% = 115% de sa valeur initiale. Il suffit alors de poser et résoudre la règle de trois suivante :

100% de l'inv. initial	X
115% de l'inv. initial	92 000 €

Soit $X=\frac{100\%\times90000}{115\%}=\frac{9200000}{115}=80000$ €

N'oubliez pas que vous ne devez jamais (et je dis bien jamais) hésiter à poser des divisions et autres multiplications. Vous tomberez généralement sur des résultats ronds.

3. Augmentation(s) et/ou Baisse(s) successives en pourcentage

Il s'agit dans ce cas de figure de calculer un pourcentage d'augmentation ou de baisse *global* en pourcentage résultant d'augmentations et/ou baisses successives en pourcentages.

L'erreur (fatale) consisterait ici à vouloir additionner les différents pourcentages de baisse et/ou d'augmentation successifs dans l'espoir d'aboutir au pourcentage global demandé. Il en est tout autrement. Je vous propose ici de suivre une méthode efficace que je vous conseille de suivre à chaque fois qu'un tel cas se présente à vous.

Exemples :

A. Le cours de l'or s'est envolé cette semaine. mardi : +20%, mercredi : + 10%, jeudi : cours inchangé, vendredi : +50%. Quelle a été la plus-value totale, en pourcentage, réalisée par un investisseur qui a acheté de l'or mardi à l'ouverture et qui l'a vendu vendredi à la fermeture ?

La méthode consiste à imaginer une valeur fictive pour le cours initial de l'or. Vous pouvez choisir la valeur qui vous plaît. En effet, quel que soit la valeur initiale du cours sur laquelle vous raisonnerez, vous obtiendrez toujours la même plus-value totale *en pourcentage*. L'astuce consiste à raisonner sur une valeur initiale de 100. Disons 100 €. C'est parti !

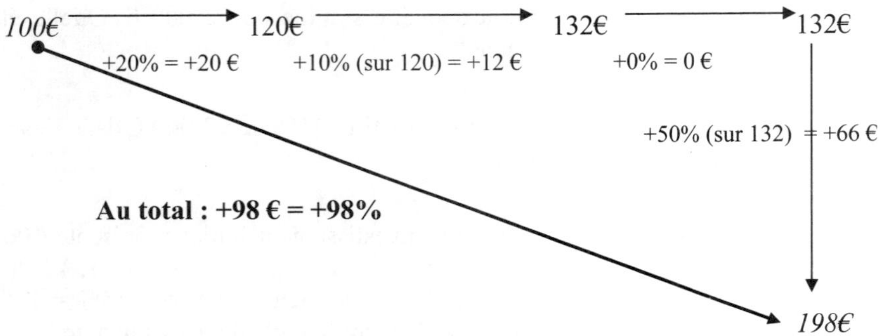

B. Un marchand de biens a décidé d'introduire en bourse une partie de ses biens. Celle-ci est estimée à près de 30 millions d'euros. La valeur de ses biens a réalisé, la première année, une moins-value de 10% et la seconde année, une plus-value de 20%. La troisième année, la valeur de ses biens s'est envolée et a réalisé une plus value de 100%. Quelle est, au bout des 3 années, la valeur de ses biens ?

Nous suivons ici la même méthode de résolution en partant d'une base 100 imaginaire. Nous trouverons ainsi la plus-value totale de ses biens sur 3 ans.

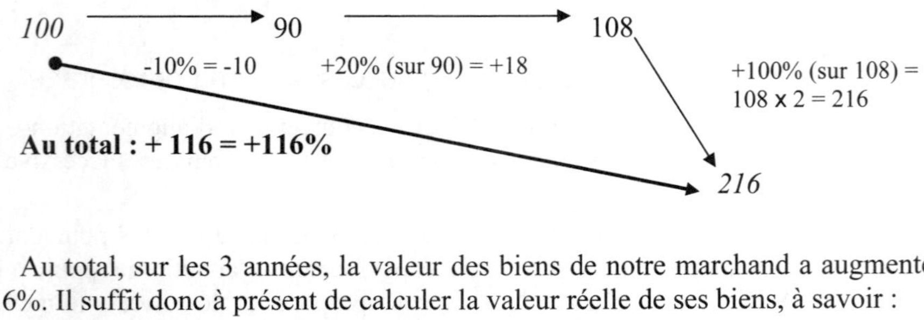

Au total, sur les 3 années, la valeur des biens de notre marchand a augmenté de +116%. Il suffit donc à présent de calculer la valeur réelle de ses biens, à savoir :

$30+116\%\times30=30+1{,}16\times30=30+34{,}8=64{,}8$ millions d'euros.

IV. EQUATIONS

A. Résolution d'équations à une inconnue

1. Equation simple du type ax=b, avec x l'inconnue, a et b des constantes

Considérons l'équation : $2x+3=5x+1$, où x est l'inconnue.

Afin de trouver la valeur de x, le principe de résolution consiste à placer les x d'un côté de l'égalité et les constantes de l'autre, c'est-à-dire pour l'équation ci-dessus : $2x+3=5x+1 \Leftrightarrow 3-1=5x-2x \Leftrightarrow 2=3x \Leftrightarrow x=\frac{2}{3}$. $\frac{2}{3}$ est appelée solution de l'équation.

Deux remarques importantes

- Si au terme de la résolution d'une équation simple à une inconnue vous aboutissez à l'égalité : $0x=2$ (par exemple) : il n'y a alors aucune solution possible pour x.

- Si, au terme de la résolution d'une équation simple à une inconnue vous aboutissez à l'égalité : $0x=0$: il y a alors une infinité de solutions possibles pour x.

2. Equation du type (ax + c)(bx + d) = *0*, avec x l'inconnue, a, b, c et d des constantes

Considérons l'équation $(2x + 1)(x - 5) = 0$.

Je vous rappelle qu'un produit de facteurs est nul si et seulement l'un des facteurs (i.e. l'un *ou* l'autre) est nul.

On a alors : $(2x+1)(x-5)=0 \Leftrightarrow 2x+1=0 \text{ ou } x-5=0 \Leftrightarrow x=-\frac{1}{2} \text{ ou } x=5$. L'équation admet donc deux solutions : $x=-\frac{1}{2} \text{ et } x=5$

B. Résolution d'inéquations simples à une inconnue

Considérons l'inéquation suivante : $2x+2\leq 3x+5$. Cette inéquation simple d'inconnue x se résout dans un premier temps de la même façon qu'une équation simple. Aussi mettons-nous d'abord les x d'un côté et les constantes de l'autre, ce qui donne : $2x+2\leq 3x+5 \Leftrightarrow -x\leq 3 \Leftrightarrow x\geq -3$.

Attention au signe donc !. Lorsque vous divisez le membre de droite ou de gauche de votre inégalité par un nombre négatif, vous devez absolument inverser le signe de votre inéquation. Ici nous avions : $-x \leq 3$. Aussi pour trouver les valeurs de x nous avons dû diviser à gauche comme à droite de l'inéquation par –1 c'est-à-dire par un nombre négatif. En faisant cela, nous devions alors inverser le signe de l'inéquation pour obtenir alors $x \geq -3$. Les solutions de l'inéquation sont donc toutes les valeurs de x supérieures ou égales à -3.

C. Résolution de systèmes d'équations (2 équations - 2 inconnues)

1. Méthode par addition

Soit le système d'équations à 2 inconnues : $\begin{cases} x - 2y = 5 \\ 2x + 5y = 19 \end{cases}$

Résoudre ce système de deux équations à deux inconnues en utilisant la méthode par addition consiste à additionner judicieusement les deux équations de telle façon que l'on obtienne une équation simple à une inconnue. Il s'agit ensuite de résoudre cette équation, de trouver la valeur de l'inconnue, puis de remplacer cette dernière dans une des deux équations (au choix) afin de trouver la valeur de la deuxième inconnue.

Dans notre exemple, il suffit de multiplier dans un premier temps les deux membres de la première équation par –2 (ceci ne change évidemment en rien l'équation en elle-même), puis d'additionner les deux équations ; soit :

$$\begin{cases} x - 2y = 5 \\ 2x + 5y = 19 \end{cases} \Leftrightarrow \begin{cases} -2x + 4y = -10 \\ 2x + 5y = 19 \end{cases} \Leftrightarrow \begin{cases} (-2x + 2x) + (4y + 5y) = -10 + 19 \\ 2x + 5y = 19 \end{cases} \Leftrightarrow \begin{cases} 9y = 9;\ y = 1 \\ 2x + 5y = 19 \end{cases}$$

La valeur de y est donc 1. Je remplace cette valeur dans une des deux équations de mon système de départ (je choisis celle qui pourrait me donner la valeur de x le plus rapidement possible) : je choisis la première équation et j'obtiens alors : $x - 2 = 5;\ x = 7$.

Les solutions du système sont donc : x = 7 et y = 1

2. Méthode par substitution

Soit le système d'équations à 2 inconnues : $\begin{cases} y = 3x \\ 2x - 3y = -8 \end{cases}$

Résoudre ce système de deux équations à deux inconnues en utilisant la méthode par substitution consiste à considérer une équation du système et à exprimer une des deux inconnues en fonction de l'autre. Il s'agit ensuite de substituer l'expression trouvée dans la deuxième équation. Vous obtenez alors une équation simple à une inconnue. Ensuite, vous devez résoudre cette équation, trouver la valeur de l'inconnue, puis remplacer cette valeur dans une des deux équations (au choix) afin de trouver la valeur de la deuxième inconnue.

Dans notre exemple, la variable y est déjà exprimée en fonction de x. Il suffit de substituer y par 3x dans la deuxième équation soit :

$$\begin{cases} y = 3x \\ 2x - 3(3x) = -8 \end{cases} \Leftrightarrow \begin{cases} y = 3x \\ 2x - 9x = -8 \end{cases} \Leftrightarrow \begin{cases} y = 3x \\ -7x = -8 \end{cases} \Leftrightarrow \begin{cases} y = 3 \times 8/7 = 24/7 \\ x = 8/7 \end{cases}$$

Les solutions du système sont donc : x = 8/7 et y = 24/7

3. Méthode par comparaison

Soit le système d'équations à 2 inconnues : $\begin{cases} x = 3y - 1 \\ x = -y + 1 \end{cases}$.

La résolution d'un tel système est simple :

Il suffit en effet de comparer les deux équations (ces équations sont égales) ; soit :

$$\begin{cases} 3y - 1 = -y + 1 \\ x = -y + 1 \end{cases} \Leftrightarrow \begin{cases} 4y = 2 \\ x = -y + 1 \end{cases} \Leftrightarrow \begin{cases} x = \dfrac{1}{2} \\ y = 1 - \dfrac{1}{2} = \dfrac{1}{2} \end{cases}$$

Les solutions du système sont donc : $x = \frac{1}{2}$ et $y = \frac{1}{2}$

D. Résolution d'équations du second degré

1. Résolution de l'équation : $x^2 = t$

t est positif ou nul (n'oubliez pas qu'un carré est toujours positif ou nul)

Les solutions de cette équation sont $\boxed{x = \sqrt{t} \quad \text{et} \quad x = -\sqrt{t}}$

Exemples :

- Résoudre l'équation : $x^2 = 25$

Les solutions de l'équation sont : $x = \sqrt{25} = 5$ et $x = -\sqrt{25} = -5$

- Résoudre l'équation : $1 - x^2 = \left(\frac{3}{5}\right)^2$

$$1 - x^2 = \left(\frac{3}{5}\right)^2 \Leftrightarrow x^2 = 1 - \left(\frac{3}{5}\right)^2 = 1 - \frac{9}{25} = \frac{25-9}{25} = \frac{16}{25}$$

$$\Leftrightarrow x = \sqrt{\frac{16}{25}} \text{ ou } x = -\sqrt{\frac{16}{25}} \Leftrightarrow x = \frac{4}{5} \text{ ou } x = -\frac{4}{5}$$

Les solutions de l'équation sont donc : $x = \frac{4}{5}$ et $x = -\frac{4}{5}$

2. Résolution de l'équation : $ax^2+bx+c=0$

a, b et c sont des constantes qui varient selon l'équation en question

La résolution de cette équation se fait en deux étapes :

- Etape 1 : calculez $\boxed{\Delta = b^2 - 4ac}$
- Etape 2 : étudiez le signe de Δ … 3 cas se présentent alors :

a. $\Delta < 0$ … pas de solution

b. $\Delta = 0$ … une solution unique : $\boxed{x = \frac{-b}{2a}}$

c. $\Delta > 0$ … deux solutions : $\boxed{\begin{cases} x_1 = \frac{-b-\sqrt{\Delta}}{2a} \\ x_2 = \frac{-b+\sqrt{\Delta}}{2a} \end{cases}}$

Exemple : quelles sont les solutions de l'équation $4x^2 + 3x - 1 = 0$?

- Calcul de $\Delta = b^2 - 4ac = 3^2 - 4(4 \times -1) = 9 + 16 = 25$
- $\Delta > 0 \Rightarrow$ il y a deux solutions : $\begin{cases} x_1 = \frac{-3-\sqrt{25}}{2\times 4} = \frac{-3-5}{8} = -1 \\ x_2 = \frac{-3+\sqrt{25}}{2\times 4} = \frac{-3+5}{8} = \frac{2}{8} = \frac{1}{4} \end{cases}$

V. MOYENNES STATISTIQUES & PROBABILITES

A. Moyennes statistiques

1. Moyenne arithmétique

$$\boxed{\text{moyenne} = \frac{\text{somme des termes}}{\text{nombres de termes}}}$$

Exemple : quelle est la moyenne (arithmétique) des notes : 10, 12 et 17 ?

$$\text{moyenne} = \frac{\text{somme des termes}}{\text{nombres de termes}} = \frac{10+12+17}{3} = \frac{39}{3} = 13$$

Je vous conseille en outre de connaître cette formule qui est une variante de la formule ci-dessus :

Somme des termes = Moyenne × Nombre de termes

Exemples :

A. La moyenne de 5 nombres est 2. Si l'on retire un de ces nombres, la moyenne devient égale à – 3. Quelle est la valeur du nombre que l'on retire ?

A savoir :

nombre retiré = somme originale – somme nouvelle

nombre ajouté = somme nouvelle – somme originale

Dans notre cas :

$\text{somme originale} = \text{moyenne} \times \text{nombre de termes} = 2 \times 5 = 10$

$\text{somme nouvelle} = \text{moyenne} \times \text{nombre de termes} = -3 \times 4 = -12$

Nota Bene : la nouvelle somme ne contient plus que 4 termes étant donné que l'un d'entre eux a été retiré.

Ainsi, nombre retiré = somme originale – somme nouvelle= 10 – (-12) = 22

B. La moyenne de Mickaël sur les 4 premiers examens qu'il a passés est de 16,5 sur 20. Quelle sera sa nouvelle moyenne s'il obtient 20/20 au prochain examen ?

$$\text{somme originale} = \text{moyenne} \times \text{nombre de termes} = 16{,}5 \times 4 = 66$$

On ajoute ensuite à cette somme la note de 20, ce qui nous donne :

Somme nouvelle = moyenne × nombre de termes = x × 5, avec x : la nouvelle moyenne.

Soit : 5x = 86 ; x = 86/5 = 17,2. La nouvelle moyenne de Mickaël sera donc égale à 17,2/20 s'il obtient 20/20 à son prochain examen.

2. Moyenne pondérée

Soit t_j termes chacun affecté d'un poids p_j (j est en entier variant de 1 à n)

$$\text{moyenne pondérée} = \frac{\sum t_j \times p_j}{\sum p_j} = \frac{\text{somme des termes multipliés par leur poids respectif}}{\text{somme des poids}}$$

Exemples :

A. Dans une classe, la moyenne obtenue par les filles à un examen est de 14 sur 20 ; celle des garçons est de 12 sur 20. En sachant qu'il y a deux fois plus de garçons que de filles dans la classe, quelle est la moyenne obtenue par l'ensemble des élèves ?

Les garçons ont un poids deux fois plus important que le poids des filles. Il faut rendre compte de cette spécificité dans le calcul de la moyenne en affectant un poids de 1 pour les filles et un poids de 2 pour les garçons.

$$\text{moyenne pondérée} = \frac{1 \times 14 + 2 \times 12}{3} = \frac{38}{3} = 12{,}66$$

B. Sur une classe de 40 étudiants, 10 étudiants ont obtenu à eux 10 une moyenne de 13/20 à un examen, et les 30 étudiants restant ont obtenu à eux 30, une moyenne de 17/20 au même examen. Quelle est la moyenne de l'ensemble de la classe ?

Ici, les termes sont les moyennes 13 et 17 et les poids sont les nombres d'étudiants affectés à chacune de ces moyennes. On a alors :

$$\text{moyenne pondérée (ou moyenne)} = \frac{13 \times 10 + 17 \times 30}{10+30} = \frac{130+510}{40} = \frac{640}{40} = 16$$

La moyenne de l'ensemble des étudiants de la classe est donc de : 16/20

Attention !

Soyez prudents ! Ne faîtes pas la moyenne des moyennes sans vérifier auparavant si vous devez ou non affecter des poids à vos termes. Ainsi dans l'exemple précédent, la moyenne des moyennes donnait $\frac{13+17}{2}=15$, moyenne qui est clairement différente de la moyenne exacte de la classe (16).

B. Probabilités

1. Définition

$$\text{probabilité}=P=\frac{\text{nombre d'issues favorables au résultat que je veux obtenir}}{\text{nombre de toutes les issues possibles}}$$

Une probabilité est toujours comprise entre 0 et 1.

2. Quelques formules

1. Soit A un événement et P(A) la probabilité associée à cet événement. On appelle $\overline{A}$, l'événement contraire à A. La probabilité de $\overline{A}$ est égale à :

$$P(\overline{A})=1-P(A)$$

2. Soit A et B deux événements :

$P(A\cup B)=P(A)+P(B)-P(A\cap B)$ (comprendre : « la probabilité d'obtenir ou A ou B est égale à la probabilité d'obtenir A plus la probabilité d'obtenir B moins la probabilité d'obtenir A et B à la fois ».) Le schéma ci-dessous illustre cette formule :

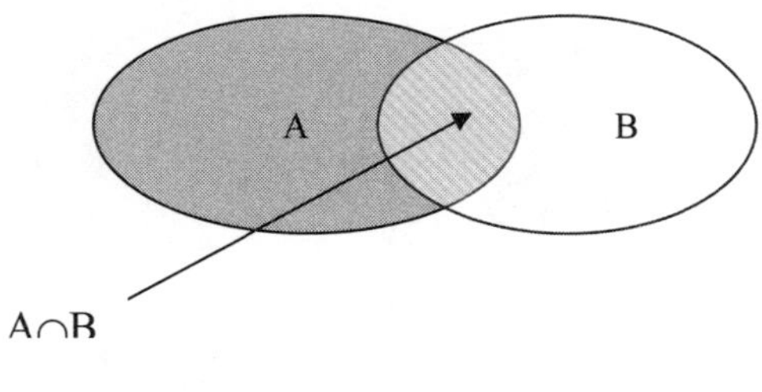

3. Si A et B sont disjoints :

$$P(A\cup B)=P(A)+P(B)$$

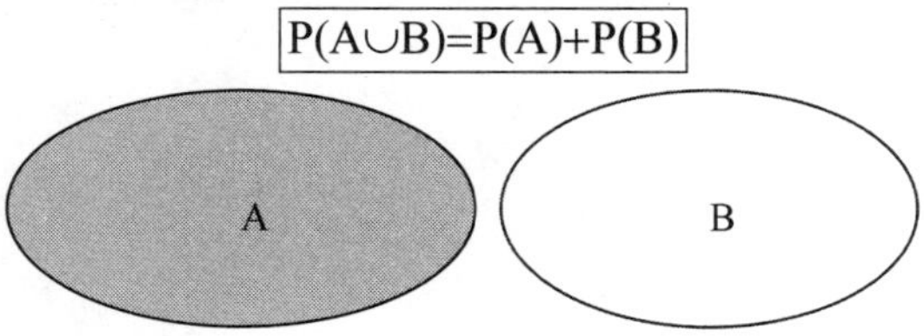

3. Soit A et B deux événements indépendants (la probabilité d'obtenir B ne dépend en rien de l'événement A). On a:

$$\boxed{P(A \cap B) = P(A) \times P(B)}$$

(comprendre : la probabilité d'obtenir A puis B vaut P(A) x P(B).)

VI. LES FORMULES DE PERIMETRE, D'AIRE ET DE VOLUME

A. Périmètres

Rectangle

Soit l, la longueur du rectangle et L sa largeur. Périmètre = 2l + 2L = $2(l+L)$.

Carré

Soit a l'arête du carré. Périmètre = $4a$

Cercle

Soit r le rayon d'un cercle. Circonférence = $2\pi r$

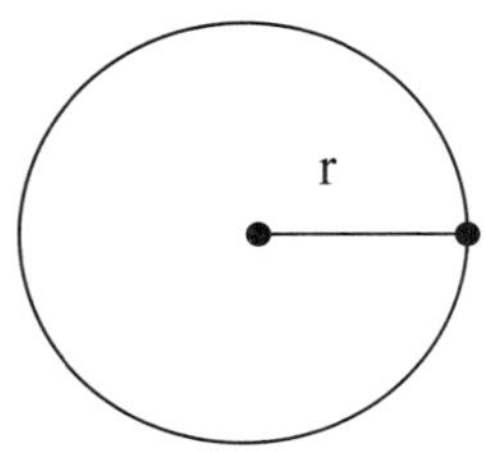

B. Aires

Triangle

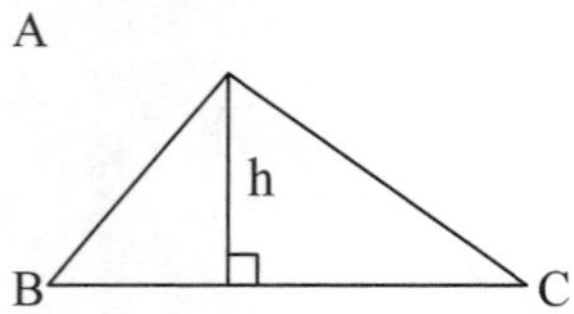

$$\text{Aire} = \frac{\text{base} \times \text{hauteur}}{2} = \frac{BC \times h}{2}$$

Rectangle

Soit l, la longueur du rectangle et L sa largeur. Aire = $l \times L$.

Carré

Soit a l'arête du carré. Aire = a^2

Disque

Soit r le rayon d'un cercle. Aire = $\pi \times r^2$

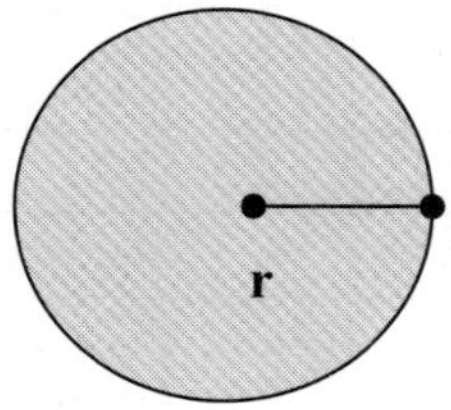

C. Volumes

Parallélépipède rectangle

Soit l, la longueur, L la largeur et h la hauteur du parallélépipède rectangle.
Volume = $l \times L \times h$

Cube

Soit a l'arête du cube. Volume = a^3

Sphère

Soit r le rayon du disque qui engendre la sphère. Volume = $\frac{4}{3}\pi \times r^3$

Cylindre

Soit r le rayon du disque qui engendre le cylindre et h son hauteur. Le volume du cylindre est alors égal à $\pi \times r^2 \times h$

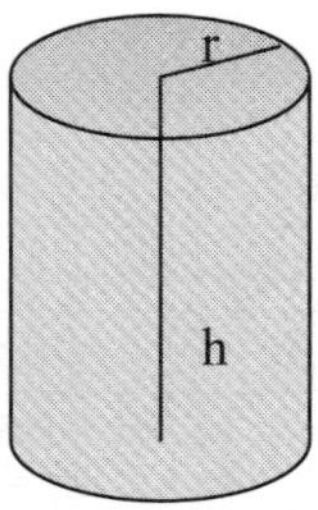

Cône

Soit r le rayon du disque qui engendre le cône et h son hauteur .

Volume = $\frac{\pi \times r^2 \times h}{3}$

VII. UNITES ET CONVERSIONS

1. Unités de temps

Libellé	**Valeur**
Seconde	1 s
Minute	60 s
Heure	3600 s

1 h = 60 mn ; 1 j = 24 h
1 an = 365 j (366 j pour les années bissextiles)

2. Unités de mesure

Les unités de mesure utilisent les puissances et les puissances inverses de 10.

0,000001	Micro
0,001	Milli
0,01	Centi
0,1	Déci
10	Déca
100	Hecto
1000	Kilo
1000000	Méga

3. Unités géométriques

Kilomètre	1000 m
Hectomètre	100 m
Décamètre	10 m
Mètre	1 m
Décimètre	0,1m
Centimètre	0,01 m
Millimètre	0,001 m

1 are = 1 a = 100 m^2 1 litre = 1 l = 0,001 m^3

1 hectare = 1 ha = 10 000 m^2 1 m^3 = 1000 l

4. Unités de masse

Kilogramme	1000 g
Hectogramme	100 g
Décagramme	10 g
Gramme	1 g
Décigramme	0,1g
Centigramme	0,01 g
Milligramme	0,001 g

1 tonne = 1 t = 1000 kg = 1 000 000 g

1 quintal = 1 q = 100 kg

VIII. ELEMENTS DE GEOMETRIE

A. Théorème de Pythagore

1. Le théorème

Soit le triangle rectangle ABC.

a est la longueur du côté AB, b la longueur BC et c la longueur du côté AC (aussi appelé hypoténuse)

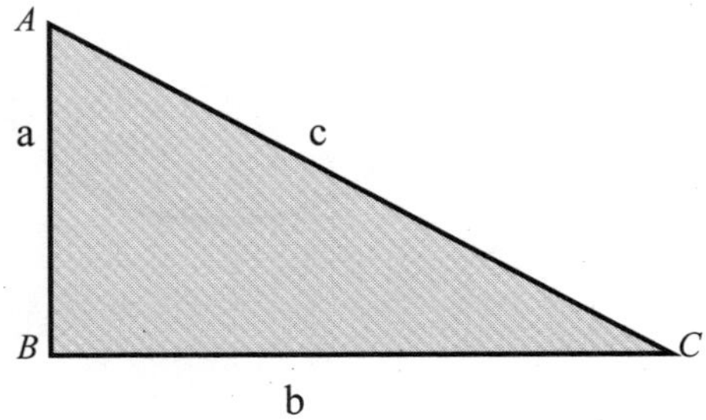

Le triangle étant rectangle en B, on a l'égalité : $a^2 + b^2 = c^2$

2. Sa réciproque

La réciproque s'utilise dans le cas où l'on ne sait pas si le triangle (ABC) est rectangle. La réciproque du théorème de Pythagore permet de démontrer si un triangle est rectangle ou non.

Aussi, si vous établissez l'égalité : $a^2 + b^2 = c^2$, alors le triangle est rectangle.

3. Triangles spéciaux

Les triangles suivants sont tous des triangles rectangles. Je vous conseille de les connaître ; vous pourrez ainsi éviter certains calculs inutiles.

- Triangle dont les côtés ont pour mesure 3, 4 et 5 (cm, m, km etc.)
- Triangle dont les côtés ont pour mesure 5, 12 et 13
- Triangle dont les côtés ont pour mesure 6, 8 et 10
- Triangle dont les angles ont pour mesure 30 – 60 – 90 degrés. Ce triangle a la particularité suivante : la longueur du côté opposé à l'angle de 30 degrés vaut la moitié de l'hypoténuse.
- Triangle inscrit dans un cercle dont la base se confond avec le diamètre de ce cercle.

  Propriété de ce triangle: quel que soit la position de M sur le cercle, le triangle (AMB) est rectangle en M et : $MA^2+MB^2=AB^2$

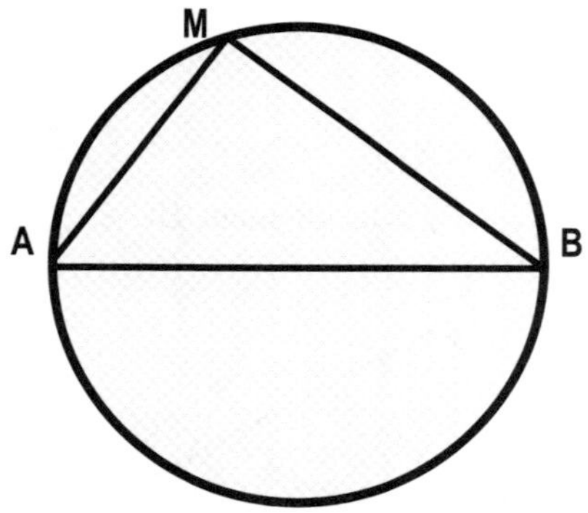

C. Le théorème de Thalès

1. Le théorème

Si une parallèle au côté BC d'un triangle ABC coupe respectivement les droites (AB) et (AC) en deux points B' et C', alors :

$$\boxed{\frac{AB'}{AB} = \frac{AC'}{AC} = \frac{B'C'}{BC}}$$

Plusieurs cas de figure sont possibles :

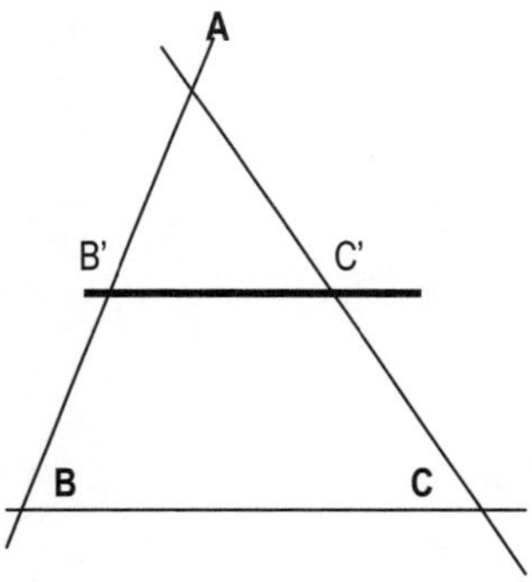

Le point B' est situé entre A et B

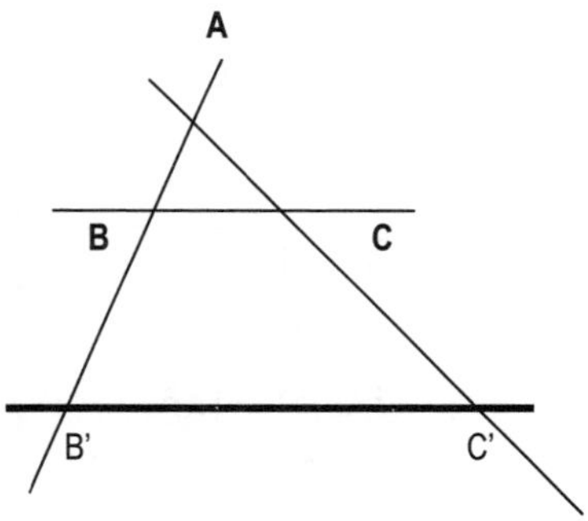

Le point B est situé entre A et B'

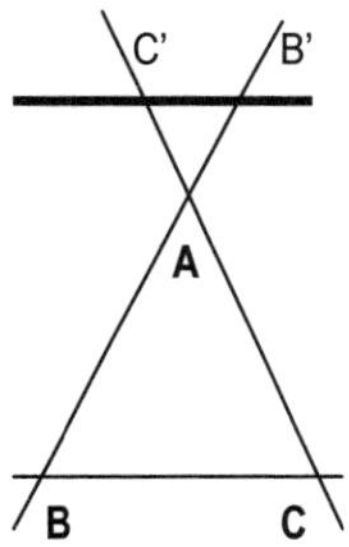

Le point A est situé entre B et B'

2. Sa réciproque

La réciproque du théorème de Thalès permet de démontrer le parallélisme de deux droites.

Soit un triangle ABC, B' un point de la droite (AB) et C' un point de la droite (AC). Dans les trois cas de figure précédents, si $\frac{AB'}{AB} = \frac{AC'}{AC}$, alors le segment B'C' est parallèle au côté BC.

D. Propriétés des angles

Somme d'angles

- La somme des angles d'un triangle quelconque vaut 180 degrés
- La somme des angles d'un quadrilatère quelconque (carré, losange, parallélogramme, rectangle, etc.) vaut 360 degrés.

Angles spéciaux

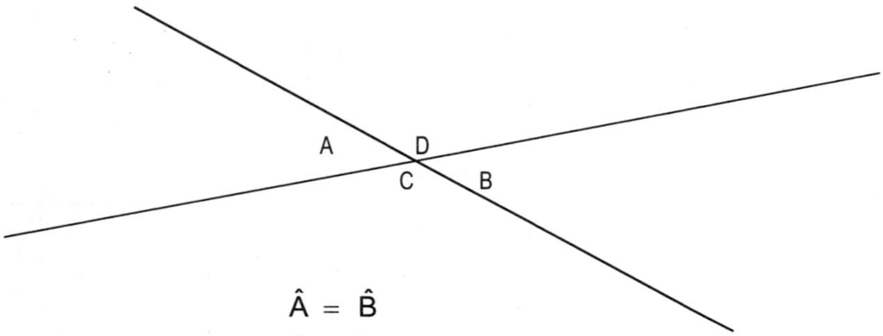

$$\hat{A} = \hat{B}$$
$$\hat{C} = \hat{D}$$
$$\hat{A} + \hat{C} = 180$$
$$\hat{D} + \hat{B} = 180$$
$$\hat{A} + \hat{B} + \hat{C} + \hat{D} = 360$$

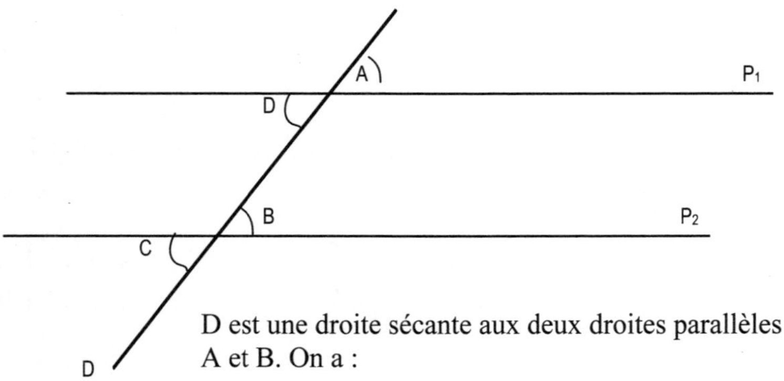

D est une droite sécante aux deux droites parallèles P_1 et P_2 en A et B. On a :

$$\hat{A} = \hat{B}$$
$$\hat{D} = \hat{C}$$
$$\hat{A} = \hat{C} \quad \text{et} \quad \hat{B} = \hat{D}$$
$$\hat{B} + \hat{D} = \hat{A} + \hat{C} = 180$$

CHAPITRE 2

NOTIONS AVANCEES

Les notions qui suivent peuvent faire l'objet de QCM aux concours Tage-Mage, Passerelle et Tremplin. Ce sont des notions parfois délicates, souvent hors programme. Je vous conseille néanmoins de maîtriser les quelques principes qui vont suivre.

I. LES PROBLEMES DE MOUVEMENT

1. La formule Vitesse – Temps – Distance

Soit v : la vitesse d'un objet (une personne, une voiture, un train, un avion, etc.)

Soit t : le temps mis par un objet pour parcourir une distance d

Soit d : la distance parcourue par cet objet

Attention : vous devez toujours travailler dans les mêmes unités de mesure. Ainsi, si votre vitesse v est exprimée en km/h, votre temps t doit *absolument* être exprimé en heures et votre distance d en kilomètres. Si ce n'est pas le cas, vous devez harmoniser vos unités via des conversions.

Voici les 3 variantes de la formule vitesse – temps – distance

$v = \frac{d}{t}$
$t = \frac{d}{v}$
$d = v \times t$

2. Les mouvements en direction opposée

Lorsque deux objets partent au même moment du même point en prenant des directions diamétralement opposées ou lorsque deux objets partent de deux points différents et se dirigent l'un vers l'autre jusqu'au moment où ils se rencontrent en un même point, alors il faut toujours se rappeler qu'*ensemble* les deux objets ont parcouru une distance totale égale à $d_1 + d_2$ avec d_1 : la distance parcourue par le premier objet et d_2 : la distance parcourue par le second objet.

3. Mouvements dans la même direction

C'est le cas où deux objets quittent le même endroit dans la même direction mais à des moments différents et avec des vitesses différentes. Un des objets rattrape alors l'autre. Dans un tel cas, vous devez penser à égaliser les distances parcourues ($d_1=d_2$).

4. L'aller-retour

C'est le cas où la vitesse d'un objet à l'aller est différente de sa vitesse au retour. De même, le temps qu'il met pour effectuer l'aller est différent du temps qu'il met pour effectuer le retour. En revanche, la distance que l'objet parcourt à l'aller est égale à la distance qu'il parcourt au retour ($d_{aller}= d_{retour}$).

Exemples

A. Deux voitures quittent un parking à 1 heure de l'après-midi, la première à une vitesse de 60 km/h, la seconde à une vitesse de 40 km/h. Elles conservent la même vitesse tout au long du chemin qu'elles parcourent. A quelle heure les deux voitures seront-elles séparées par la distance de 350 km ?

Pour résoudre un tel problème, il convient de raisonner autour du tableau suivant. L'utilisation de ce tableau vous permet de faire clairement état de la situation sur laquelle vous devez raisonner. Veillez à ce que les colonnes **vitesse**, **temps** et **distance** apparaissent toujours dans cet ordre.

	Vitesse	Temps	Distance
Voiture 1	60	x	60x
Voiture 2	40	x	40x

Notez bien que le temps que les voitures mettent pour parcourir leur distance respective est inconnu. Il s'agit en effet de calculer le temps qu'elles ont mis pour être séparées par la distance de 350 km.

Puisque les deux voitures s'arrêtent au même moment après avoir parcouru une distance qui les sépare de 350 km, le temps qu'elles ont mis pour arriver à leur point d'arrêt respectif est le même.

Nous savons que $d_1 + d_2 = 350$, soit : $60x + 40x = 350$, soit $100x = 350$ et $x = 3{,}5h = 3h30$.

Les deux voitures sont donc séparées par la distance de 350 km au bout de 3 heures et demi soit à 4h 30 de l'après-midi.

B. Gloria quitte sa maison pour aller au lycée en vélo. Elle roule à la vitesse de 12 km/h. 20 mn plus tard, sa mère se rend compte qu'elle a oublié son livre de logique. Elle décide alors de la rattraper en voiture. Elle roule à la vitesse de 36 km/h. Combien de km la mère de Gloria doit-elle parcourir avant qu'elle ne parvienne à rejoindre sa fille ?

	Vitesse	Temps	Distance
Gloria	12	x	12x
Mère de G	36	$x-\frac{1}{3}$	$36(x-\frac{1}{3})$

Notez bien que les 20 minutes qui séparent Gloria de sa mère ont été converties en heures (20mn = 1/3 d'heure).

Lorsque la mère de Gloria rejoint sa fille, elles ont parcouru des distances égales ($d_1 = d_2$).

On obtient donc l'équation suivante : $12x = 36(x-\frac{1}{3})$, soit, après calculs x = ½ .

Ainsi si Gloria roule pendant $\frac{1}{2}$h : au moment de la rencontre, elle aura alors parcouru $12\times\frac{1}{2}=6\,\text{km}$.

C. Rébécca quitte sa maison à 11h et se rend aussitôt chez son amie Danielle en vélo. Elle roule à la vitesse de 12 km/h et arrive chez Danielle à 11h 30. Elle décide alors de repartir *aussitôt* chez elle à pied. Quand elle arrive chez elle, il est 13h. Quelle était alors la vitesse moyenne de Rébécca sur le chemin du retour ?

	Vitesse	Temps	Distance
Aller	12	$\frac{1}{2}$	6
Retour	x	$\frac{3}{2}$	$\frac{3}{2}x$

Dans un cas aller-retour, les distances parcourues à l'aller comme au retour sont égales. Soit : $\frac{3}{2}x=6 \Leftrightarrow x=6\times\frac{2}{3}=4$. Rébécca marchait donc à une vitesse moyenne de 4 km/h.

Attention ! pensez toujours à harmoniser vos unités de mesure. Ici, 30 mn (11h – 11h 30) a été converti en $\frac{1}{2}$h

II. LES PROBLEMES DE TRAVAIL

Dans les problèmes de travail, un travail qui requiert un certain temps pour être effectué par une seule personne va être effectué par plusieurs personnes qui travailleront ensemble sur le même travail.

Vous devez retenir la règle suivante :

> L'*inverse* du temps nécessaire aux personnes travaillant ensemble pour effectuer un travail est égal à la somme des *inverses* des temps nécessaires à chacune des personnes pour effectuer le même travail, individuellement.

Exemple

S'ils travaillent ensemble, Ben, Philippe et Franck ont besoin de 2 heures et quart pour monter un robot. On suppose que les trois garçons travaillent à leur rythme respectif.

Si Ben, seul, peut monter le robot en 4 heures et demi et si Philippe, seul, peut monter le robot en 9 heures, de combien de temps Franck a-t-il besoin pour monter le robot, tout seul ?

Résolution :

Soit T : le temps nécessaire à Ben, Philippe et Franck pour monter le robot ensemble.

Soit B : le temps nécessaire à Ben pour monter le robot tout seul.

Soit P : le temps nécessaire à Philippe pour monter le robot tout seul.

Soit F : le temps nécessaire à Franck pour monter le robot tout seul.

On a alors : $\frac{1}{T}=\frac{1}{B}+\frac{1}{P}+\frac{1}{F}\Leftrightarrow\frac{1}{2{,}25}=\frac{1}{4{,}5}+\frac{1}{9}+\frac{1}{F}$

En réduisant nos fractions aux même dénominateur, 9, on obtient :

$$\frac{1}{T}=\frac{1}{B}+\frac{1}{P}+\frac{1}{F}\Leftrightarrow\frac{4}{9}=\frac{2}{9}+\frac{1}{9}+\frac{1}{F}\Leftrightarrow\frac{1}{9}=\frac{1}{F}\Leftrightarrow F=9$$

Franck a donc besoin de 9 heures pour monter le robot tout seul.

III. NOTIONS SUR LES SUITES NUMERIQUES (HORS PROGRAMME)

A. Suite arithmétique

Dire qu'une suite suit une progression arithmétique signifie qu'il existe un réel r appelé raison, tel que pour tout entier naturel n :

$$\boxed{U_{n+1} = U_n + r} \qquad \textbf{(1)}$$

Si U_1 est le premier terme de cette suite, alors l'expression de U_n en fonction de n est :

$$\boxed{U_n = U_1 + (n-1) \times r} \qquad \textbf{(2)}$$

La somme $S = U_1 + U_2 + U_3 + ... + U_p$ de p termes consécutifs d'une suite arithmétique est :

$$\boxed{S = \frac{1}{2} \times p \times (U_1 + U_p)} \qquad \textbf{(3)}$$

Cas particulier :

$$1 + 2 + 3 + ... + n = \frac{n(n+1)}{2}$$

Une règle essentielle : sachez que le nombre de termes qu'il y a entre deux entiers a et b (a et b compris) est : $a + b - 1$. Ainsi, le nombre de termes qu'il y a entre 7 et 12 (7 et 12 compris) est : $12 - 7 + 1 = 6$ termes et le nombre de termes qu'il y a entre 1 et p est : $p - 1 + 1 = p$ termes. Le nombre de termes (ou le nombre de nombres, comme vous préférez) qu'il y a entre $x + y + 2$ et $2x - y + 1$ est : $x + y + 2 - (x - y + 1) + 1 = x + y + 2 - 2x + y - 1 + 1 = 2y + 2$ termes.

Exemple

Un placement bancaire me rapporte tous les jours des dividendes (gains) que je ne réinvestis pas. Disons que ce placement vaut 100 €, et que chaque dividende vaut 2 €. Le premier dividende que je vais encaisser est donc 2 €, le deuxième dividende : 2 €, le troisième : 2 €… le $n^{\text{ième}}$: 2 €.

Vous allez voir que la valeur de mon placement boursier suit une progression arithmétique de raison r = 2 (en référence aux 2 €).

Appelons $U_1 = 100$ la valeur initiale de mon placement et essayons de comprendre ce que signifient alors les formules (1), (2) et (3).

La formule (1) me permet de connaître la nouvelle valeur de mon placement boursier après l'encaissement d'un dividende supplémentaire. Ainsi, la formule (1) me permet de connaître la valeur de mon capital après le premier encaissement de 2 € (après une journée de placement donc) : $U_2 = U_1 + 2 = 100 + 2 = 102$. Au bout du deuxième encaissement (après deux jours de placement), la valeur de mon capital est égale à : $U_3 = U_2 + 2 = 102 + 2 = 104$ et ainsi de suite.

Ainsi la formule (1) me permet de trouver (par exemple) la valeur de mon capital après 10 jours si et seulement si je connais la valeur de mon capital après 9 jours.

Mais me direz-vous : « si je veux calculer la valeur de mon capital après 16 jours de placement… vais-je devoir calculer pas-à-pas la valeur de mon capital après 1 jour, 2 jours, 3 jours… 9 jours, 10 jours… et ce jusqu'au 15ème jour ?. » Et bien c'est précisément là que la formule (2) intervient.

La formule nous permet de trouver directement la valeur du capital placé au bout de n jours. Ainsi au bout de 16 jours, la valeur de mon capital sera égale à : $U_{17} = U_1 + 16 \times 2 = 100 + 32 = 132$ et au bout de 85 jours, il sera égal à $U_{86} = U_1 + 85 \times 2 = 100 + 170 = 270$.

Si à présent, il me prend l'idée de vouloir calculer la somme des valeurs de mon placement du 1er au 16ème jour, c'est-à-dire : $U_1 + U_2 + U_3 + ... + U_{16} + U_{17}$, j'utilise alors la formule (3) : $S = U_1 + U_2 + U_3 + ... + U_{16} + U_{17} = \frac{1}{2} \times 17 \times (100 + 132) = 1372$.

Un autre exemple

Je décide de compter de 3 en 3 et je commence par le nombre 8. Que vaut le 10ème nombre auquel je vais arriver et quelle est la somme de tous les nombres que j'ai compté jusqu'au 10ème nombre inclus ?

Ici, $U_1 = 8$ et $r = 3$.

La formule (2) me permet de calculer le 10ème nombre (U_{10}): $U_{10} = 8 + 9 \times 3 = 35$ et la formule (3) la somme de tous les nombres que j'ai compté jusqu'au 10ème nombre soit :

$$S = U_1 + U_2 + U_3 + ... + U_9 + U_{10} = 8 + 11 + 14 + ... + 32 + 35 = \frac{1}{2} \times 10 \times (8 + 35) = 215.$$

B. Suite géométrique

Dire qu'une suite suit une progression géométrique signifie qu'il existe un réel q, appelé raison tel que pour tout entier naturel n :

$$\boxed{U_{n+1} = q \times U_n} \qquad \textbf{(1)}$$

Si U_1 est le premier terme de cette suite, alors l'expression de U_n en fonction de n est :

$$\boxed{U_n = U_1 \times q^{n-1}} \qquad \textbf{(2)}$$

La somme $S = U_1 + U_2 + U_3 + ... + U_p$ de p termes consécutifs d'une suite géométrique de raison $q \neq 1$ est :

$$\boxed{S = U_1 \times \left(\frac{1-q^p}{1-q} \right)} \qquad \textbf{(3)}$$

Exemple

Une lionne donne naissance à 3 lionceaux femelles. Devenues lionnes, ces 3 dernières donnent chacune à leur tour naissance à 3 lionceaux femelles. Tous les lionceaux femelles deviennent à leur tour lionnes et donnent chacune naissance à 3 lionceaux femelles et ainsi de suite.

Au tout début, j'ai 1 lionne (soit $U_1 = 1$). La première étape voit la naissance de 3 lionceaux femelles, soit $U_2 = U_1 \times 3 = 3$ (ici $q = 3$). La deuxième étape voit la naissance de $U_3 = U_2 \times 3 = U_1 \times 3 \times 3 = U_1 \times 3^2 = 9$ nouveaux lionceaux femelles. Quant à la troisième étape, nous assistons à la naissance de $U_4 = U_3 \times 3 = U_1 \times 3^2 \times 3 = U_1 \times 3^3 = 27$ nouveaux lionceaux femelles.

Et à la 7ème étape ? Et bien la formule (2) nous permet de calculer le nombre de nouveaux lionceaux femelles qui naîtront à la 7ème étape : $U_8 = U_1 \times 3^7 = 1 \times 2187 = 2187$! ! !

Très bien, si à présent je désire connaître combien il y a eu, *au total,* de lionceaux femelles qui sont nés après 7 étapes. C'est là que j'utilise la formule (3) qui me permet de trouver la somme de tous les lionceaux femelles qui sont nés sur 7 étapes consécutives : $S = U_1 + U_2 + ... + U_8 = U_1 \times \left(\frac{1-q^8}{1-q} \right) = 1 \times \left(\frac{1-3^8}{1-3} \right) = \frac{3^8 - 1}{2} = 3280.$

Mais attention, dans cette somme j'ai compté U_1, la lionne qui a été à l'origine de la naissance de ce petit monde. Et comme U_1 ne fait pas partie des nouvelles naissances, je dois donc la retirer de mon résultat.

Au total, il y a donc eu 3279 (3780 – 1) naissances sur 7 étapes consécutives.

IV. NOTIONS DE MATHEMATIQUES FINANCIERES (HORS PROGRAMME)

Voici deux formules de mathématiques financières qui sont hors programme. Je vous conseille néanmoins de les connaître ainsi que d'en comprendre le principe et le fonctionnement.

Intérêts simples :	$V_n = V_0 \times (1 + n \times t)$
Intérêts composés – capitalisation :	$V_n = V_0 \times (1 + t^n)$

Où : V_0 est la valeur initiale du placement, t le taux du placement (taux d'intérêt) et n la durée du placement en années (ou en mois, en semaines…)

A. Intérêts simples

Raisonnons autour d'un exemple :

Je place la somme de 200 € au taux annuel de 10% pendant 3 ans sous le mode des intérêts simples. Quel est la nouvelle valeur de mon capital au bout de 3 ans ?

Lorsque je place une somme d'argent sous le mode des intérêts simple pendant un certain nombre d'années, je reçois chaque année des intérêts calculés sur la somme initiale que j'ai placé. Les intérêts que je reçois à la fin de chaque année ne sont pas réinvestis.

La première année, le placement de cette somme me rapporte : 10% x 200 €, soit 20 €.

La seconde année, les 20 € que j'ai reçus la première année ne sont pas capitalisés (ajoutés au placement initial) et je reçois à nouveau 10% de 200 euros, soit 20 €.

La troisième année, je reçois encore 20 €. Au total, au bout de 3 années, le placement de 200 € me rapporte donc (20 + 20 + 20) € = 60 €, et la nouvelle valeur de mon capital est (200 + 60) € = 260 €.

Aussi, en posant $V_0 = 200$, $t = 10\% = 0,1$ et $n = 3$, j'obtiens directement la valeur de mon capital au bout de 3 ans :

$$V_3 = V_o (1 + 3 \times 0,1) = 200 \times 1,3 = 260 \text{ €}.$$

B. Intérêts composés – capitalisation

Capitaliser un revenu, c'est renoncer à le percevoir. Il devient alors capital et productif à son tour de revenus pour les périodes suivantes.

Raisonnons autour d'un exemple :

Je place la somme de 200 € au taux annuel de 10% pendant 3 ans sous le mode des intérêts composés. Quel est alors la nouvelle valeur de mon capital au bout de 3 ans ?

Lorsque je place une somme d'argent sous le mode des intérêts composés, les intérêts sont capitalisés chaque année (i.e. ajoutés au capital) et produisent à leur tour des intérêts.

La première année, le placement de cette somme me rapporte 10% x 200 = 20 €. La seconde année, les 20 € que j'ai reçus sont capitalisés (ajoutés au capital) et la deuxième année, je reçois alors 10% de 220 (200 + 20), soit 22 €. La troisième année, je reçois enfin 10% de 242 (220 + 22) soit 24,20 €.

Ainsi, au total, au bout de 3 années, le placement de 200 € me rapporte donc (20 + 22 + 24,20) € = 66,20 € et la nouvelle valeur de mon capital est égale à (200 + 66,20) = 266,20 €.

Aussi, en posant $V_0 = 200$, $t = 10\% = 0,1$ et $n = 3$, j'obtiens directement la valeur de mon capital au bout de 3 ans :

$$V_3 = V_o (1 + 0,1)^3 = 200 \times 1,1^3 = 200\ 1,331 = 266,20 \text{ €}.$$

C. Actualisation

Actualiser, c'est chercher la valeur d'aujourd'hui d'une somme future.

Le fondement de l'actualisation est la valeur donnée au temps (« le temps c'est de l'argent. ») Toute somme reçue en retard vaut moins, toute somme reçue en avance vaut plus.

Travaillons sur la base de l'exemple cité plus haut :

266,20 € dans 3 ans actualisés à 10% valent aujourd'hui 200 € ($200 = 266,20/1,1^3$)

200 € aujourd'hui vaudront dans 3 ans, capitalisés à 10%, 266,20 €

Actualisation et capitalisation sont donc les deux faces d'un même phénomène : le prix du temps.

Lorsque je place une somme d'argent sous le mode des intérêts composés, les intérêts sont capitalisés chaque année (i.e. ajoutés au capital) et produisent à leur tour des intérêts.

V. APPROXIMATION (HORS PROGRAMME)

Pour n très grand et x très petit : $(1+x)^n \approx 1+nx$

Ainsi : $(1+1\%)^{10}=(1+0{,}01)^{10}\approx 1+10\times 0{,}01\approx 1{,}1$. Le calcul exact de $(1+0{,}01)^{10}$ donne $1{,}10462\ldots$ nous ne sommes pas très loin.

N'appliquez cette formule que si n est très grand (n plus grand que 10) et si x est très petit (x inférieur à 5%.)

<u>NOTA BENE</u> : les épreuves de mathématiques des concours d'entrée aux Grandes Ecoles de Commerce (admissions post-bac et admissions parallèles) exigent une maîtrise parfaite de tous les points traités dans le *Cours de Mathématiques & Notions avancées*. Ne vous aventurez pas dans le chapitre suivant si vous n'êtes pas parfaitement à l'aise avec <u>toutes</u> les notions abordées (arithmétique, algèbre, géométrie…)

N'hésitez pas à vous inscrire sur le site : **<u>www.aurlom.com</u>** dans lequel vous trouverez des fiches à télécharger ainsi que de nombreux conseils qui vous permettront de préparer les épreuves des concours de façon optimale.

Vous pourrez également poser des questions à l'auteur de cet ouvrage si vous en éprouvez le besoin.

Découvrez également **<u>www.LiveQcm.com</u>**, premier site de remise à niveau, de préparation et de perfectionnement en ligne pour les Tests des concours de l'enseignement supérieur. Des concours blancs y sont organisés afin de prendre la mesure son niveau *comparativement* aux autres candidats.

QUATRIEME PARTIE

LES EPREUVES DE MATHÉMATIQUES

CHAPITRE 1

LE QCM : FONDEMENTS ET STRATEGIES

Le QCM – Questionnaire à Choix Multiples est utilisé dans la grande majorité des épreuves de calcul des concours d'entrée aux écoles de commerce.

Ce chapitre développe différentes stratégies d'approche des QCM. Ces stratégies ont été élaborées pour vous donner des outils variés et efficaces d'aide à la résolution des problèmes.

Un point important : les épreuves de QCM sont généralement conçues de sorte que vous ne puissiez que très occasionnellement faire appel à votre intuition. La solution à laquelle vous êtes censé parvenir est toujours le résultat d'une réflexion que vous devez mener de façon rigoureuse et méthodique.

Voici trois stratégies – méthodes qui doivent vous permettre de résoudre tout type de problème qui peut vous être posé dans une épreuve de calcul.

Rappel : vous n'avez jamais le droit à la calculatrice.

I. METHODE M_1 : MODE DE RESOLUTION CLASSIQUE

A. Introduction à la méthode M_1

M_1 est *la* méthode par excellence qui doit, dans la majorité des cas, vous permettre de résoudre *tous* les problèmes qui vont sont posés. Vous verrez néanmoins qu'elle n'est pas toujours la plus efficace. Vous devrez alors faire appel aux méthodes M_2 ou M_3, qui vous sont présentées dans la suite de ce chapitre.

M_1 consiste à traiter le problème qui vous est posé comme si vous n'aviez pas accès à la liste des solutions qui vous sont proposées. Vous devez donc résoudre le problème en ne vous appuyant que sur les données fournies par l'énoncé du problème. La résolution du problème vous amène alors à déterminer une solution qui, si elle est correcte, se trouve immanquablement dans la liste des solutions qui vous sont proposées.

Je vous conseille cependant de jeter dans tous les cas un rapide coup d'œil sur les solutions proposées afin de prendre connaissance des ordres de grandeur des réponses ou de leur expression mathématique. On peut vous demander par exemple de calculer une vitesse. Celle-ci peut apparaître dans les solutions en mètres par seconde ou en kilomètres par heure. Aussi, si l'on vous demande de calculer une plus-value, celle-ci peut être exprimée sous forme d'une valeur réelle, d'un pourcentage ou encore d'une fraction. Mieux vaut prendre connaissance d'une telle information avant de commencer à entreprendre tout calcul

Il n'est pas nécessaire de s'attarder sur les solutions qui vous sont proposées lorsque vous choisissez de résoudre le problème avec M_1. J'entends par s'attarder sur les solutions : essayer d'éliminer les réponses absurdes ou illogiques. L'étape d'élimination des réponses absurdes est une étape qui intervient généralement en dernier lieu, c'est-à-dire lorsque vous ne disposez plus d'aucun moyen pour répondre à la question.

B. Méthode M_1 : exemples

Exemple 1

Un marathonien met 3 heures pour faire 25 fois le tour d'un parc rectangulaire de longueur 300 m et de largeur 120 m. Quelle est sa vitesse moyenne ?

(a) 6 km/h
(b) 7 km/h
(c) 7,5 km/h
(d) 8 km/h
(e) 8,5 km/h

Dans un tel problème la méthode M_1 est la plus appropriée.

Un rapide coup d'œil sur les réponses me permet de savoir que c'est de km/h dont il est question. Je ne m'attarde pas sur les réponses proposées et entreprends derechef mes calculs.

Le périmètre d'un rectangle équivaut à deux fois sa longueur plus deux fois sa largeur. Le périmètre du parc est donc égal à : $2 \times (300 + 120) = 840\text{m} = 0{,}84\text{km}$. Le marathonien effectue 25 tours. Il parcourt donc $25 \times 0{,}84 = 21\text{km}$.

L'énoncé du problème nous dit que le marathonien met 3 h pour faire les 21 km. Il court donc à une vitesse moyenne de $\frac{21\text{km}}{3\text{h}} = 7\text{km/h}$. Réponse b.

Exemple 2

Une veste en cuir coûte 550 €. Une première démarque annonce 20% de remise sur la veste. Une seconde démarque exceptionnelle annonce une remise 25%. Quel est le prix de la veste après ces deux remises ?

(a) 330 €
(b) 350 €
(c) 370 €
(d) 400 €
(e) 500€

La encore M_1 est la méthode la plus appropriée. Un rapide coup d'œil sur les réponses me permet de savoir que le prix est en euros. A part cela, je n'ai plus aucun intérêt à m'attarder plus longtemps sur les réponses et je fais comme si elles n'existaient pas.

Je calcule le prix de la veste après la première remise. Ce prix est égal à $550-20\%\times 550=550-\frac{1}{5}\times 550=550-110=440$ €.

Je calcule à présent le prix de la veste après la deuxième remise. Ce prix est égal à $440-25\%\times 440=440-\frac{1}{4}\times 440=440-110=330$ €. Réponse a.

Exemple 3

Un artisan est payé 8 € de l'heure et est payé 50% en plus par heure pour toute heure effectuée au delà des 8 heures journalières obligatoire de travail. Aujourd'hui, cet artisan a reçu un salaire de 80 €. Combien de temps a-t-il travaillé ?

(a) 6h 40mn
(b) 9h 20mn
(c) 9h 30mn
(d) 9h 40mn
(e) 10h

Un rapide coup d'œil sur les réponses m'indique que le temps de travail est exprimé en heures et en minutes.

Une heure effectuée dans le cadre des 8 heures de travail obligatoire est payée 8 €. Une heure effectuée au delà des 8 heures de travail obligatoire est payée : $8+50\%\times 8=8+4=12$ €.

L'artisan a été payé 80 €. Nous savons que pour les 8 heures obligatoires, il a été payé $8 \times 8 = 64$ €. Son salaire supplémentaire est donc égal à $80 - 64 = 16$ €.

Le recours à une règle de trois s'impose alors pour trouver le nombre d'heures auxquelles équivalent 16 €.

12 €	1 heure SUP
16 €	x

Soit $x = \frac{16}{12} = \frac{4}{3}$ d'heures. $\frac{4}{3}$ d'heures équivalent à 1 heure plus $\frac{1}{3}$ d'heure. Et $\frac{1}{3}$ d'heure équivaut à 20 minutes ($\frac{1}{3}\text{h} = \frac{1}{3} \times 60\text{mn} = 20\,\text{mn}$).

Ainsi, au total, l'artisan a travaillé : 8h + 1h + 20mn = 9h 20mn. Réponse b.

II. METHODE M_2 : PARTIR DES SOLUTIONS

A. Introduction à la méthode M_2

« Je résous le problème en partant des solutions de manière ordonnée et efficace ».

Cette stratégie de résolution M_2 peut s'avérer être très efficace. Elle s'utilise dans deux cas : ou bien le problème se prête définitivement à ce type de méthode ou bien l'utilisation de M_1 s'est avérée infructueuse.

Il peut souvent arriver que et M_1 *et* M_2 permettent de résoudre le problème. Dans ce cas là il s'agira de décider qui de M_1 ou de M_2 de me permet d'arriver au résultat attendu de la façon la plus rapide.

M_2 est une méthode qui fonde la résolution de votre problème sur les solutions elles-mêmes. Vous partez d'une des solutions (vous verrez laquelle) et vous remontez l'information contenue dans la solution à l'énoncé du problème. Si la solution coïncide avec les informations contenues dans l'énoncé, c'est que c'est la bonne solution. Les autres solutions vous conduisent alors à des contradictions.

Illustrons cette méthode en s'appuyant sur 3 exemples.

B. Méthode M_2 : exemples

Exemple 1

La somme de trois entiers consécutifs est 195. Quel est la valeur du plus petit de ces trois entiers ?

(a) 63
(b) 64
(c) 65
(d) 67
(e) 69

Appliquons M_2. Il s'agit de partir des solutions pour résoudre le problème de manière ordonnée et efficace. Que faut-il entendre par ordonnée et efficace ?

Pour optimiser au maximum l'utilisation de M_2, il est nécessaire dans un premier temps d'ordonner les solutions dans un ordre croissant ou décroissant. Dans notre exemple, les solutions sont déjà ordonnées dans un ordre croissant (ceci n'est pas toujours le cas – si les solutions ne sont pas ordonnées, vous devez donc commencer par les ordonner avant d'entreprendre toute résolution).

Dans un second temps il convient d'initier la résolution du problème en partant de la solution du milieu (lorsque vous avez une liste de 3 ou 5 solutions) ou bien de la 2ème solution (lorsque vous avez une liste de 4 solutions).

Supposons que vous ayez à choisir entre 5 solutions (ce qui est le plus souvent le cas). Partir de la solution du milieu vous permettra de résoudre le problème de manière rapide et efficace. En effet, ou bien la solution du milieu est la bonne solution et dans ce cas la résolution du problème est finie, ou bien ce n'est pas la bonne solution et dans ce cas vous devrez essayer une des solutions d'au dessus ou d'en dessous. Partir des réponses d'au dessus plutôt que celles d'en dessous dépendra du résultat que vous avez obtenu lorsque vous avez tenté de résoudre le problème avec la solution du milieu. Supposons que vous décidez de travailler sur les solutions d'en dessous. Vous devez alors choisir une des deux solutions d'en dessous (choisissez celle qui vous paraît la plus commode). Si la solution choisie est la bonne solution alors la résolution du problème est finie. Sinon, par élimination, la solution du dessous restante est (forcément) la bonne solution.

Au total, vous avez donc effectué (au maximum) deux tentatives de résolution. Une première (qui est parfois aussi la dernière) avec la solution du milieu, une seconde avec une des deux solutions d'en dessous ou d'au dessus.

Dans notre problème, je pars de la solution du milieu, à savoir : 65. Si 65 est le plus petit de mes trois entiers consécutifs, cela implique que les deux autres entiers sont 66 et 67. Or $65+66+67>195$: cela implique que mon plus petit entier est en fait trop grand. Je dois donc essayer à présent une valeur plus petite pour mon plus petit entier ; je dois donc me pencher sur une des deux solutions du dessus. J'essaie 63. Cela implique que les deux autres entiers sont 64 et 65. Or 63+64+65 n'est pas égal à 195 => 63 n'est donc pas la bonne solution. Par élimination 64 est la bonne réponse. Réponse b.

J'ai donc effectué deux tentatives seulement pour arriver au résultat demandé. Aussi, lorsque vous travaillez de manière « ordonnée » et « efficace » M_2 peut donc s'avérer être une précieuse méthode.

L'on pouvait bien sûr utiliser aussi M_1. Il suffisait de poser x – 1 : le plus petit des entiers, x celui d'après et x + 1 le plus grand des entiers. On sait alors que $x-1+x+x+1=195$, soit $3x=195$, soit $x=\frac{195}{3}=65$. Le plus petit des trois entiers vaut donc $65-1=64$.

Les deux méthodes (M_1 et M_2) se valent du point de vue du temps consacré à la résolution du problème. L'avantage de la méthode M_2 par rapport à M_1 est qu'elle n'a nécessité la pose et la résolution d'aucune équation. M_2 fait appel à de la technique et du bon sens.

Exemple 2

A l'issue d'un tournoi de poker, tous les participants se sont salués en se serrant la main. On a dénombré 45 salutations. En supposant que chaque participant a salué une fois tous les autres participants, combien de personnes ont-elles participé au tournoi ?

(a) 15
(b) 10
(c) 8
(d) 6
(e) 7

Ici M_2 est certainement *la* méthode à utiliser.

En partant d'une des solutions, vous pourrez ainsi raisonner sur un nombre concret de participants et tenter d'arriver à la conclusion que ces participants se sont échangées un nombre total de 45 salutations.

Je commence donc par ordonner mes solutions dans un ordre croissant. La liste des solutions devient donc : 6, 7, 8, 10, 15. Je pars de celle du milieu : il y a 8 participants. Si il y a 8 participants, je peux tenir le raisonnement suivant : un des 8 participants salue les 7 autres participants. Une fois qu'il les a tous salué, il se retire (il se met à l'écart : il n'a plus besoin de saluer qui que ce soit ou d'être salué par qui que ce soit). Un deuxième participant salue alors les participants qu'il reste, c'est-à-dire 6 participants. Il se retire. Le troisième salue alors les 5 participants qu'il reste. Il se retire et ainsi de suite. Lorsqu'il ne reste plus que deux participants, l'un deux salue l'autre et se retire. On est alors sûr que *chaque* participant a bien salué *tous* les autres participants (et on est sûr au passage qu'il n'y a pas eu de doublon, c'est-à-dire que l'on est sûr que deux personnes ne se sont pas saluées deux fois ou plus).

Au total, on dénombre ainsi 7 + 6 + 5 + 4 + 3 + 2 + 1 = 28 salutations. Or il nous faut 45 salutations au total. Cela signifie que manifestement il n'y a pas eu suffisamment de salutations échangées et que 8 est un nombre insuffisant de participants.

Je me reporte ainsi à présent sur une des solutions du dessous. Je choisis 10 (ce nombre est plus commode que 15 – je préfère en effet raisonner sur un nombre de participants moins important).

Si il y a 10 participants, je peux tenir un raisonnement similaire que celui tenu pour 8 participants : un des 10 participants salue les 9 autres participants. Il se retire. Un deuxième salue les 8 participants qui restent et ainsi de suite. Au total 9 + 8 + 7 + 6 + 5 + 4 + 3 + 2 + 1 = 9 + 8 + 28 = 45 salutations. Il y a donc bien 10 participants. Réponse d.

J'ai là encore effectué deux tentatives – deux calculs. Je vous rappelle que si j'avais choisi de travailler dans un second temps avec 15 participants, j'aurais conclu que trop de salutations ont été échangées et par élimination, j'aurais choisi 10 comme réponse correcte.

M_1 était ici une méthode délicate à appliquer. Il fallait en effet tenir un raisonnement quelque peu abstrait. Pour votre information, le raisonnement est le suivant :

Supposons que x personnes participent au tournoi de poker. Un participant est censé saluer $x-1$ participants. Il fait donc $x-1$ salutations.

Il y a x participants. Il y donc au total $x \times (x-1)$ salutations qui sont échangées. Mais *attention*, nous comptons ici chaque salutation deux fois puisque la salutation entre le participant A et le participant B est la même que la salutation entre le participant B et le participant A. C'est pourquoi il faut diviser le produit de la multiplication obtenue par 2. Au total il y a donc $\frac{x \times (x-1)}{2}$ salutations qui ont été échangées et on est sûr au passage qu'il n'y pas eu de doublon.

Nous devons donc résoudre à présent l'équation suivante : $\frac{x \times (x-1)}{2} = 45$, soit : $x \times (x-1) = 90$. Tenter de résoudre cette équation, qui est un trinôme du second degré (il s'agit en effet de résoudre l'équation : $x^2 - x - 90 = 0$) serait un choix stratégique peu judicieux du point de vue du capital temps dont vous disposez. Vous pouvez en revanche tester assez rapidement les solutions et vérifier alors que la réponse 10 est bien la réponse correcte puisque l'on a bien : $10 \times (10-1) = 10 \times 9 = 90$.

Il va sans dire que M_2 était la méthode la plus adaptée. M_2 faisait là encore largement appel à de la technique et du bon sens.

Exemple 3

Allégria possède 4 fois plus de livres que sa cousine Séphora. Si Allégria décidait de donner à Séphora 12 de ses livres alors elle ne posséderait plus que 2 fois plus de livres que sa cousine. Combien de livres Allégria possède-t-elle ?

(a) 72
(b) 73
(c) 74
(d) 75
(e) 76

M_2 est là encore la méthode la plus adaptée.

Il s'agit ici d'un problème de transaction (qui, pour information, se traite comme un problème d'âges). M_1 peut sans aucun doute être utilisée ici pour la résolution de ce type de problème. Mais je vous recommande vivement d'utiliser M_2. Vous gagnerez un temps précieux et vous limiterez considérablement d'éventuels risques d'erreurs de calcul.

Il convient dans un premier temps de jeter un coup d'œil constructif sur les réponses. L'énoncé nous dit en effet qu'Allégria possède *4 fois* plus de livre que Séphora. Le nombre de livres qu'elle possède est donc un multiple de 4. Aussi, nous pouvons d'ores et déjà éliminer les réponse b, c et d qui nous donnent des nombres qui ne sont pas des multiples de 4.

Partons d'une des deux réponses qui restent. Partons de la réponse a. Allégria possède donc 72 livres. Séphora en a 4 fois moins ce qui lui fait 18 livres.

Si Allégria donne 12 livres à Séphora, elle ne possède alors plus que 72 – 12 = 60 livres. Quant à Séphora, elle possède maintenant 18 + 12 = 30 livres. On vérifie alors qu'à la suite de la transaction, Allégria ne possède plus que 2 fois plus de livres que sa cousine Séphora. La réponse a est donc la réponse correcte.

Pour votre information, la méthode M_1 vous permettait aussi de résoudre le problème. Il suffisait de poser a : le nombre de livres que possède Allégria et s : le nombre de livres que possède Séphora. Il fallait ensuite poser et résoudre le système suivant de deux équations à deux inconnues :

$$\begin{cases} a = 4s \\ a - 12 = 2(s + 12) \end{cases}$$

La méthode M_2 nous permet de répondre au problème bien plus rapidement en limitant les risques éventuels liés à la pose du système d'équations et aux calculs menant à sa résolution.

III. METHODE M_3 : DOMPTER LES VARIABLES

A. Introduction à la méthode M_3

« Je dompte les variables de l'énoncé en les remplaçant par des valeurs réelles »

La stratégie M_3 s'utilise dans des cas bien précis. Il s'agit de problèmes où les énoncés contiennent des variables tels que x, y, n, r etc. L'énoncé vous propose de travailler sur ces variables et de trouver une solution qui s'exprime elle aussi en fonction des variables exprimées dans l'énoncé.

La méthode consiste alors à remplacer vos variables par des valeurs réelles qui rentrent dans le cadre des hypothèses sur les variables proposées par l'énoncé. Il suffit ensuite de remplacer les variables qui apparaissent dans vos solutions par les mêmes valeurs que vous avez attribué à vos variables dans votre énoncé. Vous comparez enfin le résultat de vos calculs aux réponses.

L'avantage principal de M_3 est de « casser » certains énoncés dont les éléments abstraits peuvent parfois inhiber toute initiation de réflexion. La résolution du problème est généralement facilitée et surtout, en utilisant M_3 vous pouvez espérer gagner un temps précieux.

B. Méthode M_3 : exemples

Exemple 1

Un fabricant de boîtes en plastique veut réaliser un profit de x €. Lorsqu'il vend j boîtes, cela lui coûte d cents (1 cent = un centième d'euro) la boîte à la fabrication pour les $\frac{j}{5}$ premières boîtes et f cents la boîte pour produire les boîtes restantes. Quel sera le prix de facturation des j boîtes fixé par le fabricant si celui-ci veut réaliser son objectif de profit de x € ?

(a) $\frac{1}{500}\left(\frac{dj}{f}+\frac{df}{j}+x\right)$

(b) $\frac{j}{100}\left(\frac{1+df}{500}\right)$

(c) $dj+\frac{f}{5}+x$

(d) $\frac{1}{500}(\frac{dj}{f}+\frac{df}{j})$

(e) $j\times\left(\frac{d+4f}{500}\right)+x$

Utilisons M_3 :

Une remarque avant de commencer. Si notre fabricant veut réaliser exactement un profit de x €, il doit pour cela facturer à son client le coût de production des boîtes *plus* x €. Aussi toutes les réponses où x ne figure pas sont à éliminer. On élimine donc les réponses b et d.

Voici comment appliquer M_3.

Dans un premier temps nous domptons nos variables en leur attribuant des valeurs réelles. Disons : x = 10, j = 50 et d = 30 et f = 20.

Avant de continuer, une remarque : vous l'aurez compris, le choix des valeurs pour nos variables est complètement libre si seulement bien entendu elles rentrent dans le cadre de l'énoncé. Il était par exemple impossible d'attribuer ici à nos variables des valeurs négatives, de même qu'il était plus raisonnable de choisir un nombre de boîtes multiple de 5 (on admet que le fabricant ne livre pas de demis boîtes ou des tiers de boîtes.) Souvenez-vous qu'il est toujours plus prudent pour vos calculs de travailler sur des nombres ronds (sans virgules).

A vous de trouver à chaque fois les valeurs pour vos variables qui vous faciliteront les calculs. Et encore une fois, n'oubliez pas que le choix de ces variables est libre. Qu'une boîte coûte 0,0001 € ou 1000 €, que le profit du fabricant soit de 1 € ou de 1000 € cela ne change strictement rien au raisonnement que vous mènerez tout au long de la résolution d'un problème sous M_3.

Il nous suffit à présent de calculer le coût de fabrication des boîtes : la production des $\frac{50}{5}=10$ premières boîtes coûte : $10\times 30=30$ cents. Le coût des boîtes restantes est de : $40\times 20=800$ cents. La production totale coûte donc à notre fabricant : $300+800=1100$ cents, soit 11 euros.

Le prix de facturation sera donc égal à 11 + x = 11 + 10 = 21 €.

Examinons à présent nos solutions.

En attribuant les *mêmes* valeurs aux variables de nos solutions, la réponse a donne : $\frac{1}{500}\times\left(\frac{30\times 50}{20}+\frac{3\times 20}{50}\right)+10=\frac{1}{500}\times\left(75+\frac{6}{50}\right)+10=\ldots$ un résultat à peine supérieur à 10, clairement différent de 21. La réponse c donne : $3\times 50+\frac{2}{5}+10=\ldots$ là encore un résultat manifestement supérieur à 21. La réponse e enfin donne : $50\times\frac{30+80}{500}+10=\frac{110}{10}+10=11+10=21$

Il était bien entendu possible de résoudre ce problème à l'aide de M_1 (dans un temps plus ou moins similaire). M_3 a toutefois l'avantage certain de permettre à tout étudiant, et ce, quel que soit son aptitude à saisir un problème abstrait, de résoudre le problème et d'aboutir au résultat attendu. Il s'agit d'une technique que je ne saurais trop vous recommander de garder à l'esprit le jour des concours.

Exemple 2

L'âge moyen de n frères est actuellement de x années. Quel sera l'âge moyen des n frères dans y années ?

(a) $x+y$

(b) $x+\frac{y}{n}$

(c) $n(x+y)$

(d) $\frac{x+y}{n}$

(e) $\frac{x}{n}+y$

Utilisons M_3 pour résoudre ce problème.

Supposons que $n = 2$ frères, $x = 5$ ans et $y = 3$ ans. Ainsi l'énoncé se lit à présent : l'âge moyen de 2 frères est actuellement de 5 ans. Quel sera l'âge moyen des 2 frères dans 3 ans ?

Soit f_1 : l'âge actuel du frère 1 et f_2 : l'âge actuel du frère 2. La formule de la moyenne nous donne : $5 = \frac{f_1 + f_2}{2}$. Dans 3 ans, le frère 1 comme le frère 2 auront 3 ans de plus.

La formule de la moyenne nous permet de calculer l'âge moyen des deux frères dans 3 ans, à savoir : $\frac{f_1 + 3 + f_2 + 3}{2} = \frac{f_1 + f_2 + 6}{2} = \frac{f_1 + f_2}{2} + \frac{6}{2} = 5 + 3 = 8$ ans.

Il me suffit à présent de trouver parmi les réponses proposées en solutions, celle qui me donne 8. Il s'agit de la réponse a : $x + y$ (5 + 3 = 8). La réponse b me donne : 6,5 ; la réponse c : 16 ; la réponse d : 4 et la réponse e : 5,5.

M_3 nous permet donc d'aboutir à un résultat sans trop de difficultés. Le fait que nous ayons réduit le problème à 2 frères seulement nous a permis de mieux visualiser ce qui se passait concrètement mais cela nous a aussi permis de simplifier l'écriture de nos calculs.

Nous pouvions bien sûr utiliser M_1 pour résoudre ce problème. L'écriture des calculs était cependant plus obscure et exigeait quelque technique :

L'âge moyen de n frères $f_1, f_2, f_3, ..., f_n$ est donnée par la formule de la moyenne : $\frac{\sum_{i=1}^{n} f_i}{n} = x$ (ⓘ : pour information : $\sum_{i=1}^{n} f_i$ est un jeu d'écriture et signifie « somme des f_i pour i allant de 1 à n, soit concrètement $f_1 + f_2 + f_3 + ... + f_n$ ».)

Dans y années, tous les frères auront y années de plus. La formule de la moyenne nous permet alors de calculer l'âge moyen des n frères dans y années :

$\frac{\sum_{i=1}^{n}(f_i + y)}{n} = \frac{\sum_{i=1}^{n} f_i + ny}{n} = \frac{\sum_{i=1}^{n} f_i}{n} + \frac{ny}{n} = x + y$. Réponse a

① Pour information, $\sum_{i=1}^{n}(f_i + y) = \sum_{i=1}^{n} f_i + \sum_{i=1}^{n} y$. Et $\sum_{i=1}^{n} y = n \times y$. En effet pour ce dernier résultat, du fait que y n'est pas indexé par i, il s'agit de n sommes d'une constante, y, soit $y + y + ... + y$ (n fois) soit $n \times y$.

Exemple 3

Si e et f sont des entiers impairs, parmi les proposition suivantes, laquelle nous donne un entier pair ?

(a) $e(f-2)$

(b) $ef+4$

(c) $(e+2)(f-4)$

(d) $3e+5f$

(e) $e(e+4)$

M_3 fonctionne admirablement bien dans de telles situations. Il vous suffit en effet de choisir par exemple : e = 3 et f = 5. La réponse a nous donne le nombre 9, la réponse b le nombre 19, la réponse c le nombre 5, la réponse d le nombre 36 et la réponse e le nombre 21.

La réponse apparaît telle une évidence. Réponse d.

Pour des questions de parité (pair/impair) il vous suffit toujours de remplacer vos variables paires ou impaires par n'importe quel nombre pair ou impair, quel qu'il soit. Vos calculs sur cas concrets seront équivalents aux calculs sur cas général, sur cas abstrait (avec variables) : ceci est dû aux propriétés cycliques des nombres pairs et impairs.

CHAPITRE 2

COMPARAISONS QUANTITATIVES

I. INTRODUCTION AUX COMPARAISONS QUANTITATIVES

Les comparaisons quantitatives ne font pas l'objet d'une épreuve en tant que telle aux concours d'entrée aux écoles de commerce. Les exercices de ce chapitre représentent toutefois pour l'étudiant une opportunité de s'entraîner de façon efficace autour de concepts mathématiques fondamentaux.

Les questions qui suivent sont composées de couples d'expressions. Pour chaque question, vous trouverez une expression (information) dans la colonne 1 et une expression dans la colonne 2. Dans la troisième colonne, se trouve parfois une information supplémentaire se rapportant aux expressions des colonnes 1 *et* 2 . L'information supplémentaire peut s'avérer être indispensable à la résolution du problème.

Vous devez comparer les deux expressions en vous aidant, si elle existe, de l'information supplémentaire et déterminer si :

Réponse 1 :
L'expression de la colonne 1 est plus grande que l'expression de la colonne 2
Réponse 2 :
L'expression de la colonne 2 est plus grande que l'expression de la colonne 1
Réponse 3
Les deux expressions sont égales
Réponse 4
Les données ne sont pas suffisantes pour déterminer le rapport de grandeur entre les deux expressions

Exemple :

Colonne 1	Colonne 2	Information Supplémentaire
20% de 50	50% de 20	

Dans cet exemple, l'expression de la colonne 1 est égale à l'expression de la colonne 2 : en effet, $20\% \times 50 = \frac{1}{5} \times 50 = 10$ et $50\% \times 20 = \frac{1}{2} \times 20 = 10$. **Réponse 2.**

II. EXERCICES

Pour chacune des questions qui suit, vous répondez :

Réponse **1**
Si l'expression de la colonne 1 est plus grande que l'expression de la colonne 2
Réponse **2**
Si l'expression de la colonne 2 est plus grande que l'expression de la colonne 1
Réponse **3**
Si les deux expressions sont égales
Réponse **4**
Si les données ne sont pas suffisantes pour déterminer le rapport de grandeur entre les deux expressions

	Colonne 1	**Colonne 2**	**Info Complémentaire**
1	m^2	100m	
2	x	$\frac{x^3 - xy^2}{(x-y)(x+y)}$	$x \neq \pm y$
3	La surface d'un cercle de rayon w	La surface d'un demi-cercle de rayon 2w	$w > 0$
4	Le poids de 8 bananes	Le poids de 2 ananas	Le poids total de 5 bananes et de 2 ananas est égal au poids de 9 bananes et d'un ananas
5	La moyenne arithmétique de : $0{,}03\ ;\ \left(\frac{1}{2}\right)^j\ ;\ \frac{2}{5}$	0,4	j est un nombre naturel strictement positif (i.e. entier et strictement positif)

	Colonne 1	Colonne 2	Info Complémentaire
6	$\frac{1}{p} \div \frac{1}{h}$	$\frac{1}{p} \times \frac{1}{h}$	$p > 1, h > 1$
7	$(10k)^k$	k^{10k}	k est un nombre naturel strictement positif (i.e. entier et strictement positif)
8	Le volume de la moitié d'un cube dont la longueur du côté est g centimètres	Le volume d'un cube dont la longueur du côté est $\sqrt{g}$ centimètres	
9	La circonférence d'un cercle de rayon 3r mètres	La somme des circonférences de 3 cercles dont le rayon de chacun est r mètres	
10	$(x+6)^2$	$(x-6)^2$	
11	t	tk	$k \leq 0$
12	La somme que l'on paiera pour un produit dont le prix de base est R, auquel on a ajouté une taxe de 15%, et sur lequel on bénéficie d'une remise de 20% sur la somme globale	La somme que l'on paiera pour un produit dont le prix de base est R, auquel on n'a pas ajouté de taxe et sur lequel on a bénéficié d'une remise de 5%	
13	$\frac{b}{a} - \frac{a}{b}$	$\frac{b^2 - a^2}{ab}$	$a, b \neq 0$

	Colonne 1	Colonne 2	Info Complémentaire
14	La probabilité de tirer une boule blanche du tiroir A	La probabilité de tirer une boule blanche du tiroir A et une boule noire du tiroir B	Dans chacun des tiroirs, il y a 10 boules : 9 noires et 1 blanche
15	$3^k - 1$	2^k	$k > 0$
16	L'augmentation en pourcentage du salaire de Eddy qui était de j € par mois et qui est à présent de $(j+100)$ €	La diminution en pourcentage du salaire de Jeff qui était de $(j+100)$ € par mois et qui est à présent de j € par mois	$j > 0$
17	Le volume d'un cône dont le rayon de la base est r est dont la hauteur est z	Le volume d'un cylindre dont le rayon de la base est $\frac{r}{2}$ et dont la hauteur est z	$h, z > 0$
18	Le nombre de carreaux de 20 cm sur 20 cm nécessaire pour carreler une surface rectangulaire de p mètres sur z mètres	Le nombre de carreaux de 30 cm sur 30 cm nécessaire pour carreler une surface rectangulaire de 1,5p mètres sur 1,5z mètres	Les variables p et z sont strictement positives
19	La vitesse moyenne de Rudy lorsqu'il parcourt une distance de 5 km en 70 minutes	La vitesse moyenne d'Anne lorsqu'elle parcourt une distance de 45 km en 630 minutes	
20	$b - a$	$a - b$	$a + b = 7$

	Colonne 1	Colonne 2	Info Complémentaire
21	$6^{27}-6$	6^{26}	
22	Z% de X	X% de Z	
23	Le volume d'un cube d'arête f centimètres	La moitié du volume d'un cube dont l'arête est de 2f centimètres	
24	Le périmètre d'un triangle rectangle dont les côtés de l'angle droit valent 5 et 12 centimètres	30 centimètres	
25	Le prix après réduction d'un article de pêche qui valait 75 € et qui a été réduit de 40%	Le prix après augmentation, d'un produit qui valait 25 € et qui a été augmenté de 80%	
26	La vitesse de la pointe d'une aiguille (d'une montre) de longueur 2t cm qui tourne à vitesse constante et effectue le tour du cadran toutes les 5 secondes	La vitesse de la pointe d'une aiguille (d'une montre) de longueur t cm qui tourne à vitesse constante et effectue le tour du cadran toutes les 10 secondes	
27	$2\sqrt{\frac{a}{4}+\frac{b}{4}+\frac{\sqrt{2ab}}{4}}$	$\sqrt{(\sqrt{a}-\sqrt{b})^2}$	$a,b>0$

	Colonne 1	Colonne 2	Info Complémentaire
28	La surface d'un cercle de rayon z cm	La surface d'un carré de côté 2z cm	$\pi = 3{,}14$ (approximativement)
29	$\frac{a}{b}$	$\sqrt[3]{\frac{a^3}{b^3}}$	$b \neq 0$
30	La probabilité de tirer au hasard un cube noire d'un sac contenant 5 cubes noires et 4 cubes blancs	La probabilité de tirer au hasard un cube blanc d'un sac contenant 5 cubes noires et 6 cubes blancs	
31	Le rayon d'un cercle d'une *surface* de 64π mètres carrés	Le rayon d'un cercle d'un *périmètre* de 16π mètres carrés	
32	La probabilité de tirer au hasard une boule blanche suivie d'une boule bleue dans un sac contenant 3 boules blanches, 6 boules bleues, 7 boules vertes et 2 boules rouges	La probabilité de tirer au hasard une boule blanche suivie d'une boule jaune dans un sac contenant 5 boules bleues, 7 boules blanches et 4 boules jaunes	La première boule tirée est remise dans le sac
33	$y + 2u$	$y - 2u$	$0 < y$ $u < 0$
34	La probabilité de tirer au hasard un gant noir suivi d'un gant vert suivi d'un gant bleu dans un sac contenant 5 gants verts, 13 gants noirs et 8 gants bleus	La probabilité de tirer au hasard un gant gris suivi d'un gant rouge suivi d'un gant blanc dans un sac contenant 11 gants blanc, 17 gants rouges et 7 gants gris	Le premier gant tiré comme le second gant tiré ne sont pas remis dans le sac

	Colonne 1	**Colonne 2**	**Info Complémentaire**
35	$EX + XG + EF$ dans le carré : 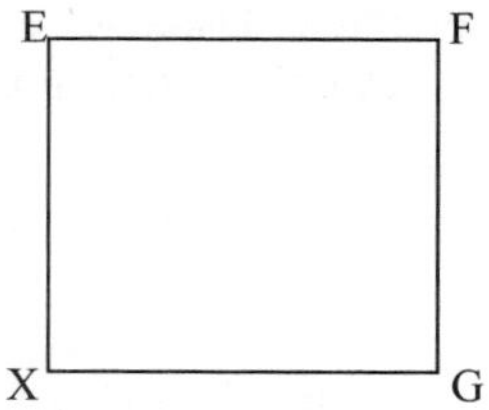	$AZ + ZC$ dans le triangle rectangle : 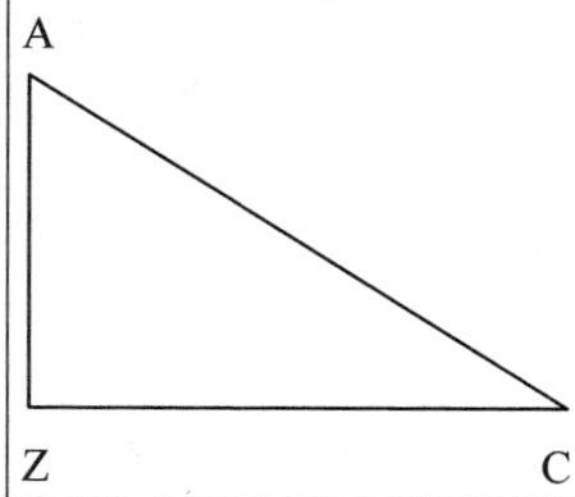	$AZ = EX = k$ cm $AC = 2k$ cm
36	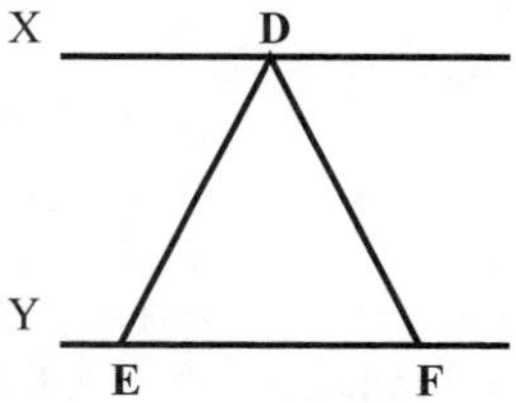 La surface du triangle EDF	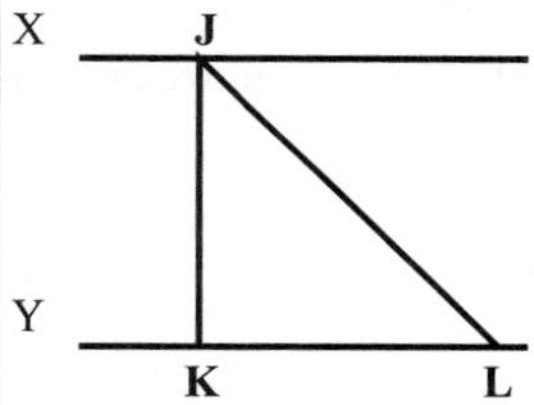 La surface du triangle JKL	$KL = EF$ $X // Y$ La distance entre les lignes parallèles dans les deux colonnes est égale
37	La vitesse moyenne d'un train qui parcourt 500 km en 125 minutes	La vitesse moyenne d'un léopard qui court le 400 mètres en 6 secondes	
38	Le nombre de menus possibles que l'on peut choisir si on a le choix entre 8 entrées, 6 plats et 11 desserts	Le nombre de menus possibles que l'on peut choisir si on a le choix entre 4 entrées, 14 plats et 9 desserts	
39	Le surface d'un triangle rectangle dont l'hypoténuse mesure 5 cm et la hauteur 3 cm	La surface d'un rectangle dont la largeur mesure $\sqrt{2}$ cm et la longueur $3\sqrt{2}$ cm	

III. CORRIGÉS

1 – Réponse 4

Lorsque vous désirez comparer des quantités dans lesquelles se trouve une inconnue, vous devez trouver ce que peut représenter l'inconnue. Dans notre cas, nous n'avons aucune information sur la valeur possible de m. Aussi devons-nous étudier tous les cas de figures possibles.

Si $m > 100$ alors $m^2 > 100m$

Si $m = 100$ alors $m^2 = 100m$

Il est déjà clair que nous ne disposons pas de suffisamment d'information pour déterminer laquelle de ces deux expressions est la plus grande. C'est pourquoi, la réponse 4 est la réponse correcte.

Continuons toutefois à explorer les autres possibilités.

Si $0 < m < 100$ alors $m^2 < 100m$

Si $m = 0$ alors $m^2 = 100m$

Si $m < 0$ alors $100m < 0$ et comme $m^2 > 0$ (un nombre positif ou négatif mis au carré est *toujours* positif) on a alors $m^2 > 100m$

2 – Réponse 3

$\frac{x^3 - xy^2}{(x-y)(x+y)} = \frac{x(x^2 - y^2)}{x^2 - y^2}$. Or étant donné que $x \neq \pm y$, je peux diviser le numérateur comme le dénominateur par $x^2 - y^2$, ce qui donne : $\frac{x(x^2 - y^2)}{x^2 - y^2} = x$.

Ainsi les deux expressions sont égales. Réponse 3.

3 – Réponse 2

La surface d'un cercle de rayon w est : πw^2

La surface d'un demi-cercle de rayon 2w est : $\frac{1}{2}\pi(2w)^2 = \frac{1}{2}\pi 4w^2 = 2\pi w^2$

L'expression de la colonne 2 est donc plus grande (2 fois plus grande exactement) que l'expression de la colonne 1.

4 – Réponse 3

Soit x : le poids d'une banane

Soit y : le poids d'un ananas

L'information supplémentaire nous permet d'établir la relation suivante : $5x+2y=9x+y \Leftrightarrow y=4x$. On trouve donc que le poids d'1 ananas est égal au poids de 4 bananes. Le poids de 2 ananas est par conséquent *égal* au poids de 8 bananes.

5 – Réponse 2

$$\text{moyenne arithmétique} = \frac{\text{somme de tous les termes}}{\text{nombre de termes}}$$

L'information supplémentaire nous permet d'établir que la moyenne arithmétique de la série de la colonne 1 sera maximale lorsque la puissance j sera égale à 1. En effet la fraction $\left(\frac{1}{2}\right)^j$ diminuera d'autant plus que j sera supérieur à 1 (j = 2, 3, 4, ...) parce ce que seul le dénominateur de cette fraction sera amené à augmenter.

Posons donc j = 1. La série de la colonne 1 s'écrit : $\left(0{,}03;\ \frac{1}{2};\ \frac{2}{5}\right)$. En mettant tous ces termes sous un même dénominateur commun (100) on obtient la série : $\left(\frac{3}{100};\ \frac{50}{100};\ \frac{40}{100}\right)$. La moyenne arithmétique de ces trois nombres s'écrit alors : $\frac{\frac{3}{100}+\frac{50}{100}+\frac{40}{100}}{3}=\frac{93}{3\times 100}=\frac{31}{100}$.

L'expression de la colonne 2 s'écrit : $0{,}4=\frac{40}{100}$ (pour établir une comparaison des données, il est nécessaire de convertir le nombre décimal 0,4 en une fraction dont le dénominateur est le même que celui de la moyenne obtenu dans la colonne 1)

Etant donné que $\frac{40}{100}>\frac{31}{100}$, l'expression de la colonne 2 est plus grande que l'expression de la colonne 1.

6 – Réponse 1

Colonne 1 : $\frac{1}{p}\div\frac{1}{h}=\frac{\frac{1}{p}}{\frac{1}{h}}=\frac{h}{p}$

Colonne 2 : $\frac{1}{p}\times\frac{1}{h}=\frac{1}{ph}$

Comparons ces deux expressions en tenant compte de l'information supplémentaire : $p>1,\ h>1$.

En multipliant chacune des expressions par p (p > 1) on obtient pour la colonne 1 l'expression : h et pour la colonne 2 l'expression $\frac{1}{h}$. Or si h > 1, on a : $\frac{1}{h} < h$.

L'expression de la colonne 1 est plus grande que l'expression de la colonne 2 : réponse 1.

7 – Réponse 4

Les expressions de la colonne 1 et de colonne 2 se ressemblent mais il ne faut pas laisser tromper.

Les cas : $k = 1$ et $k = 2$ à eux seuls, permettent d'affirmer qu'en l'absence d'une nouvelle donnée supplémentaire, il est impossible à une réponse catégorique. En effet, si $k = 1$, on obtient pour la colonne 1 la valeur 10 et pour la colonne 2 la valeur 1. L'expression de la colonne 1 est donc plus grande que l'expression de la colonne 2. En revanche, pour $k = 2$, on obtient pour la colonne 1 la valeur 400 (20^2) et pour la colonne 2 la valeur 2^{20}, qui est très largement supérieure à 400. Dans ce deuxième cas, c'est L'expression de la colonne 2 qui est plus grande que l'expression de la colonne 1.

8 – Réponse 4

Cette question peut, elle aussi, être rapidement résolue en remplaçant g par des valeurs réelles. Commençons par $g = 1$. Dans ce cas les deux cubes en question dans les colonnes 1 et 2 ont des côtés (arêtes) de longueur identique. Ce choix n'est pas anodin : nous voulons en effet vérifier la règle : « l'expression de la colonne 1 est-elle *toujours* plus grande que l'expression de la colonne 2 / l'expression de la colonne 2 est-elle *toujours* plus grande que l'expression de la colonne 1 ? ». Très bien, si g = 1, le volume d'un cube de 1 cm de côté (colonne 2) est clairement plus grand que la moitié du volume d'un cube de 1 cm de côté (colonne 1).

En revanche, pour g = 9 (nombre pratique pour extraire une racine), l'expression de la colonne 1 est égale à : $\frac{1}{2}9^3 = \frac{729}{2} = 364{,}5$ centimètres cubes et l'expression de la colonne 2 donne un volume égal à $(\sqrt{9})^3 = 3^3 = 27$ centimètres cubes. Ainsi avec si g vaut 9, c'est l'expression de la colonne 1 qui est clairement plus grande que l'expression de la colonne 2.

En posant des valeurs de g différentes, nous obtenons des conclusions différentes. Il nous manque donc une information supplémentaire pour conclure.

9 – Réponse 3

La circonférence d'un cercle d'un rayon de 3r mètres est égale à $2 \times \pi \times 3r = 6\pi\,r$.

La somme des circonférences de 3 cercles dont le rayon de chacun est r mètres est égale à : $3 \times 2\pi \times r = 6\pi\,r$.

10 – Réponse 4

Si l'on remplace x par un nombre positif alors la colonne 1 donnera des valeurs plus grandes que la colonne 2.

Si l'on remplace x par 0, les deux expressions sont identiques.

Si enfin, on remplace x par des valeurs négatives, la colonne 2 donnera des valeurs plus grandes que la colonne 1.

Ainsi, étant donné que x n'est pas restreint, contraint, il est impossible de déterminer quelle expression a la plus grande valeur.

11 – Réponse 4

On ne nous dit rien sur t.

Si $t = 0$, alors les deux expressions sont égales.

Si $t < 0$, alors $tk \geq 0$ étant donné que $k \leq 0$.

Si $t > 0$, alors $tk \leq 0$ étant donné que $k \leq 0$.

En conséquence, on ne peut savoir quelle expression a la valeur la plus grande.

12 – Réponse 2

Colonne 1 :

$R + 15\%R = 1{,}15\ R;\quad 1{,}15\ R - 0{,}2 \times 1{,}15\ R = 1{,}15\ R - 0{,}23\ R = 0{,}92\ R$

Colonne 2 :

$R - 5\%R = R - 0{,}05\ R = 0{,}95\ R$

En conclusion, R étant naturellement positif : $0{,}95\ R > 0{,}92\ R$

13 – Réponse 3

En tenant compte du fait que a, $b \neq 0$: $\frac{b}{a} - \frac{a}{b} = \frac{bb - aa}{ab} = \frac{b^2 - a^2}{ab}$

14 – Réponse 1

Colonne1 :

En tenant de l'information supplémentaire, la probabilité de tirer une boule blanche du tiroir A est égale à : $\frac{\text{favorables}}{\text{possibles}} = \frac{1}{10}$.

Colonne 2 :

En tenant de l'information supplémentaire, la probabilité de tirer une boule blanche du tiroir A *puis* une boule noire du tiroir B est égale au *produit* des probabilités de chacun des tirages. Il s'agit en effet de tirages indépendants. (quel que soit le résultat du tirage d'une boule du tiroir A, celui-ci n'aura aucune influence sur le résultat du tirage d'une boule du tiroir B : les deux tirages sont indépendants). Ainsi, $\text{probabilité} = \text{probabilité}_{\text{tirage tiroir A}} \times \text{probabilité}_{\text{tirage tiroir B}} = \frac{1}{10} \times \frac{9}{10} = \frac{9}{100}$.

Comparaison : $\frac{1}{10} = \frac{10}{100}$ et $\frac{10}{100} > \frac{9}{100}$

15 – Réponse 4

Si $k = 1$, $3^1 - 1 = 2$ et $2^1 = 2$. Les deux expressions sont donc égales.

En revanche si $k = 2$, $3^2 - 1 = 8$ et $2^2 = 4$: l'expression de la colonne 1 est manifestement plus grande que l'expression de la colonne 2.

16 – Réponse 1

Colonne 1 :

Quantité d'augmentation : 100

Quantité d'origine : j

$$\text{Augmentation en pourcentage} = \left(\frac{100}{j} \times 100\right)\% = \frac{10000}{j}\%$$

Colonne 2 :

Quantité de baisse : 100

Quantité d'origine : $(j+100)$

$$\text{Augmentation en pourcentage} = \left(\frac{100}{j+100} \times 100\right)\% = \frac{10000}{j+100}\%$$

Comparaison : $\frac{10000}{j+100}\% < \frac{10000}{j}\%$. En valeur absolue, il apparaît donc que l'augmentation en pourcentage du salaire d'Eddy a été plus importante que la diminution en pourcentage du salaire de Jeff.

17 – Réponse 1

$$\text{Volume}_{\text{cône}} = \frac{\pi r^2 z}{3}$$

$$\text{Volume}_{\text{cône}} = \pi \left(\frac{r}{2}\right)^2 z = \frac{\pi r^2 z}{4}$$

18 – Réponse 3

Colonne 1 :

Surface d'un carreau : $20 \times 20 = 400\ \text{cm}^2$

Surface rectangulaire :

surface $= \text{pz m}^2 = 10000 \text{ pz cm}^2$ (en effet : 1 m =100 cm et1 $\text{m}^2 = 10000 \text{ cm}^2$)

Ainsi, nombre de carreaux nécessaires $= \dfrac{10000\,\text{pz}}{400} = 25\,\text{pz}$

Colonne 2 :

Surface d'un carreau : $30 \times 30 = 900 \text{ cm}^2$

Surface rectangulaire : surface $= 1{,}5\,\text{p} \times 1{,}5\,\text{z m}^2 = 2{,}25 \text{ pz m}^2 = 22500 \text{ pz cm}^2$

Ainsi, nombre de carreaux nécessaires $= \dfrac{22500\,\text{pz}}{900} = 25\,\text{pz}$

19 – Réponse 3

Rudy : $v = \dfrac{5}{70} = \dfrac{1}{14} \text{km/mn}$

Anne : $v = \dfrac{45}{630} = \dfrac{5}{70} = \dfrac{1}{14} \text{km/mn}$

20 – Réponse 4

Si $a + b = 7$, alors $b - a = a + b - 2a = 7 - 2a$ et $a - b = 2a - 7$. Il s'agit donc de comparer $7 - 2a$ et $2a - 7$.

Si $a = \dfrac{1}{2}$, $7 - 2a = 2a - 7$ // Si $a > \dfrac{7}{2}$, $7 - 2a < 2a - 7$ // Si $a < \dfrac{7}{2}$, $7 - 2a > 2a - 7$

Il nous manque par conséquent une autre information supplémentaire (une contrainte de valeurs sur a ou b par exemple)

21 – Réponse 1

$6^{27} - 6 = 6 \times 6^{26} - 6$.

Si je divise à présent chacune des expressions des colonnes 1 et 2 par 6^{26} (qui est positif), j'obtiens pour la colonne 1 la valeur : $\dfrac{6 \times 6^{26} - 6}{6^{26}} - = 6 - \dfrac{6}{6^{26}} = 6 - \dfrac{1}{6^{25}}$ et j'obtiens la valeur $\dfrac{6^{26}}{6^{26}} = 1$ pour la colonne 2.

Comparons à présent les nouvelles valeurs obtenues. Etant donné que $0 < \dfrac{1}{6^{25}} < 1$, $6 - \dfrac{1}{6^{25}}$ est clairement compris entre 5 et 6 et est par conséquent supérieur à 5 et donc à 1.

22 – Réponse 3

Z% de X est égal à : $Z\% \times X = \frac{Z}{100} \times X = \frac{ZX}{100}$

X% de Z est égal à : $X\% \times Z = \frac{X}{100} \times Z = \frac{XZ}{100}$

23 – Réponse 2

Colonne 1 : $\text{Volume} = f^3$ // Colonne 2 : $\text{Volume} = \frac{1}{2}(2f)^3 = 4f^3$

Il s'agit ici de longueurs, f est donc positif et non nul, et quel que soit sa valeur, on aura toujours $4f^3 > f^3$.

24 – Réponse **3**

Colonne 1 : le périmètre d'un triangle est simplement égal à la somme des longueurs de ses côtés. Il s'agit donc dans un premier de trouver la longueur de l'hypoténuse, longueur que l'on peut calculer à l'aide du théorème de Pythagore :

$\text{hypoténuse}^2 = 5^2 + 12^2 = 25 + 144 = 169$. 169 est un carré parfait, celui de 13. L'hypoténuse est donc égale à 13 cm et la somme des trois longueurs (le périmètre) vaut donc : $5 + 12 + 13 = 30$ cm.

Les expressions des colonnes 1 et 2 sont égales.

25 – Réponse 3

Colonne 1 : $75 - 40\% \times 75 = 75 - \frac{2}{5} \times 75 = 75 - 30 = 45\,€$

Colonne 2 : $25 + 80\% \times 25 = 25 + \frac{4}{5} \times 25 = 25 + 20 = 45\,€$

26 – Réponse 3

Nous devons appliquer la formule : $v = \frac{d}{t}$

Colonne 1 :

La distance à parcourir est égale au périmètre formé par le cercle de rayon 2t (la longueur de l'aiguille). Ce périmètre est égal à : $2\pi\, 2t = 4\pi\, t$ cm.

On a alors : $v = \frac{d}{t} \Leftrightarrow v = \frac{4\pi\, t}{5}$ cm/s (le temps requis pour faire un tour est de 5 secondes.)

Colonne 2 :

la distance à parcourir est égale au périmètre formé par le cercle de rayon t. Ce périmètre est égal à : 2π t cm.

On a alors : $v = \frac{d}{t} \Leftrightarrow v = \frac{2\pi\, t}{10} = \frac{\pi\, t}{5}$ cm/s (le temps requis pour faire un tour est de 5 secondes)

27 – Réponse 1

Colonne 2 :

$\sqrt{(\sqrt{a}-\sqrt{b})^2} = \sqrt{a+b-2\sqrt{a}\sqrt{b}} = \sqrt{a+b-2\sqrt{ab}}$ (Identité remarquable).

En fait on sait que l'expression de la colonne 1 est égale à : $2\sqrt{\frac{a}{4}+\frac{b}{4}-\frac{2\sqrt{ab}}{4}}$ et que celle de la colonne 2 est égale à : $2\sqrt{\frac{a}{4}+\frac{b}{4}-\frac{\sqrt{ab}}{2}}$. Or étant donné que $\frac{\sqrt{2ab}}{4} = \frac{\sqrt{2}}{4}\sqrt{ab} < \frac{\sqrt{ab}}{2}$, on en déduit que l'expression de la colonne 1 est plus grande que celle de la colonne 2 => Réponse 1 !!

28 – Réponse 2

Colonne 1 : $\text{surface} = \pi\, z^2 = 3{,}14 z^2$

Colonne 2 : $\text{surface} = 2z \times 2z = 4z^2$

29 – Réponse 3

Colonne 2 : $\sqrt[3]{\frac{a^3}{b^3}} = \left(\frac{a^3}{b^3}\right)^{\frac{1}{3}} = \frac{a^{3\times\frac{1}{3}}}{b^{3\times\frac{1}{3}}} = \frac{a^1}{b^1} = \frac{a}{b}$

Rappel : $\sqrt{x} = \sqrt[2]{x} = x^{\frac{1}{2}}$; $\sqrt[n]{x} = x^{\frac{1}{n}}$

30 – Réponse 1

Colonne 1 :

$$\text{probabilité} = \frac{\text{favorables}}{\text{possibles}} = \frac{\text{tous les cubes noirs}}{\text{tous les cubes qu'il y a dans le sac}} = \frac{5}{9}$$

Colonne 2 :

$$\text{probabilité} = \frac{\text{favorables}}{\text{possibles}} = \frac{\text{tous les cubes blancs}}{\text{tous les cubes qu'il y a dans le sac}} = \frac{6}{11}$$

Il s'agit à présent de comparer les fractions : $\frac{5}{9}$ et $\frac{6}{11}$. Le plus petit commun multiple des dénominateurs 9 et 11 est : $9 \times 11 = 99$.

Ainsi : $\frac{5}{9} = \frac{5 \times 11}{99} = \frac{55}{99}$ et $\frac{6}{11} = \frac{6 \times 9}{99} = \frac{54}{99}$ et $\frac{55}{99} > \frac{54}{99}$

31 – Réponse 3

Colonne 1 :

Soit : r le rayon du cercle. $\text{Surface} = 64\pi = \pi r^2$. Par identification, on a : $r^2 = 64$ soit $r = \sqrt{64} = 8$ ou $r = -\sqrt{64} = -8$. Le rayon r étant naturellement positif, on a donc : r = 8.

Colonne 2 :

Soit : p le rayon du cercle. $\text{Périmètre} = 16\pi = 2\pi p$. Par identification, on a : $2p = 16$ soit $p = \frac{16}{2} = 8$.

Les deux rayons ont une longueur identique.

32 – Réponse 2

Colonne 1 :

Les deux tirages sont indépendants.

$\text{probabilité} = \text{probabilité}_{\text{premier tirage}} \times \text{probabilité}_{\text{deuxième tirage}}$

$\text{probabilité} = \frac{3}{18} \times \frac{6}{18} = \frac{1}{18}$

Colonne 2 :

$\text{probabilité} = \frac{7}{16} \times \frac{4}{16} = \frac{7}{64}$

Il suffit à présent de comparer les deux probabilités : $\frac{1}{18}$ et $\frac{7}{64}$. En multipliant le numérateur et le dénominateur de la première fraction par 7 nous obtenons $\frac{7}{126}$ et $\frac{7}{64}$. La deuxième fraction est donc plus grande que la première.

Rappel : pour comparer des fractions vous pouvez mettre toutes les fractions sous le même dénominateur (positif) et comparer alors les numérateurs de chacune des fractions. Plus le numérateur sera petit, plus la fraction sera petite. Plus il sera grand et plus la fraction sera grande. C'est la pratique la plus courante.

Mais vous pouvez aussi (lorsque le calcul s'y prête facilement comme dans cette présente question) mettre vos fractions sous un même numérateur (positif) et comparer alors les dénominateurs (que l'on suppose ici positifs). Plus le dénominateur sera petit et plus la fraction sera grande. Plus le dénominateur sera grand et plus la fraction sera petite.

33 – Réponse 2

La variable y est strictement positive. La variable u est strictement négative. Le cas où les variables y et u seraient égales à 0 n'est donc pas à étudier.

Si u est strictement négatif, alors : $-2u > 2u$ et par conséquent, en ajoutant à y aux deux termes de l'inéquation on a : $y-2u > y+2u$.

34 – Réponse 3

Les tirages sont indépendants. Attention, le fait que le premier gant tiré comme le second gant tiré ne soient pas remis dans le sac (information supplémentaire) ne change en rien au fait que les tirages sont indépendants. Bien entendu, je devrai tenir compte de cette information lorsque j'évaluerai mes nombres de favorables et mes nombres de possibles lors de mes deuxième et troisième tirages, mais cela ne devra jamais affecter le fait que mes tirages sont indépendants.

Nos tirages sont mutuellement indépendants (i.e. deux à deux indépendants) et l'on peut donc écrire :

$$\text{probabilité}_{\text{cherchée}} = \text{proba}_{\text{premier tirage}} \times \text{proba}_{\text{deuxième tirage}} \times \text{proba}_{\text{troisième tirage}}$$

Colonne 1 :

on cherche ici la probabilité de tirer au hasard un gant noir suivi d'un gant vert suivi d'un gant bleu dans un sac contenant 5 gants verts, 13 gants noirs et 8 gants bleus.

En tenant en compte le fait que à chaque tirage le gant n'est pas remis dans le sac, on obtient :

$$\text{probabilité}_{\text{cherchée}} = \frac{13}{26} \times \frac{5}{25} \times \frac{8}{24} = \frac{1}{2} \times \frac{1}{5} \times \frac{1}{3} = \frac{1}{30}$$

Colonne 2 :

On cherche ici la probabilité de tirer au hasard un gant gris suivi d'un gant rouge suivi d'un gant blanc dans un sac contenant 11 gants blanc, 17 gants rouges et 7 gants gris

En tenant en compte le fait que à chaque tirage le gant n'est pas remis dans le sac, on obtient :

$$\text{probabilité}_{\text{cherchée}} = \frac{7}{35} \times \frac{17}{34} \times \frac{11}{33} = \frac{1}{5} \times \frac{1}{2} \times \frac{1}{3} = \frac{1}{30}$$

Les expressions des colonnes 1 et 2 sont donc égales.

35 – Réponse 1

Colonne 1 :

(EFXG) étant un carré, on a : EX = EF = XG = FG = k. Par conséquent, EX + XG + EF = 3k

Colonne 2 :

D'après le théorème de Pythagore appliqué au triangle rectangle AZC, on a :

$AC^2 = AZ^2 + ZC^2$ soit : $(2k)^2 = k^2 + ZC^2$. On déduit : $ZC^2 = 3k^2$; $ZC=\sqrt{3k^2}=\sqrt{3}\,k$ et $AZ + ZC = (1+\sqrt{3})k$. Or étant donné que $(1+\sqrt{3})<(1+\sqrt{4})$ et que $(1+\sqrt{4})=3$, on a : $3k>(1+\sqrt{3})k$

36 – Réponse 3

La formule de la surface d'un triangle est : $\text{surface} = \dfrac{\text{base} \times \text{hauteur}}{2}$.

Les hauteurs et les bases des triangles des colonnes 1 et 2 sont égales. En appliquant pour chacun des triangles la formule de la surface on en déduit alors que les surfaces des triangles (EDF) et (JKL) sont égales.

37 – Réponse 3

Colonne 1 :

$v=\dfrac{d}{t}=\dfrac{500}{125}=4\text{km/mn}$

Colonne 2 :

$v=\dfrac{d}{t}=\dfrac{400\text{m}}{6\text{s}}=\dfrac{0{,}4\text{km}}{\frac{1}{10}\text{mn}}=4\text{km/mn}$

38 – Réponse 1

Colonne 1 :

Nombre de menus possibles = 8 x 6 x 11 = 528.

En effet, une fois l'entrée choisie, vous pouvez la coupler avec 6 plats différents. Vous avez alors 6 duos *entrée – plat* possibles. Or il y a 8 entrées différentes, ce qui fait 6 x 8 = 48 duos entrée – plat possibles. Ensuite, une fois que vous avez choisi un duo entrée – plat, vous devez associer votre duo à un dessert. Etant donné qu'il y a 11 desserts possibles, vous aurez donc le choix entre 11 trios (menus) possibles et ce quelque soit le duo initial que vous avez composé ; et comme il y a 48 duos initiaux possibles, on a alors au total 48 x 11 = 528 trios (menus) possibles.

Colonne 2 :

Nombre de menus possibles = 4 x 14 x 9 = 504

39 – Réponse 3

Colonne 1 :

Le théorème de Pythagore nous permet de calculer la longueur de la base du triangle. En effet $(\text{hypoténuse})^2 = 3^2 + (\text{base})^2$, soit $(\text{base})^2 = 5^2 - 3^2 = 16$; base = 4 cm. La surface du triangle est donc égale à : ½ (4 x 3) = 6 cm^2.

Colonne 2 :

Surface = $\sqrt{2} \times 3\sqrt{2} = 6$ cm^2.

CHAPITRE 3

LES QCM DE CALCUL

1. SECTION UNE ETOILE ✦

Niveau fondamental

Cible type : Concours Sésame

Cible large : tout concours où figure une épreuve de calcul/mathématiques

Cette section a pour objectif de vous entraîner sur des problèmes de base utilisant des notions fondamentales d'arithmétique d'algèbre et de géométrie. Cette section doit vous permettre d'acquérir les réflexes indispensables à une résolution rapide et efficace des problèmes des sections deux et trois étoiles.

Attention : vous n'avez jamais le droit à la calculatrice.

Problème 1

Si la moyenne arithmétique de 6 nombres est 4,5 ; que vaut la somme de ces 6 nombres ?

(a) 4,5
(b) 24
(c) 27
(d) 30
(e) On ne peut pas savoir

Problème 2

Combien y a-t-il de minutes dans trois heures un quart *plus* deux heures et trente deux minutes ?

(a) 346
(b) 347
(c) 348
(d) 349
(e) 350

Problème 3

Un ballon de rugby pèse exactement (250 g plus ½ ballon de rugby). Quel est, en kg, le poids d'un ballon de rugby ?

(a) 0,25
(b) 0,30
(c) 0,50
(d) 0,75
(e) 1

Problème 4

Un CD de Patrick B. et deux livres de Valérie K. coûtent 75 €. Trois CD de Patrick B. et deux livres de Valérie K. coûtent 125 €. Quel est le prix d'un CD de Patrick B. ?

(a) 10 €
(b) 15 €
(c) 20 €
(d) 25 €
(e) 50 €

Problème 5

Simon marche à la vitesse constante de 6 km/h. Quelle distance aura-t-il parcouru après 5 heures et 10 minutes ?

(a) 10 000 m
(b) 15 000 m
(c) 25 500 m
(d) 30 000 m
(e) 31 000 m

Problème 6

Quel fraction faut-il ajouter au numérateur *et* au dénominateur de $\frac{2}{7}$ pour obtenir le double de $\frac{2}{7}$?

(a) $\frac{1}{4}$

(b) $\frac{10}{3}$

(c) $\frac{14}{3}$

(d) $\frac{13}{7}$

(e) $\frac{1}{3}$

Problème 7

Quelle est, en cm, la longueur du troisième côté d'un triangle rectangle dont l'hypoténuse et le deuxième côté mesurent respectivement 10 cm et 6 cm ?

(a) 6
(b) 4
(c) 5
(d) 1
(e) 8

Problème 8

Sur 1100 étudiants interrogés, 900 jouent au football, 550 jouent au basket-ball et 450 jouent aux deux. Combien d'étudiants ne jouent ni au basket-ball ni au football ?

(a) 0
(b) 100
(c) 200
(d) 250
(e) 300

Problème 9

Quelle est, en centimètres carrés, l'aire totale des surfaces d'un cube dont l'arête mesure 8 cm ?

(a) 256
(b) 384
(c) 396
(d) 408
(e) 800

Problème 10

La moyenne arithmétique de trois nombres a, b et c est b^2. Que vaut c ?

(a) $\frac{a+b}{2}$

(b) $b^2 - a$

(c) $b(3b-1)-a$

(d) $3b(3a-b)-1$

(e) $b^2 - 1$

Problème 11

Si un quadrilatère quelconque a 3 angles droits alors ce quadrilatère est un rectangle ou un carré.

(a) Vrai

(b) Faux

Problème 12

Quel est le plus grand nombre de cubes de 1 cm d'arête que l'on peut faire rentrer dans un cube de 6 cm d'arête ?

(a) 6

(b) 36

(c) 112

(d) 216

(e) 1226

Problème 13

Un TGV met 3h 30 minutes pour parcourir près de 1050 km. Quelle est sa vitesse moyenne ?

(a) 200 km/h

(b) 225 km/h

(c) 250 km/h

(d) 275 km/h

(e) 300 km/h

Problème 14

Soit $f=\frac{z \times k}{p}$; z, k et p positifs.

Si l'on multiplie p par 4, que l'on divise k par 2 et que l'on divise z par 3, on peut dire que f sera alors :

(a) 2 fois plus petit

(b) 3 fois plus petit

(c) 4 fois plus petit

(d) 16 fois plus petit
(e) 24 fois plus petit

Problème 15

40 voitures d'occasion coûtent 120 000 €. Combien coûtent 15 voitures ?

(a) 50 000 €
(b) 48 000 €
(c) 47 000 €
(d) 45 000 €
(e) 43 000 €

Problème 16

$\sqrt{4a^2+4a+1} = 2a+1 \quad (a > -1/2)$

(a) Vrai
(b) Faux

Problème 17

Une urne contient 30 boules bleues et 15 boules blanches. Combien de boules doit-on tirer pour être sûr d'obtenir au moins 10 boules bleues ?

(a) 10
(b) 15
(c) 25
(d) 30
(e) 45

Problème 18

Sur 200 personnes interrogées à la sortie du Roxy : 50 lisent la revue A, 60 lisent la revue F et 10 lisent les deux. Quel est le pourcentage de personnes qui ne lisent aucune des deux revues ?

(a) 20%
(b) 30%
(c) 40%
(d) 50%
(e) 60%

Problème 19

Quelle est, en cm, la longueur de l'hypoténuse d'un triangle rectangle dont les deux autres côtés mesurent 10 cm et $2\sqrt{11}$ cm ?

(a) $10 + 2\sqrt{11}$
(b) 12
(c) $13 + \sqrt{11}$
(d) 14
(e) 27

Problème 20

Quel est le plus grand nombre de cubes de 2 cm de côté que l'on peut faire rentrer dans un cube de 10 cm de côté ?

(a) 12
(b) 50
(c) 100
(d) 120
(e) 125

Problème 21

6526134 est divisible par 111

(a) Vrai
(b) Faux

Problème 22

Il y a 36 cubes identiques à l'intérieur d'un parallélépipède rectangle de longueur 60 cm, de largeur 30 cm est de hauteur 2 cm. Le parallélépipède est plein. Combien mesure l'arête d'un petit cube ?

(a) $10^{\frac{2}{3}}$
(b) 4
(c) 10
(d) $3\sqrt{3}$
(e) $10^{\frac{3}{2}}$

Problème 23

Combien d'hectolitres d'eau dois-je verser dans un cylindre géant de 4 kilomètres de hauteur et de 3 kilomètres de rayon si je veux le remplir aux trois quarts de sa capacité totale ?

(a) 2,7 π milliards d'hectolitres
(b) 27 π milliards d'hectolitres
(c) 270 π milliards d'hectolitres
(d) 480 millions d'hectolitres
(e) 47 millions d'hectolitres

Problème 24

Si H est un nombre impair, lequel parmi les nombres suivants sera toujours un nombre impair ?

(a) $3H + 3$
(b) H^2
(c) $2H^2$
(d) $H + 3$
(e) $\frac{H(H+5)}{2}$

Problème 25

Quel est le volume d'un cube dont la diagonale d'une face mesure $2\sqrt{2}$ cm ?

(a) $16\sqrt{2}$
(b) 4
(c) 64
(d) 8
(e) 96

Problème 26

On sait que $\frac{1}{x}$ vaut 1% de x. Que vaut x ? ($x > 0$)

(a) 0,01
(b) 0,1
(c) 1
(d) 10
(e) 100

Problème 27

Lequel de ces nombres est le plus grand ?

(a) $\frac{1}{3}$

(b) $\left(\frac{1}{3}\right)^{-2}$

(c) $\left(\frac{1}{3}\right)^{0}$

(d) $\left(\frac{1}{3}\right)^{-3}$

(e) 2

Problème 28

Soit X, Y et Z, 3 *chiffres* consécutifs, tel que $X<Y<Z$.

Que vaut la soustraction : $ZYX-XYZ$?

(a) 198

(b) 132

(c) 178

(d) 112

(e) 981

Problème 29

Nicolas a parcouru 14 km en 2 heures et 48 minutes. Quel a été sa vitesse moyenne ?

(a) 4,5 km/h

(b) 4,8 km/h

(c) 5 km/h

(d) 5,2 km/h

(e) 6 km/h

Problème 30

Quel est le volume d'un cylindre de 10 m de rayon et de 300 m de hauteur ?

(a) $40200\,\pi\ m^3$

(b) $32000\,\pi\ m^3$

(c) $125600\,\pi\ m^3$

(d) $30000\,\pi\ m^3$

(e) $97000\,\pi\ m^3$

Problème 31

Estelle et Yann font des beignets pour la fête. Yann prépare 30 beignets avec 5 verres de farine. Estelle prépare 15 beignets avec 3 verres de farine. Combien de beignets Estelle et Yann prépareront-ils ensemble, si chacun d'eux dispose de 10 verres de farine ?

(a) 90
(b) 100
(c) 110
(d) 120
(e) 130

Problème 32

20% de l'eau d'une piscine s'évapore chaque jour. Au début de la journée, la piscine est pleine. En fin de journée, il faut ajouter huit mètres cube d'eau pour la remplir à nouveau. Combien d'eau, en mètres cube, la piscine contient-elle ?

(a) 16
(b) 20
(c) 32
(d) 40
(e) 48

Problème 33

Si 28 bouteilles de vin de table me coûtent 21 €, combien me coûtent alors 7 bouteilles du même vin?

(a) 5,25 €
(b) 5,50 €
(c) 6,30 €
(d) 7 €
(e) 10,50 €

Problème 34

Gabriel écrie en moyenne 2 e-mails en 3 minutes. Combien d'e-mails aura-t-il le temps d'écrire en 3 heures ?

(a) 120
(b) 130
(c) 180

(d) 360
(e) 400

Problème 35
Si 2x + y = 5, alors 4x + 2y = ?

(a) 5
(b) 8
(c) 9
(d) 10
(e) Aucune des réponses ci-dessus

Problème 36
$(3^2 2^0 6^{-2})^{-1} = ?$

(a) 0
(b) 1
(c) 4
(d) 9
(e) 16

Problème 37
Si x + y = 6 et 3x + y = 4, alors x – y est égal à :

(a) – 8
(b) 0
(c) 2
(d) 4
(e) 6

Problème 38
Un 4x4 vaut 16500 €. On le vend désormais 13200 €. Quelle est la réduction faite à l'acquéreur ?

(a) 5%
(b) 9%
(c) 11%
(d) 20%
(e) 26%

Problème 39

On jette cinq dés d'un seul coup. Quelle est la somme des nombres la plus élevée que l'on peut obtenir si aucun nombre n'apparaît plus d'une seule fois ?

(a) 16
(b) 20
(c) 22
(d) 24
(e) 26

Problème 40

Si $\frac{x}{y} = \frac{2}{3}$ alors $\frac{y^2}{x^2}$ est égal à :

(a) $\frac{4}{9}$
(b) $\frac{2}{3}$
(c) $\frac{3}{2}$
(d) $\frac{9}{4}$
(e) $\frac{5}{2}$

Problème 41

L'usine Citroyota fabrique 20 voitures en 4 jours. Combien de voitures peut-on fabriquer en 6 jours dans 3 usines semblables qui ont le même rendement ?

(a) 60
(b) 80
(c) 90
(d) 120
(e) 130

Problème 42

Lors d'un déjeuner, Ben a commandé trois éclairs et un café et il a payé 2,25 €. Stéphanie, elle, a commandé deux éclairs et un café et elle a payé 1,70 €.
Quel était le prix de deux éclairs ?

(a) 0,55 €
(b) 1 €

(c) 1,10 €
(d) 1,30 €
(e) 1,80 €

Problème 43

Une boîte contient 8 billets dont seul l'un d'eux désigne le gagnant. Danielle tire au hasard un billet de la boîte, se rend compte qu'elle n'a pas gagné, remet le billet dans la boîte et tire à nouveau un billet. Quelles sont maintenant ses chances de tirer le billet gagnant ?

(a) $\frac{1}{4}$
(b) $\frac{1}{16}$
(c) $\frac{1}{8}$
(d) $\frac{1}{64}$
(e) $\frac{1}{128}$

Problème 44

La directrice des achats du Twilo a commandé une caisse de champagne à X € la caisse, deux caisses de bouteilles de vin à S € la caisse ainsi que trois caisses de bouteilles de bière à B € la caisse. Quel est, en euros, le coût total de sa commande ?

(a) $X+2S+B$
(b) $XS+3B$
(c) $X+2S+3B$
(d) $X+S+\frac{B}{3}$
(e) $6(X+S+B)$

Problème 45

Quatre enfants comparent les économies qu'ils possèdent dans leur tirelire. Si Manu donne 2 € à Viviane et que Benjamin donne un quart de sa tirelire à Mimi, les quatre enfants possèdent alors une somme identique.

Sachant qu'ils possèdent 120 € à eux quatre…

Quel est le montant des économies de Benjamin ?

(a) 30 €
(b) 35 €

(c) 37,5 €
(d) 40 €
(e) 60 €

Quel est le montant des économies de Viviane ?

(a) 32 €
(b) 30 €
(c) 28 €
(d) 27 €
(e) 20 €

Problème 46

Une urne contient trois boules blanches, deux boules vertes, et une boule rouge. La probabilité de tirer une boule rouge suivie d'une boule verte, en sachant que la boule est remise dans l'urne, est égale à : $\frac{1}{9}$

(a) Vrai
(b) Faux

Problème 47

Un coursier fait payer 5 € pour les deux premiers kilos à transporter et 0,75 € pour chaque kilo supplémentaire. En supposant qu'il y a 6% de taxes à rajouter pour le transport, combien me coûtera-t-il de faire transporter six kilos ?

(a) 4,24 €
(b) 8 €
(c) 8,18 €
(d) 8,48 €
(e) 10,60 €

Problème 48

Si p est égal au cinquième de (p – r), que vaut le rapport r/p ?

(a) – 5
(b) – 4
(c) – ½
(d) 1
(e) ¼

Problème 49

30% de 60% de 20% = ?

(a) 36000%
(b) 36%
(c) 10%
(d) 3,6%
(e) 0,36%

Problème 50

Les intérêts prélevés sur un prêt de 1000 € sont de p € pour le premier mois et q € par mois après le premier mois. Quel est le montant total des intérêts prélevés sur les 3 premiers mois pour un prêt de 15 000 € ?

(a) 15p + 30q
(b) p + 2q
(c) p + 20q
(d) 30p + 60q
(e) 30p

20 problèmes avec solutions uniquement

Problème 51

Si la somme d'un nombre à deux chiffres et d'un nombre à trois chiffres donne un nombre à quatre chiffres, laquelle des conclusions suivantes peut-on tirer ?

(a) Le premier chiffre de la somme est 1
(b) Le premier chiffre de chacun des nombres additionnés est supérieur à 5
(c) Le premier chiffre du nombre à deux chiffres est 9
(d) Le deuxième chiffre du nombre à deux chiffres est supérieur ou égal à 7
(e) Il y a une erreur de calcul

Problème 52

Quel est le résultat de l'opération suivante :

$-99+2\times12+2\times50+176+1000-1001=?$

(a) 0
(b) 150
(c) 199
(d) 200
(e) 201

Problème 53

Quel est le résultat de l'opération suivante :

$121^2 - 119^2 = ?$

(a) 2
(b) 280
(c) 480
(d) 34510
(e) 121119

Problème 54

Quel est le résultat de l'opération suivante :

$1000^2 - 999^2 = ?$

(a) 1
(b) 999
(c) 1999
(d) 11999
(e) 100999

Problème 55

Quel est le résultat de l'opération suivante :

$10^2 + 4^2 + 12^2 + 40 = ?$

(a) 66
(b) 300
(c) 400
(d) 2340
(e) 40000

Problème 56

Quel est le résultat de l'opération suivante :

$\frac{39}{21} \div \frac{26}{49} = ?$

(a) $\frac{7}{5}$
(b) $\frac{5}{12}$

(c) 3

(d) 3,5

(e) $\frac{1}{2}$

Problème 57

Si n et p sont des nombres impairs, lequel de ces nombres donne toujours un nombre pair ?

(a) $n + p$

(b) np

(c) $np + 2$

(d) $n + p + 1$

(e) $2n + p$

Problème 58

Si n^3 est impair, laquelle des assertions suivantes est vraie ?

I. n est impair

II. n^2 est impair

III. n^2 est pair

(a) I. seulement

(b) II. seulement

(c) III. seulement

(d) I et II seulement

(e) I et III seulement

Problème 59

Si $x + 2y = 4$ et $\frac{x}{y} = 2$, alors x est égal à :

(a) 0

(b) $\frac{1}{2}$

(c) 1

(d) $\frac{3}{2}$

(e) 2

Problème 60

Si a est plus petit que b, parmi les expressions suivantes, laquelle est à la fois plus grande que a et plus petite que b ?

(a) $\frac{a+b}{2}$

(b) $\frac{ab}{2}$

(c) $b^2 - a^2$

(d) ab

(e) b – a

Problème 61

Lequel de ces nombres est le plus grand ?

(a) $(2 + 2 + 2)^2$

(b) $\left[(2+2)^2\right]^2$

(c) $(2 \times 2 \times 2)^2$

(d) $2 + 2^2 + (2^2)^2$

(e) 4^4

Problème 62

Quelle est la moyenne des nombres : *4,5* ; *12* ; *37,25*, *45,25* ; *78, 5* ?

(a) 35,5

(b) 36

(c) 36,5

(d) 37

(e) 37,5

Problème 63

Voici les notes qu'Elise a obtenu au concours de l'internat : 17 (coef. 2) ; 18,25 (coef. 4) ; 18,5 (coef. 5) ; 19,5 (coef. 3) et 20 (coef. 6). Quelle moyenne a-t-elle obtenu ?

(a) 17,7

(b) 18,7

(c) 18,9

(d) 19

(e) 19,1

Problème 64

Le triangle ABC est-il rectangle ? AB = $3\sqrt{13}$ cm ; BC = $2\sqrt{2}$ cm ; AC = $5\sqrt{5}$ cm

(a) oui
(b) non

Problème 65

Quelle est la solution (x ; y) du système : $\begin{cases} 2x+3y=-7 \\ x-y=-1 \end{cases}$

(a) (-5 ; -2)
(b) (-2 ; -1)
(c) (-2 ; 1)
(d) (-1/2 ; 5/2)
(e) (-1 ; 2)

Problème 66

50 livres de cerises coûtent 17 €. Quel est en ¥ (yen) le prix d'une tonne et demi de cerises ?

1 livre = 0,5 kg
100 ¥ = 0,85 €

(a) 110 000
(b) 120 000
(c) 125 000
(d) 1 260 000
(e) 1 270 000

Problème 67

Que vaut la somme 1+2+3+4+5+6+7+8+9+10+11+12+13+14+15+16+17+18+19 ?

(a) 180
(b) 190
(c) 192
(d) 195
(e) 200

Problème 68

6 kg de fraises coûtent 9 €. Quel est, en shekels, le prix de 420 livres de fraises ?

1 livre = 0,5 kg
1 shekel = 0,25 €

(a) 315
(b) 870
(c) 1090
(d) 1180
(e) 1260

Problème 69

Une action côte D € en janvier 2000. Janvier 2003 : la valeur de l'action a augmenté et a atteint Q €.
Quel est le pourcentage d'augmentation de l'action ?

(a) $\frac{(Q-D)}{D}\%$

(b) $\frac{Q}{D}\%$

(c) $\frac{100\times(D-Q)}{D}\%$

(d) $\frac{(Q-D)}{Q}\%$

(e) $\frac{100(Q-D)}{D}\%$

Problème 70

Un rectangle a pour longueur L et sa largeur est égale à la moitié de la longueur. Quel est l'aire du rectangle ?

(a) ½ L
(b) L
(c) L^2
(d) $L^2/2$
(e) $L^2/4$

CORRIGES ✦

Problème 1 – Réponse C

De la formule : moyenne = (somme des termes) / (nombre de termes), on déduit : Somme = moyenne x nombre de termes = 6 x 4,5 = 27

Problème 2 – Réponse B

3h 15 = 3h + 15 mn = 3 x 60 mn + 15 mn = 195 mn

2h 32 = 2h + 32 mn = 2 x 60 mn + 32 mn = 152 mn

Au total, trois heures un quart *plus* deux heures et trente deux minutes sont égales à : (195 + 152) mn = 347 mn

Problème 3 – Réponse C

Soit x : le poids, en kg, d'un ballon de rugby.

Notons que 1000 g = 1kg et 250 g = 0,25 kg.

Soit à résoudre : x = 0,25 + ½ x soit ½ x = 0,25 ; x = 0,5

Problème 4 – Réponse D

Il suffit de remarquer ici que la différence de prix entre le premier et le second lot (125 € – 75 € = 50 €) s'explique par le fait que le deuxième lot contient deux CD de plus que le premier. Aussi 2 CD = 50 € et 1 CD = 25 €

Problème 5 – Réponse E

La vitesse est exprimée en km par heures. Il faut donc convertir les heures minutes en heures. 5h 10mn = 5h + (10/60) h = 5h + (1/6) h = (31/6) h.

N'oubliez pas que 1 mn = (1/60) h

Aussi distance = vitesse x temps, soit : distance = 6 x (31/6) = 31 km = 31 000 m.

Problème 6 – Réponse C

Soit x la fraction cherchée.

$$\frac{2+x}{7+x}=2\times\frac{2}{7}\Leftrightarrow 2+x=\frac{4}{7}(7+x)\Leftrightarrow\frac{3}{7}x=2\Leftrightarrow x=\frac{14}{3}$$

Problème 7 – Réponse A

Soit x la longueur, en cm, du troisième côté.

Le théorème de Pythagore appliqué aux triangles rectangles nous permet d'écrire :

$$10^2 = 6^2 + x^2, \text{ soit : } x^2 = 36 ; x = 6$$

Problème 8 – Réponse B

Soit x : le nombre d'étudiants qui ne jouent ni au basket ni au football.

On a : x = tous les étudiants – les étudiants qui font du foot ou du basket = 1100 – (900 + 550 – 450) = 1100 – 1000 = 100

Attention : lorsque vous dénombrez le nombre de personnes qui font ou du foot ou du basket, n'oubliez pas de retrancher ceux qui font du foot *et* du basket car vous les avez compté deux fois (une fois dans les 900 qui font du foot et une autre fois dans les 550 qui font du basket)

Problème 9 – Réponse B

Il y a 6 faces dans un cube. Une face a pour surface 8 x 8 cm ^{2} = 64 cm ^{2}. La surface totale est donc égale à : 6 x 64 = 384 cm ^{2}.

Problème 10 – Réponse C

Somme = moyenne x nombres de termes soit a + b + c = 3 x b² . En isolant c on obtient alors : c = 3b² – a – b = b(3b – 1) – a

Problème 11 – Vrai

La somme des angles d'un quadrilatère quelconque est égale à 360 degrés. Aussi, si 3 des angles de ce quadrilatère sont droits, alors le quatrième angle est nécessairement droit (360 – 3 x 90 = 90) et ce quadrilatère est soit un carré soit un rectangle.

Problème 12 – Réponse D

Un cube dont l'arête est égale à 6 cm a pour volume : 6^3 cm ^{3} = 216 cm ^{3}

Un cube de 1 cm d'arête a pour volume : 1^3 cm ^{3} = 1 cm ^{3}

On peut donc faire rentrer 216 cubes de 1 cm ^{3} dans un cube de 216 cm ^{3}

Problème 13 – Réponse E

$$v=\frac{1050}{3,5}=300 \text{ km/h}$$

Problème 14 – Réponse E

$$\frac{\frac{z}{3}\times\frac{k}{2}}{4p}=\frac{zk}{24p}=\frac{f}{24}$$; f est donc 24 fois plus petit.

Problème 15 – Réponse D

Il s'agit d'une règle de trois simple :

40	120000
15	X

Soit $X = \frac{120000 \times 15}{40} = 45000$ €

Problème 16 – Vrai

Il s'agit d'une identité remarquable : $\sqrt{4a^2+4a+1} = \sqrt{(2a+1)^2} = |2a+1| = 2a+1$ $(a > -1/2)$

Problème 17 – Réponse B

Etant donné qu'il se peut très bien que les 15 premières boules que je tire soient blanches, je dois tirer 15 (blanches) + 10 (bleues) = 25 boules pour être *sûr* d'obtenir au moins 10 boules bleues.

Problème 18 – Réponse D

Soit x : le nombre de personnes qui lisent au moins une revue

On a : x = toutes les personnes interrogées – les personnes qui lisent au moins une revue = 200 – (50 + 60 – 10) = 100

Et le pourcentage cherché est égal à : 100/200 = 0,5 = 50% des personnes interrogées.

Problème 19 – Réponse B

$(\text{Hypoténuse})^2 = 10^2 + (2\sqrt{11})^2 = 100 + 44 = 144$, soit Hypoténuse = $\sqrt{144} = 12$ cm.

Problème 20 – Réponse C

Un cube dont l'arête est égale à 10 cm a pour volume : 10^3 cm ^{3} = 1000 cm ^{3}

Un cube de 2 cm d'arête a pour volume : 2^3 cm ^{3} = 8 cm ^{3}

On peut donc faire rentrer 1000/8 cubes de 8 cm ^{3} dans un cube de 1000 cm ^{3}, soit : 125 cubes.

Problème 21 – Vrai

Il vous suffit de poser la division. On trouve : 6526134/111 = 58794

Problème 22 – Réponse B

Le volume du parallélépipède est égal à 60 x 30 x 2 = 3600 cm ^{3}

Le volume d'un cube est égal à 3600/36 = 100 cm ^{3}

L'arête du cube (que nous désignerons par x) est la solution de l'équation : $x^3 = 100$, soit $x = \sqrt[3]{100} = 100^{\frac{1}{3}} = 10^{\frac{2}{3}}$

Problème 23 – Réponse C

Volume du cylindre = $\pi \times 3^2 \times 4 = 36\,\pi$ km^3 = 36 000 000 000 π m^3

¾ du volume du cylindre = 27 000 000 000 π m^3 = 27 000 000 000 000 π litres.

Nombres d'hectolitres nécessaires :

27 000 000 000 000 π / 100 = 270 000 000 000 π litres = 270 π milliards de litres.

Problème 24 – Réponse B

Il suffit de remplacer H par 7 par exemple. Seule la réponse B donne un nombre impair.

Problème 25 – Réponse D

La diagonale d'une face représente l'hypoténuse du triangle rectangle composé de la diagonale et de deux arêtes d'une face.

En notant x la longueur d'une arête, le théorème de Pythagore nous permet d'écrire : $x^2 + x^2 = (2\sqrt{2})^2$, soit : $2x^2 = 8$ et $x = 2$. Le volume du cube est donc égal à $2^3 = 8$ cm^3.

Une face du cube :

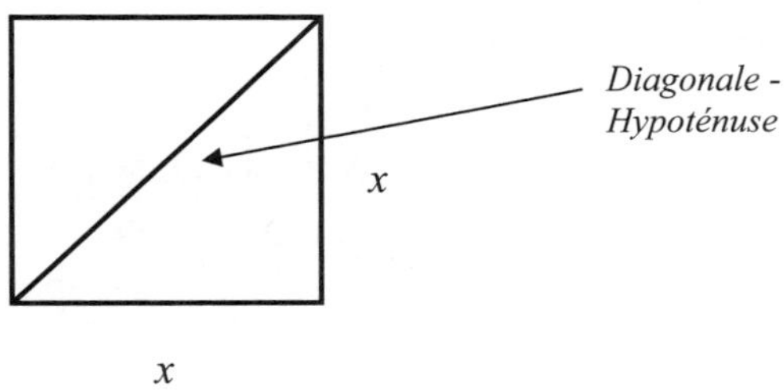

Problème 26 – Réponse D

$\frac{1}{x} = 1\%x = 0{,}01x$, soit $x^2 = \frac{1}{0{,}01} = 100$ et x = 10 ou – 10 ; or x > 0 : x est donc égal à 10.

Problème 27 – Réponse D

$$\left(\frac{1}{3}\right)^{-3} = \frac{1}{\left(\frac{1}{3}\right)^3} = \frac{1}{\frac{1}{3^3}} = 3^3 = 27$$

Problème 28 – Réponse A

Il suffit de remplacer X, Y et Z par les 3 chiffres successifs que vous voulez (n'oubliez jamais que vous pouvez toujours attribuer des valeurs réelles à vos variables, si toutefois bien sûr, ces valeurs répondent bien aux données de l'énoncé – ici X, Y et Z sont 3 *chiffres successifs*). Prenons 1, 2 et 3 (vous auriez très bien pu prendre 4, 5 et 6.)

On a alors :

$$\begin{array}{r} 3\,2\,1 \\ -\,1\,2\,3 \\ \hline 1\,9\,8 \end{array}$$

Problème 29 – Réponse C

2h 48mn = 2h + 48 mn. $48\text{mn}=\frac{48}{60}\text{h}=\frac{4}{5}\text{h}=0{,}8\text{h}$. Ainsi, 2h 48mn = 2,8h et $v=\frac{14}{2{,}8}=5\,\text{km/h}$

Problème 30 – Réponse D

Volume = $\pi \times 10^2 \times 300 = 30000\,\pi\,\text{m}^3$

Problème 31 – Réponse C

Si Yann dispose de 10 verres, il préparera 2 x 30 = 60 beignets

Si Estelle dispose de 10 verres, elle préparera $\frac{15\times10}{3}=50$ beignets (règle de trois).

Ensemble, Yann et Estelle prépareront donc 60 + 50 = 110 beignets

Problème 32 – Réponse D

20% capacité totale	8 m^3
100% capacité totale	X m^3

Soit $X=\frac{100\%\times8}{20\%}=\frac{8}{\frac{1}{5}}=40\ \text{m}^3$

Problème 33 – Réponse A

28	21
7	X

Soit $X=\frac{21\times7}{28}=\frac{21}{4}=5{,}25$ €

Problème 34 – Réponse A

2 mails	3 minutes
X mails	180 minutes

Soit $X=\frac{2\times180}{3}=120$ mails

Problème 35 – Réponse D

$4x + 2y = 2 \times (2x + y) = 2 \times 5 = 10$

Problème 36 – Réponse C

$(3^2 2^0 6^{-2})^{-1} = 3^{-2} 2^0 6^2 = (36 \times 1) / 9 = 4$

Problème 37 – Réponse A

En multipliant les deux membres de la première équation, on obtient : $2x + 2y = 12$. Si on soustrait cette équation à la deuxième on obtient : $(3x - 2x) - (2y - y) = 4 - 12$; soit $x - y = -8$

Problème 38 – Réponse D

Baisse en pourcentage = $\left(\dfrac{\text{Quantité de baisse}}{\text{prix initial}} \times 100\right)\% = \dfrac{330000}{16500} = \dfrac{100}{5}\% = 20\%$

Problème 39 – Réponse B

Aucun nombre n'apparaît plus d'une fois.

La somme des nombres la plus élevée que l'on peut obtenir est donc égale à : $6 + 5 + 4 + 3 + 2 = 20$

Problème 40 – Réponse D

$\dfrac{x}{y} = \dfrac{2}{3} \Leftrightarrow \dfrac{y}{x} = \dfrac{3}{2}$. D'où : $\left(\dfrac{y}{x}\right)^2 = \left(\dfrac{3}{2}\right)^2 = \dfrac{9}{4}$

Problème 41 – Réponse C

20 voitures	4 jours
X	6 jours

Une usine peut produire : $X = \dfrac{20 \times 6}{4} = 30$ voitures en 6 jours.

Trois usines semblables peuvent donc produire au total $3 \times 30 = 90$ voitures en 6 jours.

Problème 42 – Réponse C

Il suffit ici de comparer les commandes de Ben et de Stéphanie.

Ben a commandé 3 éclairs et 1 café pour 2,25 €. Stéphanie, elle, a commandé 2 éclairs et 1 café pour 1,70 €. Il apparaît alors clairement que Ben a commandé 1 éclair de plus que Stéphanie et que cela lui a coûté 0,55 € de plus (2,25 € – 1,70 €).

Ainsi, 1 éclair coûte 0,55 € et 2 éclairs coûtent $2 \times 0,55$ €, soit 1,10 €.

Problème 43 – Réponse C

Lorsque Danielle tire une seconde fois, il y a toujours 1 seul billet gagnant sur 8. Elle a donc 1 chance sur 8 (1/8) de tirer le billet gagnant.

Problème 44 – Réponse C

Le coût total de sa commande est égal à : 1X + 2S + 3B euros (…)

Problème 45 – Réponses D & C

Après les transactions chaque enfant a : 120/4 = 30 €.

Benjamin a donné ¼ de sa tirelire à Mimi. En appelant x la somme qu'il avait au départ dans sa tirelire, on a : x – ¼ x = 30, soit x = 40 €.

Viviane, elle, avait 30 – 2 = 28 €

Problème 46 – Faux

Les deux tirages sont indépendants. Probabilité cherchée = probabilité du premier tirage x probabilité du second tirage soit : $\frac{1}{6}\times\frac{2}{6}=\frac{1}{18}$

Problème 47 – Réponse D

Le coût lié au transport de 6 kg peut se décomposer ainsi : 5 € (pour les deux premiers kilos) et 4 x 0,75 € = 3 € pour les 4 kg restant. Soit au total 5 € + 3 € = 8 €.

Il faut alors ajouter à ces 8 € une taxe de 6%, soit 6% x 8 € = 0,48 €.

Au total, le coût lié au transport de 6 kg est de : 8 € + 0,48 € = 8,48 €

Problème 48 – Réponse B

$p=\frac{1}{5}(p-r) \Leftrightarrow 5p=p-r \Leftrightarrow 4p=-r \Leftrightarrow \frac{r}{p}=-4$

Problème 49 – Réponse D

30% de 60% de 20% = $\frac{30}{100}\times\frac{60}{100}\times\frac{20}{100}=\frac{36}{1000}=\frac{3,6}{100}=3,6\%$

Problème 50 – Réponse A

Si les intérêts prélevés le premier mois sur 1000 € sont égaux à p €, les intérêts prélevés le premier mois sur 15 000 € seront égaux à 15p.

Pour les 2 mois suivants, les intérêts prélevés seront égaux à 15q x 2 = 30q.

Au total donc :

15p + 30q d'intérêts prélevés les 3 premiers mois sur un prêt de 15 000 €.

20 problèmes avec solutions uniquement

51	52	53	54	55	56	57	58	59	60	61	62	63	64	65	66
A	**D**	**C**	**C**	**B**	**D**	**A**	**D**	**E**	**A**	**E**	**A**	**C**	**A**	**B**	**B**
67	68	69	70												
B	**E**	**C**	**D**												

Problème **53** : identité remarquable
$121^2 - 119^2 = (121+119)(121-119) = 240 \times 2 = 480$

Problème **60** : (a + b)/2 n'est autre que la moyenne arithmétique des nombres a et b. a étant plus petit que b, la valeur de cette moyenne est nécessairement comprise entre a et b.

Problème **66** : règles de trois
Une tonne et demi = 1500 kg = 3000 livres

50 livres	17 €
3000 livres	X

Soit X = (17 x 3000)/50 = 1020 €

0,85 €	100 ¥
1020 €	X

Soit X = (1020 x 100)/0,85 = 120 000 ¥

Problème **66** : somme de nombres *consécutifs*
Formule générale : 1+2+3+…+n = ½ n(n+1)
Ici, n=19. 1+2+3+…+18+19 = ½ 19x20 = 190

2. SECTION DEUX ETOILES ✦✦

Niveau intermédiaire

Cible type : tout concours où figure une épreuve de calcul/mathématiques

Cette section vous propose de résoudre des problèmes qui composent le cœur et des QCM de calcul/mathématiques qui vous sont proposées aux concours.

Cette section représente pour vous l'occasion idéale de mettre en œuvre les stratégies de résolution de QCM (M1, M2 et M3). N'oubliez pas qu'il n'existe jamais qu'une seule et unique façon de résoudre un problème. A vous donc de toujours chercher le moyen le plus rapide et le plus efficace pour résoudre un problème.

Rappel : vous n'avez jamais le droit à la calculatrice.

Problème 1

Valérie dépense 20% de son revenu pour payer ses impôts et 20% du reste pour payer son loyer.
Quel pourcentage de son revenu dépense-t-elle pour son loyer ?

(a) 8%
(b) 15%
(c) 16%
(d) 20%
(e) 40%

Problème 2

Dans une société, un quart des employés gagnent moins de 900 € par mois. Si trois cinquièmes du reste des employés gagnent entre 900 et 1400 € par mois, quelle partie (fraction) des employés gagne plus de 1400 € par mois ?

(a) $\frac{1}{5}$

(b) $\frac{3}{10}$

(c) $\frac{2}{5}$

(d) $\frac{3}{20}$

(e) $\frac{7}{20}$

Problème 3

Dans une famille, il y a trois fils. Le second est de deux ans plus jeune que l'aîné et l'âge du plus jeune est égal à la moitié de l'âge du second. La somme des âges des trois frères est égale à 27. Quel est l'âge du second frère ?

(a) 7
(b) 8
(c) 9
(d) 10
(e) 11

Problème 4

Un parking de forme rectangulaire a un marquage au sol blanc (à la peinture blanche) sur trois de ses côtés. Si la longueur du côté non marqué est de 9 mètres et que la somme des longueurs des côtés marqués est de 37 mètres, quelle est alors l'aire en mètres carré du parking ?

(a) 46
(b) 81
(c) 126
(d) 252
(e) 333

Problème 5

On a : $u^2 + v^2 = 208$ et $uv = 58$. Que vaut $u + v$?

(a) 15
(b) 16
(c) 17
(d) 18
(e) 19

Problème 6

Une pierre précieuse de 25 grammes s'est cassée en deux morceaux. Lorsqu'on a pesé les deux morceaux, on a dû ajouter une masse de 9 grammes à la partie la plus légère pour l'équilibrer par rapport à la partie la plus lourde. Que vaut le produit des masses des deux parties ?

(a) 126
(b) 136
(c) 156

(d) 176
(e) 216

Problème 7

Dans un restaurant, il est possible de choisir entre trois entrées différentes et quatre plats différents. De même, on peut choisir entre une soupe et un dessert comme supplément à l'entrée et au plat. Combien y a-t-il de possibilités différentes pour un repas composé de trois éléments ?

(a) 12
(b) 14
(c) 16
(d) 18
(e) 24

Problème 8

Il s'avère que 65% de l'ensemble des étudiants de la faculté de droit de Sydney regardent le journal télévisé, 40% lisent le journal et 25% regardent le journal télévisé *et* lisent le journal. Quel est le pourcentage d'étudiants qui ne regardent pas le journal télévisé et ne lisent pas le journal ?

(a) 0%
(b) 10%
(c) 18%
(d) 20%
(e) 25%

Problème 9

Un poteau électrique A de six mètres de hauteur projette une ombre de quatre mètres de long. A la même heure, la longueur de l'ombre projetée par un poteau électrique B avoisinant est de dix mètres. Quelle est, en mètres, la hauteur du poteau électrique B ?

(a) 12
(b) 15
(c) 16
(d) 18
(e) 20

Problème 10

Jonathan a maintenant douze ans de moins que Mickaël. Si dans neuf ans, Mickaël sera deux fois plus âgé que Jonathan, quel âge aura Jonathan dans quatre ans ?

(a) 3 ans
(b) 7 ans
(c) 15 ans
(d) 21 ans
(e) 25 ans

Problème 11

La valeur d'une voiture de collection a augmenté de 30% entre 1994 et 1998 ; elle a ensuite diminué de 20% entre 1998 et 2002. La valeur de la voiture en 2002 représente quel pourcentage de sa valeur en 1994 ?

(a) 90%
(b) 100%
(c) 104%
(d) 110%
(e) 124%

Problème 12

De combien de façons peut-on désigner, dans une équipe de foot de 11 joueurs, un trio de choc composé d'un gardien de but, d'un attaquant et d'un défenseur *(on suppose bien entendu que chacun des 11 joueurs est apte à occuper un des postes en question et qu'il n'y a pas de cumul de postes)?*

(a) 30
(b) 770
(c) 880
(d) 990
(e) 1100

Problème 13

On a : $p^2 + q^2 = 160$ et $pq = 48$. Que vaut $p - q$?

(a) -8
(b) -9
(c) 0
(d) 7
(e) 9

Problème 14

Sandra possède trois fois plus de paires de chaussures que sa sœur Mélanie. Si Sandra donnait à Mélanie sept paires de chaussures, elle ne posséderait alors que deux fois plus de paires que sa sœur. Combien de paires Sandra possède-t-elle ?

(a) 55
(b) 60
(c) 62
(d) 63
(e) 65

Problème 15

A « l'Espace Santé » d'un hypermarché, trois crèmes solaires et deux laits après soleil coûtent 35,65 € ; cinq crèmes solaires et quatre laits après soleil coûtent 65,25 €.
Quel est le prix d'un lait après soleil ?

(a) 8,80 €
(b) 8,50 €
(c) 8,60 €
(d) 8,10 €
(e) 9,20 €

Problème 16

Le Paris Sports Club propose à ses clients 6% de réduction sur la première facture s'ils adhèrent à la « Boutique Club» en s'acquittant d'un droit de 10 €. Un client adhère à la « Boutique Club » et achète pour 500 € de produits. Quelle est la réduction *réelle* si l'on tient compte des 10 € d'abonnement dont il s'est acquitté ?

(a) 3%
(b) 3,5%
(c) 3,75%
(d) 4%
(e) 4,25%

Problème 17

Soldes de juin : Elise décroche l'affaire du siècle ! Elle achète une robe de soirée d'un grand couturier avec 89% de réduction. Elle la paye alors 451 €. Quel était le prix de la robe avant réduction ?

(a) 3950 €
(b) 3975 €
(c) 4000 €

(d) 4050 €
(e) 4100 €

Problème 18

JP décide de quitter le domicile familial. Il prévoit de dépenser deux cinquièmes de son salaire pour son loyer, un sixième pour son alimentation et un tiers pour ses loisirs. Il calcule qu'il lui reste alors 310 €.

Quel est le montant de son salaire ?

(a) 3100 €
(b) 3150 €
(c) 3200 €
(d) 3250 €
(e) 3300 €

Problème 19

On a : $a^2 + b^2 = 500$ et $ab = 200$.

Que vaut $a + b$?

(a) 25
(b) 30
(c) 35
(d) 40
(e) 50

Problème 20

Au concours d'entrée de l'ESCIST, on a fait passer un test de turc aux 400 étudiants admissibles au cours d'une seule journée. Le matin, 150 élèves sont testés et la moyenne de leurs performances est égale à 12,5 sur 20. L'après-midi, les 250 élèves restant sont à leur tour testés et la moyenne de leurs performances est égale à 16,5 sur 20. Quelle est la moyenne des performances de l'ensemble des 400 étudiants ?

(a) 14 sur 20
(b) 14,25 sur 20
(c) 14,75 sur 20
(d) 15 sur 20
(e) 15,25 sur 20

Problème 21

Un avion part de Roissy Charles de Gaulle à 06h 15mn pour se rendre à Tachkent, Ouzbékistan. Pour cela, il doit parcourir 8880 km. Durant le premier quart du trajet il vole à la vitesse de 1110 km/h ; durant le second quart du trajet, il vole à la vitesse de 1480 km/h et pendant le reste du trajet, il vole à la vitesse de 1000 km/h. A quelle heure l'avion atterrira-t-il à Tachkent ?

(a) 13h 01mn
(b) 13h 12mn
(c) 14h 11mn
(d) 14h 25mn
(e) 15h 43mn

Problème 22

Si la distance entre deux points A et B est de 400 mètres et la distance entre deux points B et C de 300 mètres, alors la distance entre les points A et C est de :

(a) 100 m
(b) 200 m
(c) 700 m
(d) 1000 m
(e) On ne peut pas la déterminer d'après les données

Problème 23

Joan et Jonny préparent une piña colada pour le fête du quartier. Pendant que Joan épluche sept ananas, Johnny en épluche dix. Combien d'ananas Joan aura-t-elle le temps d'éplucher pendant que Jonny en épluche 30 ?

(a) 21
(b) 22
(c) 23
(d) 24
(e) 25

Problème 24

Un trader dispose d'un portefeuille de 36 warrants différents. En moyenne, l'achat d'un warrant lui a coûté 80 €. Il apprend ce matin que 25% de ses warrants ne valent plus rien. Combien d'argent, en euros, a-t-il perdu ?

ⓘ un warrant est un titre financier donnant à son propriétaire le droit d'en acquérir un autre selon des conditions définies. Si au terme du contrat, les conditions sur un warrant ne sont pas remplies, celui-ci peut atteindre la valeur 0.

(a) 700
(b) 720
(c) 730
(d) 750
(e) 900

Problème 25

La longueur de la grande aiguille d'une horloge et de 8 cm, et la longueur de la petite aiguille est de 6 cm. De combien de centimètres carré la surface du cercle formé par le tour de la grande aiguille est-elle plus grande que celle du cercle formé par le tour de la petite aiguille ?

(a) 4π
(b) $26\ \pi$
(c) $28\ \pi$
(d) $36\ \pi$
(e) $42\ \pi$

Problème 26

L'arête (longueur du côté) d'un cube vaut 10 cm. Dans chacune des six faces est découpée une ouverture carrée dont le côté mesure 1 cm. Quelle est, en centimètres carré, la surface du cube *(sans les ouvertures)* ?

(a) 586
(b) 594
(c) 600
(d) 604
(e) 616

Problème 27

Combien dois-je ajouter au nombre 15 pour que la somme obtenue se rapporte à 18 comme 50 se rapporte à 30 ?

(a) 11
(b) 12
(c) 13
(d) 14
(e) 15

Problème 28

Un cycliste quitte Kuala Lumpur en direction de Johor Bahru à 14h 00 à une vitesse de 20 km/h. A 14h 30, un autre cycliste quitte Kuala Lumpur en direction de Johor Bahru à une vitesse de 25 km/h. A quelle heure le second cycliste rejoindra-t-il le premier ?

(a) 16h
(b) 16h 15mn
(c) 16h 30mn
(d) 16h 45mn
(e) 17h

Problème 29

Au début d'une année donnée, le prix d'un livre est de 5 €. A la fin de chaque année, le prix du livre augmente de 20% par rapport à son prix de la même année. Quel sera son prix au bout de 3 ans ?

(a) 8,64 €
(b) 11 €
(c) 8 €
(d) 7,20 €
(e) 6 €

Problème 30

Le volume d'un parallélépipède rectangle est de a centimètres cube. Quel sera, en centimètres cube, volume d'un parallélépipède rectangle dont la longueur, la largeur et la hauteur sont doubles par rapport au premier ?

(a) 2a
(b) 4a
(c) 6a
(d) 8a
(e) 12a

Problème 31

Les cartes d'un jeu de 52 cartes sont numérotées de 1 à 13. Chaque numéro apparaît 4 fois. On ajoute à ce jeu 12 cartes portant le numéro 7 et on mêle les cartes. Quelle est maintenant la probabilité de tirer du paquet, au hasard, une carte portant le numéro 7 ?

(a) 1/26
(b) 4/17

(c) 1/4
(d) 5/29
(e) 12/15

Problème 32

3600 touristes arrivent chaque jour à l'aéroport de Santiago, Chili. Dans chaque avion, qui atterrit, 450 nouveaux touristes arrivent. Combien d'avions atterrissent en moyenne par heure ?

(a) 1/3
(b) 1/2
(c) 3/2
(d) 5/3
(e) 7/3

Problème 33

Un multiplex propose deux tarifs. Pour le premier, le spectateur paye la place 6,5 € pour chaque film. Pour le deuxième, il acquitte un abonnement mensuel de 25 € et paye alors sa place 2,5 € pour chaque film. A partir de combien de films, le tarif avec abonnement devient-il intéressant pour le spectateur ?

(a) 5
(b) 6
(c) 7
(d) 8
(e) 9

Problème 34

Le concours d'entrée à Columbia University à New York comporte la passation de deux tests : un d'anglais et un de logique. Le test d'anglais, noté sur 20 a un coefficient de 3 et le test de logique, noté sur 20 a un coefficient de 2. La note moyenne que doit atteindre un candidat pour être admis est 14 sur 20. Youri a obtenu 11,5 en anglais. Quel est la note minimale qu'il doit obtenir en logique s'il veut être admis ?

(a) 17
(b) 17,25
(c) 17,5
(d) 17,75
(e) 18

Problème 35

Que vaut : $\dfrac{6^6-2^5}{\left(2^{\frac{1}{6}}\times 3\right)^6-1}$?

(a) $\dfrac{1}{3^6-1}$

(b) 2^5

(c) $2^{\frac{6}{5}}$

(d) 2^5-3^2

(e) $\dfrac{3^9-1}{2^5}$

Problème 36

Le volume d'un cylindre est de 9 centimètres cube. On double l'aire de la base sans changer sa hauteur. Quelle est, en cm^3, le volume de ce nouveau cylindre ?

(a) 18
(b) 27
(c) 45
(d) 54
(e) 64

Problème 37

Ben, Philippe et Franck ont fait cagnotte commune. Vient le moment du partage. Ben reçoit 20% ; Philippe en a trois fois plus que Franck. Quel pourcentage a reçu Franck ?

(a) 12%
(b) 15%
(c) 20%
(d) 25%
(e) 30%

Problème 38

Une veste verte, une veste rouge, une veste jaune ont chacune un prix différent. Pouvez-vous donner le montant des trois vestes réunies ?

Indications : une veste verte & trois rouges : 300 € ; une veste rouge & une verte : 140 €, une veste verte & une jaune : 130 €

(a) 210 €
(b) 260 €
(c) 180 €
(d) 200 €
(e) 300 €

Problème 39

Trois peintres mettent cinq jours à peindre les trois quarts d'un mur, puis laissent l'un d'entre eux achever le travail. Combien de temps les peintres auront-ils mis pour peindre le mur ?

(a) 7 jours
(b) 10 jours
(c) 13 jours
(d) 14 jours
(e) 15 jours

Problème 40

Naomi dit : dans 4 ans, je serai 3 fois plus âgée que ma fille Shana. Par contre, il y a 2 ans, j'étais cinq fois plus âgée qu'elle.
Quel est l'âge de Shana ? Quel est l'âge de Naomi ?

(a) 6 ans et 20 ans
(b) 5 ans et 22 ans
(c) 7 ans et 30 ans
(d) 8 ans et 32 ans
(e) 18 ans et 46 ans

Problème 41

Une voiture de course met 2h 24mn pour parcourir 324 km. Quelle distance aurait-elle parcouru si elle avait roulé à la même vitesse pendant 4h 20mn ?

(a) 480 km
(b) 585 km
(c) 600 km
(d) 625 km
(e) 855 km

Problème 42

Au cours d'une expérience sur la division cellulaire, on observe que les cellules se divisent en deux toutes les trois minutes. Combien de temps faudra-t-il approximativement pour que le nombre de cellules passe de 1000 à 1 000 000 ?

(a) 15 mn
(b) 21 mn
(c) 24 mn
(d) 30 mn
(e) 33 mn

Problème 43

On fait rouler sur une allée une bûche de bois de forme parfaitement cylindrique et de rayon r. Sachant que cinquante tours complets ont été effectués au cours de cette opération, sur quelle distance a-t-on fait rouler la bûche ?

(a) $100 \pi r$
(b) $200 \pi r^2$
(c) $100 \pi r^2$
(d) $200 \pi r^2$
(e) La distance ne peut être déterminée

Problème 44

Il y a en Israël, 12 zones téléphoniques différentes. Supposons que les numéros de téléphone dans chaque zone téléphonique comportent 6 chiffres. Quel est le nombre maximal de numéros de téléphone en Israël dont les trois premiers chiffres sont 755 ?

(a) 1.000
(b) 1.200
(c) 10.000
(d) 11.000
(e) 12.000

Problème 45

Seuls 3 chevaux participent à une course hippique. Un seul cheval gagnera. Casino a deux fois plus de chances de gagner que Raging Bull et Raging Bull a deux fois plus de chances de gagner que Midnight Express. Quelle est pour Midnight Express la probabilité de gagner la course ?

(a) 1/4
(b) 1/5

(c) 1/6

(d) 1/7

(e) 1/8

Problème 46

Jessica et Talya sont sorties en même temps pour aller au cinéma qui se trouve à x kilomètres de leur maison. Jessica est partie en vélo à une vitesse de v km/h tandis que Talya est partie en scooter à une vitesse 5 fois supérieure à celle du vélo. Après avoir fait la moitié du chemin, son scooter tombe en panne, et Talya fait le reste du chemin à pied à une vitesse 2 fois inférieure à celle de Jessica.

Au bout de combien d'heures Talya est-elle arrivée au cinéma ?

(a) $\frac{11x}{5v}$

(b) $\frac{11v}{5x}$

(c) $\frac{11x}{10v}$

(d) $\frac{11v}{10x}$

(e) $\frac{10}{11x}$

Problème 47

Le prix de chaque volume d'une encyclopédie est 3 fois plus élevé que celui du volume précédent. On sait que le prix du premier volume est de n €.

Quel est, en euros, le prix du volume k ?

(a) kn

(b) $3n^{k-1}$

(c) $n \times 3^{k-1}$

(d) $3n^{k}$

(e) 3^{k-n}

Problème 48

Un chauffeur a fait le tiers du chemin entre Paris et Lyon à la vitesse de 75 km/h, un cinquième *du reste* du chemin en une heure et le reste à une vitesse de 80 km/h. Si le chauffeur roule à une vitesse constante tout le long du trajet, quelle doit être cette vitesse pour que le trajet prenne exactement le même temps ? Paris - Lyon : 450 km.

(a) 70 km/h

(b) 75 km/h

(c) 80 km/h
(d) 85 km/h

Problème 49

Un cinquième des habitants d'un village aux abords de Vladivostok gagnent leur vie de la culture des tulipes noires. Un quart *du reste* de la population gagne sa vie de la récolte des mûres sauvages et le reste, 2100 habitants, travaillent à la ferme.

Combien d'habitants y a-t-il dans le village ?

(a) 3000
(b) 3500
(c) 3800
(d) 4400
(e) 4700

Problème 50

On a scié un bâton de longueur k mètres en deux morceaux identiques. Ensuite on a de nouveau scié *l'une* des parties en deux moitiés et ainsi de suite.

Quelle est, en mètres, la longueur de la plus petite partie après avoir scié n fois ?

(a) $\frac{k}{n}$
(b) $\frac{k}{2^n}$
(c) $\frac{k}{2n}$
(d) $\frac{k}{n-1}$
(e) $\frac{k}{n^2}$

Problème 51

Dans un village de Barbarie, Ana cueille 48 figues en 21 minutes et Nathalie cueille 36 figues en 84 minutes.

Combien de figues Ana cueillera-t-elle pendant que Nathalie cueille 54 figues ?

(a) 72
(b) 144
(c) 192
(d) 222
(e) 288

Problème 52

Un pamplemousse de Floride perd un sixième de son poids après avoir été épluché. Combien de kilos de pamplemousses dois-je acheter pour obtenir 4 kilos et demi de fruits épluchés ?

(a) 5,2
(b) 5,25
(c) 5,4
(d) 5,5
(e) 5,6

Problème 53

Avant le début d'un tournoi de pétanque, il est d'usage que tous les participants se saluent en se serrant la main. On a dénombré 36 salutations. En supposant que chaque participant a salué une fois tous les autres participants, combien de personnes ont-elles participé au tournoi ?

(a) 6
(b) 7
(c) 8
(d) 9
(e) 10

Problème 54

Il y a trois fours à pizza dans une pizzeria au nord de Florence. On fait cuire 100 pizzas par jour dans le four A. On fait cuire 200 pizzas par jour dans le four B. Et on fait cuire 300 pizzas par jour dans le four C. Si l'on choisit une pizza au hasard, quelle sera la probabilité qu'elle ait été cuite dans le four A ?

(a) $\frac{1}{2}$
(b) $\frac{5}{6}$
(c) $\frac{1}{6}$
(d) $\frac{1}{3}$
(e) $\frac{9}{10}$

Problème 55

John et Olivier sont dos à dos au début d'un duel. Au signal, ils commencent à s'éloigner l'un de l'autre vers des directions diamétralement opposées. John marche à une vitesse de 3 mètres à la seconde alors que Olivier marche à la vitesse de 4 mètres à la seconde. Au bout de 10 secondes, ils se retournent et tirent (à blanc…) l'un sur l'autre. La vitesse de chacune des balles est de 140 mètres par seconde (vous supposerez que la vitesse des balles est constante). Au bout de combien de secondes les deux balles atteindront-elles leur but ?

(a) $\frac{3}{4}$

(b) 2

(c) 3

(d) $\frac{1}{2}$

(e) 1

Problème 56

Dans un groupe de randonneurs, il y a des femmes, des hommes et des enfants. On sait que le nombre d'enfants est deux fois plus grand que celui des adultes, et que le nombre de femmes et deux fois plus grand que celui des hommes. S'il y a dans le groupe 63 randonneurs, combien d'hommes y a-t-il dans ce groupe ?

(a) 6

(b) 7

(c) 8

(d) 9

(e) 10

Problème 57

Un cylindre creux et un cône ont des bases et des hauteurs égales. Si l'on fait rentrer le cône dans le cylindre, le volume de l'espace restant du cylindre sera égal à :

(a) La moitié du volume du cylindre

(b) La moitié du volume du cône

(c) Le volume du cône

(d) Deux fois le volume du cône

(e) Trois fois le volume du cône

Problème 58

Il y a deux ans, le prix d'un paquet de cigarettes brunes était de 2 €. Au bout d'un an, ce prix a augmenté de 10%, et ensuite le gouvernement a imposé une TVA de 15%. Quel était alors le prix d'un paquet après l'imposition de la TVA ?

(a) 2,5 €
(b) 2,53 €
(c) 2,6 €
(d) 3,12 €
(e) 4 €

Problème 59

Soit un groupe de 160 enfants âgés entre 6 et 14 ans. Un quart sont des garçons. La moitié des filles ont moins de 10 ans et le quart des garçons ont plus de 10 ans. Combien y a-t-il d'enfants âgés entre 10 et 14 ans ?

(a) 50
(b) 60
(c) 65
(d) 70
(e) 75

Problème 60

Dans un carton, il y a 20 cravates rouges et 13 cravates noires. Sophie a tiré du carton 3 cravates noires l'une après l'autre, sans les remettre.
Quelle est la probabilité que la quatrième cravate tirée au hasard soit également noire ?

(a) $\frac{13}{33}$
(b) $\frac{1}{33}$
(c) $\frac{10}{33}$
(d) $\frac{1}{3}$
(e) $\frac{2}{3}$

Problème 61

A l'université libre d'Oslo, le nombre de professeurs femmes est deux fois plus élevé que le nombre de professeurs hommes. Parmi les nombres suivants, lequel ne peut pas être égal la somme des professeurs hommes et femmes dans cette université ?

(a) 25
(b) 27
(c) 30
(d) 36

Problème 62

Dix étudiants ont passé un examen. La note moyenne de neuf d'entre eux est 8. La note du dixième est 0. Quelle est la note moyenne des 10 étudiants ?

(a) 7

(b) 7,2

(c) 7,5

(d) 7,8

(e) 8

Problème 63

Une urne contient 3 boules mauves, 5 boules noires et 8 boules jaunes.

Quelle est la probabilité de tirer par hasard, une boule jaune suivie d'une boule noire (sans remettre la boule jaune dans l'urne) ?

(a) $\frac{1}{6}$

(b) $\frac{5}{36}$

(c) 1

(d) $\frac{13}{16}$

(e) $\frac{15}{16}$

Problème 64

Si une urne contient 4 tickets mauves et 3 blancs et une autre 5 tickets mauves et 2 blancs, quelle est la probabilité que deux tickets (chacun pris dans chaque boîte) soient blancs ?

(a) $\frac{6}{49}$

(b) $\frac{5}{49}$

(c) $\frac{5}{17}$

(d) $\frac{6}{17}$

(e) $\frac{5}{7}$

Problème 65

Les intérêts versés pour l'année 2002 sur un emprunt de J € sont de M €. Laquelle des formules suivantes donne-t-elle le taux annuel d'intérêt exprimé en pourcentage ?

(a) JM

(b) 100 JM

(c) $100\,\frac{M}{J}$

(d) $\frac{MJ}{100}$

(e) $100\frac{J}{M}$

Problème 66

La surface d'un triangle est donnée par la formule ½ BH. Si la base B d'un triangle est divisée par 2 et la hauteur H multipliée par 4, alors la surface du nouveau triangle est égale à :

(a) ¼ de la surface du triangle d'origine

(b) ½ de la surface du triangle d'origine

(c) la surface du triangle d'origine

(d) 2 fois la surface du triangle d'origine

(e) 4 fois la surface du triangle d'origine

Problème 67

Si Esther fait un voyage de n kilomètres en moto et que sa moto peut parcourir d kilomètres avec un litre d'essence, quel sera le prix de l'essence pour ce voyage si l'essence coûte z cents le litre.

(a) ndz

(b) $\frac{zn}{d}$

(c) $\frac{n}{zd}$

(d) $n - zd$

(e) $\frac{nd}{z}$

Problème 68 *(2 questions)*

Une action introduite en Octobre 2001 à 360 € sur le Nouveau Marché côte aujourd'hui 612 €.

Quelle a été, en pourcentage, à ce jour, la plus-value (ou profit) réalisée par une personne qui a investi dans cette action ?

(a) 40%
(b) 50%
(c) 60%
(d) 70%
(e) 80%

Le gouvernement décide d'imposer à un taux de 40% les plus-values réalisées sur les actions. Quel sera alors, en pourcentage, le gain net *(i.e. après impôt)* réalisé par l'investisseur ?

(a) 18%
(b) 24%
(c) 28%
(d) 36%
(e) 42%

Problème 69

Lundi 12 mai, l'action RA perd 30%. Mardi 13 mai, elle perd 40%. Mercredi 14 mai, c'est la panique au comité de direction de RA : l'action perd à nouveau 30%.
Quelle a été, sur les 3 jours, la perte totale, en pourcentage de l'action RA ?

(a) 100%
(b) 80,5%
(c) 75,6%
(d) 70,6%
(e) 67,8%

Problème 70

Mardi 18 juillet, l'action ADAR perd en première séance 50%. En deuxième séance, elle gagne alors 50%. Quelle a été au total, en pourcentage, la variation de l'action ADAR en ce mardi 18 juillet ?

(a) +100%
(b) - 25%
(c) +50%
(d) +25%
(e) 0%

Problème 71

Lundi 14 février : l'action DAMKHOUT gagne 300%. Mardi 15 février, elle perd 100%. Quelle a été au total et en pourcentage la variation de l'action DAMKHOUT ?

(a) 0%
(b) +50%
(c) -100%
(d) +200%
(e) -300%

Problème 72

L'assemblée générale de l'ESCKAY doit élire parmi 15 candidats un président, un secrétaire général et un trésorier pour son nouveau BDS (Bureau Des Sports). En supposant qu'il ne peut y avoir de cumul de fonctions, combien y a-t-il de trios possibles ?

(a) 2510
(b) 2730
(c) 2560
(d) 2920
(e) 2730

Problème 73

Rue Sheinkin : un septième des billets pour le show du DJ Armin Van Buuren à l'Haoman a déjà été vendu. Si 2400 billets représentent 2/3 des billets qui n'ont pas encore été vendus, combien y a-t-il de billets en vente pour le show ?

(a) 6200
(b) 5700
(c) 5100
(d) 4500
(e) 4200

Problème 74

Après ajout de 260 litres d'acide citrique dans une cuve remplie au quart de sa capacité totale, elle se trouve remplie aux neuf dixièmes.

Quelle est la capacité totale de la cuve ?

(a) 300 litres
(b) 370 litres

(c) 380 litres
(d) 400 litres
(e) 500 litres

Problème 75

Une voiture Diesel est achetée 2000 € plus cher que le modèle Essence. Si un litre de gasoil coûte en moyenne 0,2 € moins cher qu'un litre d'essence et sachant que la consommation moyenne du véhicule est de 8 litres au 100 km, après combien de km l'économie réalisée sur le carburant sera-t-elle équivalente au surcoût du prix d'achat ?

(a) 12 500 km
(b) 50 000 km
(c) 75 000 km
(d) 117 500 km
(e) 125 000 km

Problème 76

La moyenne arithmétique de 6 nombres est 85. Si vous retirez l'un de ces nombres, la moyenne devient égale à 72. Quelle est la valeur du nombre que vous avez retiré ?

(a) 90
(b) 100
(c) 120
(d) 150
(e) 180

Problème 77

Si l'on augmente la longueur d'un rectangle de 11% sans modifier la largeur, l'aire du rectangle est alors augmentée de :

(a) 21%
(b) 110%
(c) 111%
(d) 121%

Problème 78

Quel est la valeur de $\frac{10^n}{0{,}001^n}$?

(a) 10^{4n+1}

(b) 10^{4n}

(c) 10^{n+3}

(d) 10^{n+4}

(e) 10^{n-2}

Problème 79

Parmi les expressions suivantes, laquelle *n'est pas égale* à $\frac{x-2}{x^2-4}$?

(a) $\frac{x+2}{x^2+4x+4}$

(b) $\frac{x+2}{(x+2)^2}$

(c) $\frac{x^2+2x}{(x+2)^2}-\frac{1}{x+2}$

(d) $\frac{x+3}{x+2}-1$

(e) $1-\frac{x+1}{x+2}$

Problème 80

Une facture de téléphone s'élève à 353 € hors taxe. Sachant que le taux de la TVA est à 19,6%, quel est le montant réel (taxe incluse) de la facture ?

(a) 127,42 €
(b) 373,43 €
(c) 402,56 €
(d) 422,19 €
(e) 429,91 €

Problème 81

Soit un plan à l'échelle $\frac{1}{1000}$.

Quelle est la superficie réelle d'un champs représenté sur le plan par un rectangle de longueur 5 cm et de largeur 3,5 cm ?

(a) 195 m^2
(b) 1750 m^2
(c) 1950 m^2
(d) 2535 m^2
(e) 2650 m^2

Problème 82

Roger Sanchez achète une maison C € en 1995. Trois ans plus tard, il revend la maison en réalisant une plus-value de 25%. Il doit payer un impôt de 50% sur la plus-value qu'il a réalisé (pour information, la plus-value représente le prix de revente de la maison moins le prix d'achat). Quel est le montant de l'impôt dont Roger doit s'acquitter ?

(a) $\frac{C}{24}$

(b) $\frac{C}{8}$

(c) $\frac{C}{4}$

(d) $\frac{C}{2}$

(e) 0,6 C

Problème 83

Si la longueur d'un rectangle augmente de 20% et si la largeur du même rectangle diminue de 20%, alors l'aire du rectangle :

(a) diminue de 20%
(b) diminue de 4%
(c) reste inchangée
(d) augmente de 20%
(e) augmente de 40%

Problème 84

Pour conduire une Bencedes il faut g cents d'essence pour faire un kilomètre et il faut compter m cents de frais d'entretien par kilomètre parcouru. Combien coûte-t-il, en euros, de conduire une Bencedes pendant 100 km ? (1 cent = 1 centime d'euro)

(a) $\frac{g+m}{100}$

(b) 100g + 100m

(c) g + m

(d) g + 0,1m

(e) g

Problème 85

Yoan, Jean-Philippe et Franck ont dîné ensemble chez Pinocchio, à Astoria. Le repas de Franck était 50% plus cher que celui de Jean-Philippe et le repas de Yoan a coûté cinq sixièmes du prix du repas de Franck. En sachant que Yoan a payé 2€ de plus que Jean-Philippe, quel était, en euros, le montant total de l'addition ?

(a) 30€
(b) 30,33€
(c) 31€
(d) 32,5€
(e) 33€

Problème 86

Vous devez payer 1000 € pour faire les 1000 premières copies d'un ouvrage et x € pour toute copie supplémentaire. Sachant qu'il vous coûte un total de 7230 € pour faire 8000 copies, que vaut x ?

(a) 0,89
(b) 0,90275
(c) 1
(d) 89
(e) 90,375

Problème 87

Si 16 ouvriers peuvent terminer un travail en 3 heures, en combien de temps 5 ouvriers peuvent-ils terminer le même travail ?

(a) 3h 30mn
(b) 4 heures
(c) 5 heures
(d) 7h 05mn
(e) 9h 36mn

Problème 88

Un comptable est payé e € de l'heure pour ses 8 heures journalières de travail. Pour chaque heure supplémentaire, il est payé c € de l'heure. Mercredi prochain, il va devoir travailler 12 heures : quel sera le montant en euros de son salaire horaire moyen ?

(a) $\frac{(2e+c)}{3}$
(b) $\frac{(4e+8c)}{12}$
(c) $8e+4c$

(d) $\frac{(8e+12c)}{12}$

(e) $e+\frac{1}{3}c$

Problème 89

Un marteau et un tournevis ont actuellement le même prix. Imaginons que le prix du marteau augmente de 5% et que le prix du tournevis augmente de 3%.

Quelle somme supplémentaire (en pourcentage) devrez-vous débourser si vous achetez 3 marteaux et 3 tournevis ?

(a) 3%
(b) 4%
(c) 5%
(d) 8%
(e) 24%

Problème 90

Si on augmente le rayon d'un cercle de 6%, la surface du cercle est augmentée de :

(a) 0,36%
(b) 3,6%
(c) 6%
(d) 12,36%
(e) 36%

Problème 91

Quelle est la fraction dont la valeur est la plus grande ?

(a) $\frac{5}{6}$

(b) $\frac{11}{14}$

(c) $\frac{12}{15}$

(d) $\frac{17}{21}$

(e) $\frac{29}{35}$

Problème 92

Un silo pour rats est rempli à ras bord avec W kilos de blé. Les rats mangent r kilos de blé par jour. Au bout de 25 jours, quel pourcentage de la capacité du silo les rats auront-ils mangé ?

(a) $\frac{25r}{W}$

(b) $\frac{25r}{100W}$

(c) $\frac{2500r}{W}$

(d) $\frac{r}{W}$

(e) $\frac{r}{25W}$

Problème 93

Si le côté d'un carré augmente de 40%, de combien augmente sa surface ?

(a) 16%
(b) 40%
(c) 96%
(d) 116%
(e) 140%

Problème 94

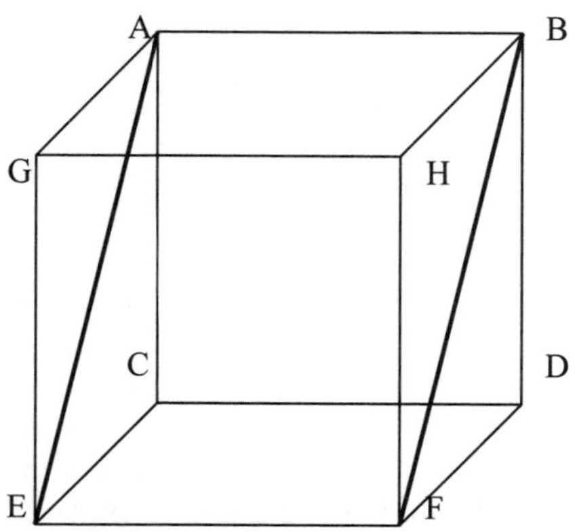

Dans le cube ci-dessus, AE et BF sont des diagonales et la surface ABCD est égale à 16 cm². Quel est, en centimètres carré, l'aire du rectangle ABEF ?

(a) $4\sqrt{2}$
(b) $16\sqrt{2}$
(c) $16+\sqrt{2}$
(d) $15\sqrt{3}$
(e) 16

Problème 95

Une personne a investi 1000 € : une partie au taux de 5%, une autre au taux de 8%. A la fin de l'année il récupère 1053 € (investissement initial + intérêts). Combien a-t-il investi au taux de 5% ?

(a) 500€
(b) 600€
(c) 700€
(d) 900€
(e) 950€

Problème 96

Une compagnie de location de voitures fait payer le kilométrage comme suit : x euros par kilomètre pour les n premiers kilomètres et (x+1) euros pour tout kilomètre réalisé au delà des n premiers. Quel sera le coût du kilométrage, en euros, pour un voyage de d kilomètres avec d > n ?

(a) $d(x + 1) - n$
(b) $xn + d$
(c) $xn + d(x + 1)$
(d) $x(n + d) + n$
(e) $(n - 1)(x - d)$

CORRIGES ✦✦

Problème 1 – Réponse C

Si Valérie dépense 20% de son revenu pour payer ses impôts, il lui reste alors 100% - 20% = 80% de son revenu. On sait qu'elle dépense 20% de ce qui lui reste pour son loyer soit 20% de 80% ou encore 20% x 80% = 16%.

Rappel : a% de b% est égal à : $\frac{a}{100}\times\frac{b}{100}$

Problème 2 – Réponse B

2 méthodes de résolution

1ère méthode :

$\frac{1}{4}$ des employés gagnent moins de 900 € par mois.

$\frac{3}{5}$ *du reste* des employés gagnent entre 900 et 1400 € par mois. Ce reste équivaut aux $\frac{3}{4}$ de l'ensemble des employés $(1 - \frac{1}{4})$.

Arrêtons-nous quelques instants sur ce reste. Ce reste peut être, à lui seul, considéré comme une entité. Ainsi, il peut être décomposé de la façon suivante : $\frac{3}{5}$ de personnes qui gagnent entre 900 et 1400 € par mois, et le reste (du reste) : $\frac{2}{5}$, qui gagnent plus de 1400 € par mois.

En conséquence, les personnes qui gagnent plus de 1400 € par mois représentent $\frac{2}{5}$ du reste des employés $(\frac{3}{4})$ c'est-à-dire $\frac{2}{5} \times \frac{3}{4} = \frac{6}{20} = \frac{3}{10}$ de l'ensemble des employés.

2ème méthode :

Il suffit ici d'imaginer qu'il y a 100 employés (par exemple) dans la société.

$\frac{1}{4}$ des employés, c'est à dire $\frac{1}{4} \times 100 = 25$, gagnent moins de 900 € par mois.

$\frac{3}{5}$ *du reste* des employés gagnent entre 900 et 1400 € par mois, soit $\frac{3}{5} \times 75 = 45$.

Ceux qui gagnent plus de 1400 € par mois sont donc au nombre de 30 (100 – 25 – 45), ce qui représente $\frac{30}{100} = \frac{3}{10}$ de l'ensemble des employés.

Problème 3 – Réponse D

2 méthodes de résolution

1ère méthode : M_1

Soit x : l'âge de l'aîné ; y : l'âge du second frère et z : l'âge du plus jeune

On peut alors établir le système d'équations suivant :

$$\begin{cases} x = y + 2 \\ z = \frac{1}{2}y \\ x + y + z = 27 \end{cases}$$

En remplaçant dans la dernière équation x par y+2 et z par $\frac{1}{2}$y on obtient l'équation en y suivante : $y+2+y+\frac{1}{2}y=27$, soit 2y+4+2y+y=54 , soit encore 5y =50, y =10.

L'âge du second fils est donc de 10 ans.

2ème méthode : M_2

Partons de la réponse du milieu, la réponse C. L'âge du second frère est de 9 ans.

L'aîné est de deux ans plus âgé, il a donc 11 ans. Le plus jeune a la moitié de l'âge du second : il a donc 4,5 ans… problème : la somme des âges des trois frères est de 24,5 ans… or comme la somme des âges doit faire 27, c'est que le second frère a nécessairement plus que 9 ans.

J'examine à présent la réponse D (10 ans) qui conduit aux calculs suivants : l'aîné a 2 ans de plus que le second, il a donc 12 ans et le second a la moitié de l'âge du second, il a donc 5 ans. Au total, on trouve bien que la somme des âges des trois frères est de 27 ans.

Problème 4 – Réponse B

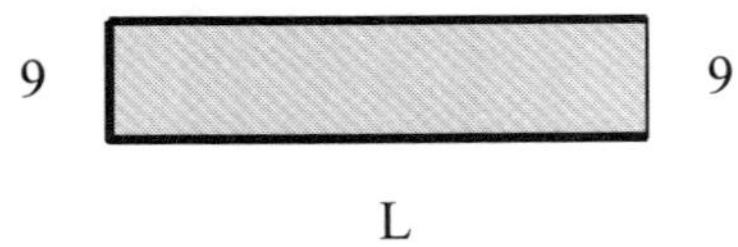

Soit L la longueur du rectangle et K sa largeur.

La formule du périmètre d'un rectangle et les données de l'énoncé nous permettent d'établir les relations suivantes :

$$\begin{cases} K=9 \\ 37=9+2\times L \end{cases}$$

Soit K = 9 et $L=\frac{37-9}{2}=14$

Ainsi, a présent, les deux valeurs trouvées pour L et K nous permettent de calculer l'aire du rectangle en question, à savoir : $Aire=L\times K=14\times 9=126$

Problème 5 – Réponse D

Identité remarquable : $(u + v)^2 = u^2 + v^2 + 2uv$

On a : $u^2 + v^2 = 208$; $2uv = 2\times 58 = 116$

Par conséquent : $(u + v)^2 = u^2 + v^2 + 2uv = 208 + 116 = 324$ et $u+v=\sqrt{324}$ ou $-\sqrt{324}$

soit : u+v = 18 ou –18 (carré parfait à connaître par cœur : $18^2 = 324$). On garde 18.

Problème 6 – Réponse B

Soit x : la masse de la partie la plus légère

Soit y : la masse de la partie la plus lourde

Les données de l'énoncé nous permettent d'aboutir au système suivant de deux équations à deux inconnues :

$$\begin{cases} x + y = 25 \\ y = x + 9 \end{cases}$$

En effet la première équation traduit le fait que, une fois réunies, la partie la plus légère et la partie la plus lourde ont une masse égale à la masse d'origine de la pierre précieuse, à savoir 25 grammes.

La seconde équation traduit le fait que si j'ajoute une masse de 9 grammes à la partie la plus légère, x, alors la nouvelle masse obtenue (x + 9) sera égale à la masse de la partie la plus lourde, c'est-à-dire y.

En utilisant la méthode de résolution par substitution, il suffit alors de remplacer dans la première équation y par sa valeur en x dans la deuxième équation et on obtient alors les relations suivantes :

$$\begin{cases} x + x + 9 = 25 \\ y = x + 9 \end{cases} \text{ soit : } \begin{cases} 2x = 16 \\ y = x + 9 \end{cases} \qquad \text{soit : } \begin{cases} x = 8 \\ y = 8 + 9 = 17 \end{cases}$$

En conclusion :

La masse de la partie la plus légère est de 8 grammes et la masse de la partie la plus lourde est de 17 grammes. 8 x 17 = 136.

Problème 7 – Réponse E

Il existe 3 possibilités d'entrées, 4 possibilités de plats et 2 possibilités de supplément.

Au total, le nombre de repas différents de trois plats est donné par le produit du nombre des possibilités pour chacun des plats, à savoir : 3 x 4 x 2 = 24.

Problème 8 – Réponse D

Dans ce type de problème, le piège consiste à compter deux fois les étudiants qui regardent le journal télévisé et qui lisent. Force est de constater en effet que lorsque l'énoncé de ce problème fait état de 25% d'étudiants qui regardent le JT *et* qui lisent, ces 25% d'étudiants se retrouvent une première fois dans la catégorie des 65% d'étudiants qui regardent le journal télévisé et une seconde fois dans la catégorie des 40% d'étudiants qui lisent. Je suis donc amené à les compter deux fois.

Aussi, pour obtenir le nombre exact d'étudiants qui ne regardent pas le JT et qui ne lisent pas, il ne faut pas oublier de retirer une fois la proportion d'étudiants qui font les deux activités.

Le calcul donne alors :

Pourcentage de personnes qui ni ne regardent le JT ni ne lisent = Pourcentage de l'ensemble des étudiants de la faculté – Pourcentage des étudiants qui ont au moins une des deux activités = 100% - (65% + 40% - 25%) = 20%.

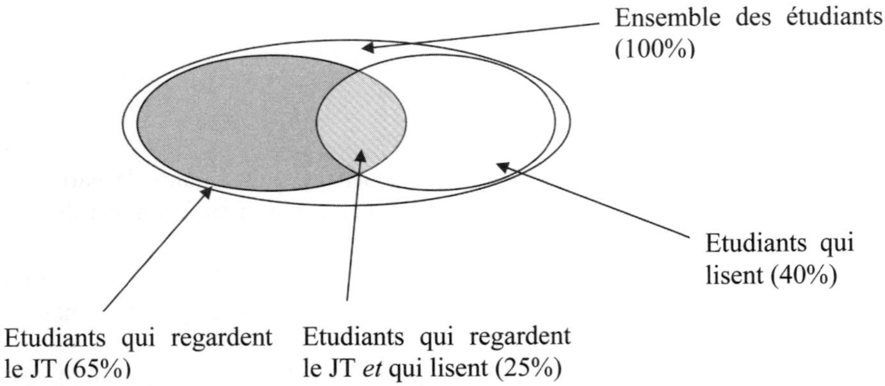

Problème 9 – Réponse B

Poteau A	Hauteur : 6	Ombre : 4
Poteau B	Hauteur : X	Ombre : 10

Soit $X = \frac{10 \times 6}{4} = 15$

La hauteur du poteau est donc de 15 mètres.

Problème 10 – Réponse B

Il s'agit ici typiquement d'une question qui utilise M2.

Je vous conseille fortement de **ne pas vous lancer dans la résolution d'un problème de ce type en utilisant M1 :** cela vous fera perdre du temps et peut souvent vous conduire à commettre des erreurs lorsque vient le moment de la pose d'équations.

On part de la solution du milieu : Jonathan aura donc 15 ans dans 4 ans.

	Jonathan	Mickaël	Rapport
Aujourd'hui	**11 ans**	**23 ans**	Dans 9 ans Mickaël ne sera pas deux fois plus âgé que Jonathan
Dans 9 ans	**20 ans**	**32 ans**	
Dans 4 ans	15 ans	27 ans	

J'examine donc à présent la réponse A ou B. Examinons la réponse B : Jonathan aura donc 7 ans dans 4 ans.

La réponse A est absurde. La réponse B est donc la bonne réponse.

Nota Bene : après avoir examiné dans un premier temps la réponse du milieu (réponse C) et que nous sommes arrivés à la conclusion que cela ne pouvait être la bonne réponse, nous avons examiné alors une des réponses « du dessus » (les réponses A et B). A la question « pourquoi les réponses « du dessus » (A et B) et non « du dessous » (D et E), la réponse est la suivante :

De façon intuitive, on réalise bien qu'avec le temps, les rapports d'âge entre deux personnes diminue. Lorsque j'ai 1 an et que ma mère en a 25, il existe un rapport de 25 entre les deux âges (ma mère est 25 fois plus âgée que moi). En revanche, lorsque j'atteins l'âge de 25 ans, ma mère a plus de 50 ans et dans ce cas, il existe alors un rapport de 2 entre les deux âges (ma mère est 2 fois plus âgée que moi).

En appliquant cette règle pour Jonathan et Mickaël, vous comprenez maintenant pourquoi nous devions, dans un second temps, examiner les réponses « du dessus ».

Problème 11 – Réponse C

Partons de notre base 100.

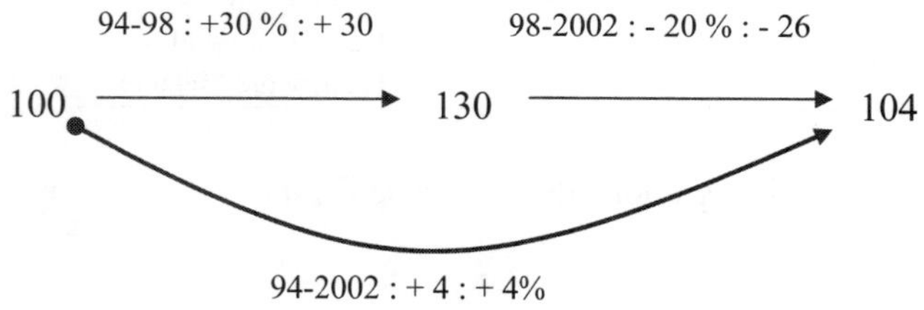

Ici, il s'agit de dire ce que représente (en pourcentage) la valeur de la voiture en 2002 par rapport à sa valeur en 1994.

Il s'agit de 104%. En effet : 104 = 104% de 100 ($104 = \frac{104}{100} \times 100$)

Problème 12 – Réponse D

Il y a 11 façons de désigner un gardien de but.

Il y a ensuite 10 façons de désigner un attaquant. En effet : une fois désigné comme gardien de but, ce dernier ne peut occuper en même temps le poste d'attaquant. C'est pour cela qu'il ne rentre plus dans le champ des possibilités lors du choix de l'attaquant.

Il y a enfin 9 façons de désigner un défenseur. En effet : une fois désignée comme attaquant, ce dernier ne peut occuper en même temps le poste de défenseur. C'est pour cela que ni lui ni le gardien de but ne rentrent dans le champ des possibilités lors du choix du défenseur.

Au total, il y a donc : 11 x 10 x 9 = 990 façons de choisir un trio de choc composé d'un gardien de but, d'un attaquant et d'un défenseur.

Problème 13 – Réponse A

Identité remarquable : $(p - q)^2 = p^2 + q^2 - 2pq$

On a : $p^2 + q^2 = 160$; $2pq = 2x48 = 96$

Par conséquent : $(p - q)^2 = p^2 + q^2 - 2pq = 160 - 96 = 64$ et $p-q=\sqrt{64}$ ou $-\sqrt{64}$,

soit : p – q = 8 ou – 8. On garde – 8.

Problème 14 – Réponse D

Utilisons la méthode M2

Il est judicieux ici d'éliminer d'office un certain nombre de réponses. En effet, le nombre de chaussures que Sandra possède est un multiple de 3. En appliquant le critère de divisibilité par 3, on élimine les réponses A : 55, C : 62 et E : 65.

Examinons la réponse B : 60

	Sandra	Mélanie	Rapport
Avant	60	20	Après la transaction, Sandra ne possède pas 2 fois plus de paires que Mélanie
Après	53	27	

La réponse B n'est pas satisfaisante. Il s'agit donc de la réponse D : 63

Problème 15 – Réponse A

Soit x : le prix d'une crème solaire et y : le prix d'un lait après solaire

Il s'agit ici de résoudre le système de deux équations à deux inconnues suivant :

$$\begin{cases} 3x + 2y = 35{,}65 \\ 5x + 4y = 65{,}25 \end{cases}$$

Procédons par la méthode par addition. Le système s'écrit alors ainsi :

$$\begin{cases} 6x + 4y = 71{,}30 \\ 5x + 4y = 65{,}25 \end{cases}$$ soit en soustrayant la première équation à la deuxième :

$$\begin{cases} 3x + 2y = 35{,}65 \\ x = 6{,}05 \end{cases}$$ et donc $$\begin{cases} y = \dfrac{35{,}65 - 3 \times 6{,}05}{2} = 8{,}80 \\ x = 6{,}05 \end{cases}$$

Le prix d'un lait après solaire est donc de 8,80 €.

Problème 16 – Réponse D

La réduction accordée pour l'achat de 500 € de produits est de 6%, ce qui représente la somme de 30 €.

La réduction réelle doit, elle, rendre compte du droit de 10 € dont s'acquitte l'adhérent. La réduction réelle est de 30 € – 10 € = 20 €.

Appliquons à présent une règle de trois :

Réduction	30 €	6%
Réduction réelle	20 €	X

$$X = \frac{20 \times 6\%}{30} = \frac{120\%}{30} = 4\%$$

Problème 17 – Réponse E

Prix avant réduction	X	100%
Prix après réduction	451	11%

Notez bien que le prix après réduction représente 11% (100% - 89%) du prix avant réduction.

$$X = \frac{100\% \times 451}{11\%} = \frac{451}{11\%} = \frac{451 \times 100}{11} = \frac{45100}{11} = 4100$$

Problème 18 – Réponse A

On pourrait ici utiliser M2, mais M1 va s'avérer être tout aussi efficace.

Soit x le montant du salaire de JP. Les données de l'énoncé nous permettent d'établir l'équation suivante :

$$\frac{2}{5}x + \frac{1}{6}x + \frac{1}{3}x + 310 = x$$

Le dénominateur commun est ici 30. L'équation s'écrit alors :

$12x + 5x + 10x + 9300 = 30x$, soit $3x = 9300$, $x = 3100$.

Problème 19 – Réponse B

Identité remarquable : $(a + b)^2 = a^2 + b^2 + 2ab$

On a : $a^2 + b^2 = 500$; $2ab = 2 \times 200 = 400$

Par conséquent : $(a + b)^2 = a^2 + b^2 + 2ab = 500 + 400 = 900$ et $u+v=\sqrt{900}$ ou $-\sqrt{900}$ soit : u+v = 30 ou – 30. On garde 30.

Problème 20 – Réponse D

Il s'agit ici de calculer une moyenne pondérée.
La moyenne de l'ensemble des étudiants est donc :

$$\frac{12{,}5\times150+16{,}5\times16{,}5\times250}{400}=15$$

Attention : il ne faut surtout pas ici faire la moyenne des moyennes ($\frac{12{,}5+16{,}5}{2}=14{,}5$). Il s'agit ici d'une moyenne qui est **pondérée** par le nombre d'étudiants affilié à chacune des deux moyennes.

Problème 21 – Réponse C

Premier quart du trajet : l'avion met $\frac{\frac{1}{4}\times8880}{1110}=\frac{2220}{1110}=2$ heures.

Deuxième quart du trajet : l'avion met $\frac{\frac{1}{4}8880}{1480}=\frac{2220}{1480}=1{,}5$ heures, soit 1h 30mn

Trajet restant : l'avion met $\frac{4440}{1000}=4{,}44$ heures, soit 4 h 26,4 mn (0,44h x 60 = 26,4 mn). On suppose ici que 4h 26,4mn $\approx$ 4h 26mn.
Au total, l'avion met donc : 2h + 1h 30mn + 4h 26mn = 7h 56mn. En partant à 6h 15mn, l'avion arrive alors à Tachkent à 14h 11mn.

Problème 22 – Réponse E

Il s'agit ici de voir qu'il existe plusieurs scénarios possibles pour la distance AC. En effet, on ne nous dit pas où C est placé par rapport à B.

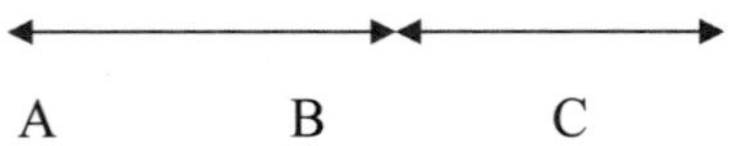

Ici, AC = 700 m

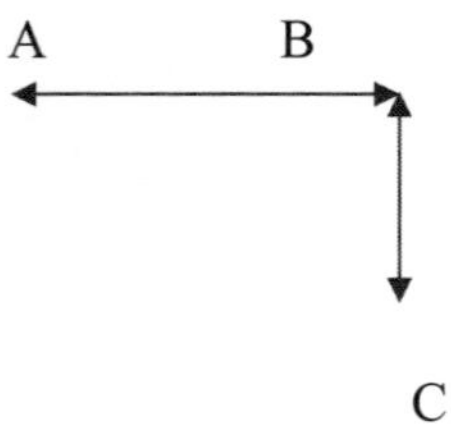

Ici, AC = 500 m
Appliquez le théorème de Pythagore au triangle (ABC) rectangle en B pour trouver la valeur de AC

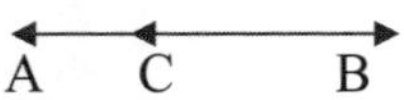

Ici enfin AC = 100 m

En conclusion, on ne peut pas déterminer la distance d'après les données du problèmes.

Problème 23 – Réponse A

Joan	7	X
Johnny	10	30

$X = \frac{30 \times 7}{10} = 21$

Joan a donc le temps d'éplucher 21 ananas pendant que Johnny en épluche 30.

Problème 24 – Réponse B

Il suffit ici de calculer dans un premier temps le nombre de warrants qui ne valent plus rien puis dans un second temps de multiplier ce nombre par 80 €.

Ce qui donne : $25\% \times 36 = \frac{1}{4} \times 36 = 9$ et $9 \times 80 = 720$ €.

Le trader a donc perdu 720 € dans cette opération financière.

Problème 25 – Réponse C

Il s'agit ici de calculer la surface comprise entre le cercle formé par le tour de la grande aiguille et le cercle formé par le tour de la petite aiguille. Pour cela, il suffit de soustraire la surface du cercle formé par la grande aiguille à la surface du cercle formé par la petite aiguille.

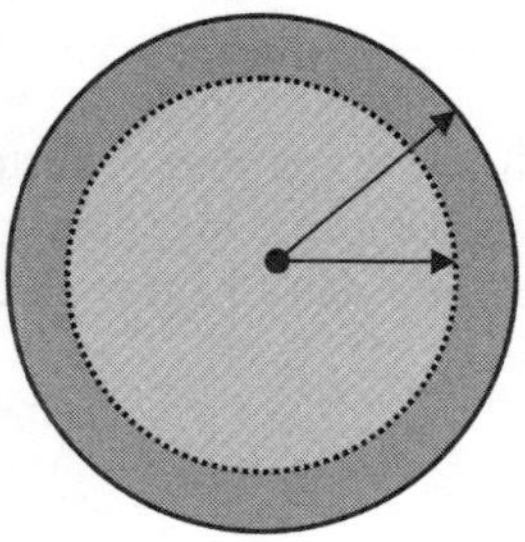

La surface que l'on cherche est donc égale à : $\pi \times 8^2 - \pi \times 6^2 = 64\pi - 36\pi = 28\pi$

Problème 26 – Réponse B

Calculons dans un premier temps la surface composée des 6 faces du cube.

Surface d'une face = 10 cm x 10 cm = 100 cm^2

Surface de 6 faces = 6 x 100 cm^2 = 600 cm^2

On découpe ensuite dans chacune des 6 faces une ouverture carrée dont le côté mesure 1 cm.

Surface d'une ouverture carrée = 1 cm x 1 cm = 1 cm^2

Surface de 6 ouvertures carrées = 6 x 1 cm^2 = 6 cm^2

En conclusion , la surface du cube sans les ouvertures est égale à : 600 cm^2 – 6 cm^2 soit 594 cm^2.

Problème 27 – Réponse E

Soit X le nombre que l'on doit ajouter à 15 pour que la somme obtenue se rapporte à 18 comme 50 se rapporte à 30.

Il s'agit d'une règle de trois :

X + 15	18
50	30

Soit : $30 \times (X + 15) = 18 \times 50$. Après simplifications on trouve $X + 15 = 30$ et $X = 15$.

Problème 28 – Réponse C

Utilisons M_2 et examinons la réponse du milieu (réponse C) :

A 16h 30mn, le premier cycliste aura parcouru 2,5 h x 20 km/h = 50 km.

A 16h 30mn, le second cycliste aura parcouru 2h x 25 km/h = 50 km.

C'est donc précisément à 16h 30mn que le second cycliste aura rejoint le premier.

Résolution à l'aide de M_1 :

	Vitesse	**Temps**	**Distance**
Cycliste 1	20	x	20x
Cycliste 2	25	x - ½	25(x – ½)

Lorsque le second cycliste rattrape le premier cycliste à l'heure $x_{rencontre}$ (x_r), les deux cyclistes ont parcouru la même distance. On a donc : $20x_r = 25(x_r - ½)$; $5x_r = 12,5$ et $x_r = 2,5$. La rencontre a donc lieu deux heures et demi après le départ du premier cycliste soit à 16h 30mn.

Problème 29 – Réponse A

1ère année : $5 + 20\% \times 5 = 5 + \frac{1}{5} \times 5 = 5 + 1 = 6$ €

2ème année : $6 + 20\% \times 6 = 6 + 0,2 \times 6 = 6 + 1,2 = 7,2$ €

3ème année : $7,2 + 20\% \times 7,2 = 7,2 + 0,2 \times 7,2 = 7,2 + 1,44 = 8,64$ €

Problème 30 – Réponse D

Le volume d'un parallélépipède rectangle est donné par la formule : $x \times y \times z$, où x est la longueur, y la largeur et z la hauteur.

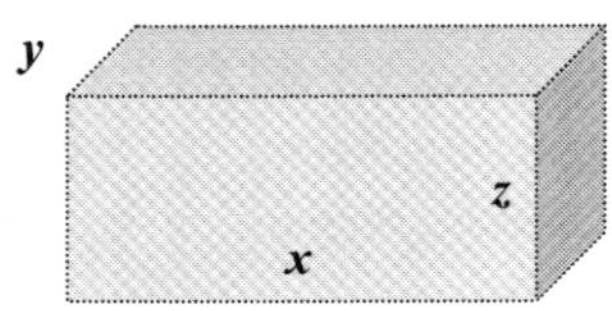

L'énoncé du problème nous permet d'écrire que $x \times y \times z = a\ cm^3$.

Doublons x, y et z. Le nouveau volume du parallélépipède s'écrit alors : $2x \times 2y \times 2z = 8 \times x \times y \times z = 8a$

Problème 31 – Réponse C

	Jeu initial	+12 cartes n° 7
Nombre total de cartes	52	64
Cartes portant le no 7	4	16

La probabilité de tirer, au hasard, une carte portant le n° 7 est : $\frac{16}{64} = \frac{1}{4}$, où 16 est le nombre d'issues favorables (tirer une carte n° 7) et où 64 est le nombre d'issues possibles (tout ce qui est possible de tirer).

Problème 32 – Réponse A

Nombre d'avions qui atterrissent chaque jour à l'aéroport de Santiago : $\frac{3600}{450} = 8$

Nombre d'avions qui atterrissent en moyenne par heure : $\frac{8}{24} = \frac{1}{3}$

Problème 33 – Réponse C

On peut bien sûr utiliser M_2, mais nous allons résoudre ce problème avec M_1.

Soit x : le nombre de films à partir duquel il devient intéressant de choisir la formule avec abonnement.

Soit à résoudre : $2{,}5x + 25 < 6{,}5x$. On obtient : $x > \frac{25}{4} = 6{,}25$.

Ainsi, le nombre de films à partir duquel il devient intéressant de choisir la formule avec abonnement doit être strictement supérieur à 6,25 ; soit : x = 7.

Problème 34 – Réponse D

Soit x : la note que doit obtenir Youri en logique.

La moyenne de Youri est égale à : $\frac{11{,}5 \times 3 + 2x}{2+3} = \frac{34{,}5 + 2x}{5}$

Cette moyenne doit être supérieure ou égale à 14. Soit à résoudre $\frac{34{,}5 + 2x}{5} \geq 14$. On obtient après calculs : $x \geq 17{,}75$. Youri doit donc obtenir la note minimale de 17,75 en logique pour être admis.

Problème 35 – Réponse B

$$\frac{6^6-2^5}{\left(2^{\frac{1}{6}}\times 3\right)^6-1}=\frac{6^6-2^5}{2^{\frac{6}{6}}\times 3^6-1}=\frac{(2\times 3)^6-2^5}{2\times 3^6-1}=\frac{2^6\times 3^6-2^5}{2\times 3^6-1}=\frac{2^5(2\times 3^6-1)}{2\times 3^6-1}=2^5.$$

(Rappel : vous n'avez pas le droit à la calculatrice)

Problème 36 – Réponse A

Le volume d'un cylindre est donné par la formule suivante : $V = \text{base} \times \text{hauteur}$

On sait que $V = 9$.

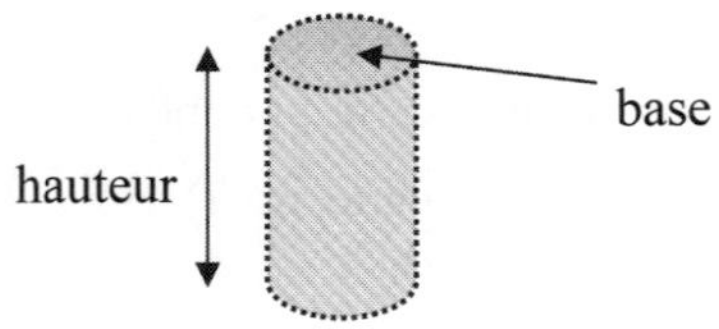

Si on double l'aire de la base, le volume du nouveau cylindre devient alors : $2 \times \text{base} \times \text{hauteur} = 2 \times V = 2 \times 9 = 18$.

Problème 37 – Réponse C

Ben reçoit 20% de la cagnotte. Il reste 80% (100% - 20%) de la cagnotte à partager entre Philippe et Franck.

Or on sait que Philippe reçoit 3 parts de plus que Franck.

Si j'appelle X la part que reçoit Franck alors $X + 3 \times X = 4X = 80\%$, soit $X = 20\%$.

Franck reçoit donc 20% de la cagnotte.

Problème 38 – Réponse C

Soit V : le prix d'une veste verte, soit R : le prix d'une veste rouge, soit J : le prix d'une veste jaune.

On a alors le système suivant de 3 équations à 3 inconnues :

$$\begin{cases} V + 3R = 300 \\ R + V = 140 \\ V + J = 130 \end{cases} \text{ soit, } \begin{cases} V + 3R = 300 \\ V = 140 - R \\ V + J = 130 \end{cases} \text{ soit, } \begin{cases} 140 - R + 3R = 300 \\ R + V = 140 \\ V + J = 130 \end{cases}$$

$$\text{soit, } \begin{cases} R = 80 \\ R + V = 140 \\ V + J = 130 \end{cases} \text{ et donc, } V + J + R = 130 + 80 = 210$$

Le prix des trois vestes réunies est donc de 210 €.

Problème 39 – Réponse B

3 peintres → 5 jours → ¾ du mur

↓ ↓ ↓

1 peintre → 5 jours → ¼ du mur

Il reste 1 – ¾ = ¼ du mur à peindre.

Il ne reste plus qu'un peintre pour terminer le travail. Il lui faudra 5 jours.

Au total, les peintres auront mis 10 jours (5+5) pour peindre le mur.

Problème 40 – Réponse C

Utilisons ici M2.

Examinons la réponse du milieu (réponse C) : Shana a 7 ans et Naomi a 26 ans.

	Shana	Naomi	Rapport
Aujourd'hui	7 ans	30 ans	Dans 4 ans, Naomi ne sera pas 3 fois plus âgée que Shana…
Dans 4 ans	11 ans	34 ans	
Il y a 2 ans	5 ans	24 ans	

La réponse C n'est pas satisfaisante. Examinons la réponse D ou E.

Réponse D : Shana a 8 ans et Naomi a 32 ans.

	Shana	Naomi	Rapport
Aujourd'hui	8 ans	32 ans	Les rapports d'âge sont bien respectés.
Dans 4 ans	12 ans	36 ans	
Il y a 2 ans	6 ans	30 ans	

Shana a donc 8 ans et Naomi : 32.

Problème 41 – Réponse B

2h 24mn = 244 mn	324 km
4h 20mn = 260 mn	X km

Soit : $X=\frac{324\times260}{244}=585$ km, après simplifications.

Problème 42 – Réponse D

Pour résoudre un tel problème, je vous conseille d'y aller pas à pas.

1000 → 2000 → 4000 → 8000 → 16000

↓

512000 ← 256000 ← 128000 ← 64000 ← 32000

↓

1024000

Au total : 10 divisions, soit 10x3 minutes = 30 minutes

Problème 43 – Réponse A

Lorsque la bûche effectue un tour, elle parcourt exactement une distance égale à la circonférence de sa base.

La circonférence de la base de la bûche est égale à : $2\pi r$.

La bûche effectue 50 tours complets : elle tourne donc 50 fois sur elle-même et parcourt la distance : $50 \times 2\pi r = 100\pi r$.

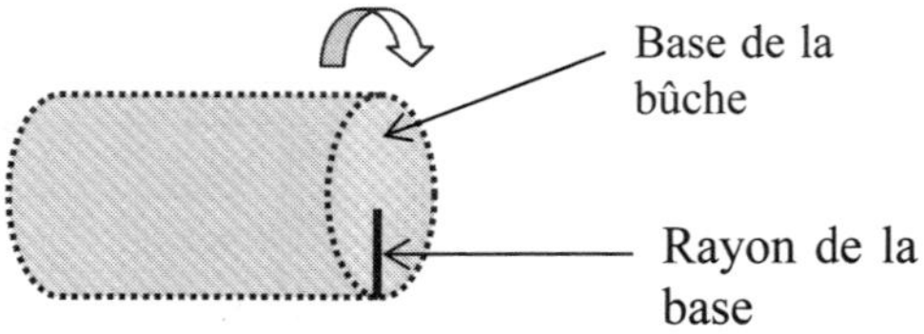

Problème 44 – Réponse E

Un numéro de téléphone est composé des chiffres : 755 XYZ. Les chiffres X, Y et Z varient entre 0 et 9. Le nombre maximal de numéros de téléphone pour une zone est donc de 1000 (755 999 – 755 000 + 1 = 1000). Il y a 12 zones soit un nombre maximal de 12 000 numéros de téléphone.

Problème 45 – Réponse D

Si l'on désigne par x les chances de gagner de Midnight Express, alors les chances de gagner de Raging Bull seront de 2x et celles de Casino de 4x.

Puisque la somme des chances de tous les chevaux doit valoir 1 (un seul cheval gagnera), nous obtenons l'équation : $x + 2x + 4x = 1$, soit $x = 1/7$.

Problème 46 – Réponse C

Première moitié de chemin : Talya a mis $t_1 = \frac{\frac{1}{2}x}{5v} = \frac{x}{10v}$.

Deuxième moitié de chemin : Talya a mis $t_2 = \frac{\frac{1}{2}x}{\frac{1}{2}v} = \frac{x}{v}$

Au total, Talya a mis : $t_1 + t_2 = \frac{x}{10v} + \frac{x}{v} = \frac{x+10x}{10v} = \frac{11x}{10v}$

Problème 47 – Réponse C

Le prix des volumes de l'encyclopédie suit une progression (suite) géométrique dans laquelle le premier terme est n et la raison 3. D'après la formule de la progression géométrique, le terme k sera : $n \times 3^{k-1}$.

On aurait pu aussi raisonner autour de ce problème de la façon suivante :

Le prix du premier volume est n

Le prix du second volume est n x 3

Le prix du troisième volume est n x 3 x 3 = n x 3^2

Le prix du quatrième volume est n x 3^2 x 3 = n x 3^3

On déduisait alors en extrapolant que le prix du k^ième^ volume était de $n \times 3^{k-1}$. Surtout, vous remarquerez que dans les réponses proposés, cette réponse était bien la seule à refléter ce qui se passait à chaque étape.

Problème 48 – Réponse B

Le trajet de Paris à Lyon peut être divisé en trois parties : la première, 150 km (1/3 de 450), la deuxième, 60 km (1/5 de 300) et la troisième, 240 km (450 – 150 – 60). Le chauffeur est arrivé à Lyon 6 heures après avoir quitté Paris. Pour la première partie du trajet, il a mis deux heures (150 km à une vitesse de 75 km/h), pour la deuxième partie il a mis une heure et pour le reste du trajet, il a mis trois heures (240 km à une vitesse de 80 km/h).

Pour faire ce trajet en 6 heures, quand on roule à une vitesse constante pendant tout le trajet, il faut rouler à une vitesse de 75 km/h (450 km divisés par 6h).

Problème 49 – Réponse B

Soit x : le nombre d'habitants.

Soit à résoudre : $\frac{1}{5}x + \frac{1}{4} \times \frac{4}{5}x + 2100 = x \Leftrightarrow \frac{2}{5}x + 2100 = x \Leftrightarrow 2100 = \frac{3}{5}x \Leftrightarrow x = 3500$

Problème 50 – Réponse B

Examinons les différentes étapes du sciage.

Lors du premier sciage (1ère étape), on obtient des morceaux de longueur $\frac{k}{2}=\frac{k}{2^1}$ mètres. Lors du deuxième sciage (2ème étape), on obtient des morceaux de longueur $\frac{k}{4}=\frac{k}{2^2}$ mètres. Lors du troisième sciage (3ème étape), on obtient des morceaux de longueur $\frac{k}{8}=\frac{k}{2^3}$ mètres… à la n[ième] étape, la longueur du morceau le plus petit sera égale à $\frac{k}{2^n}$ mètres.

Problème 51 – Réponse E

Nathalie cueille 36 figues en 84 minutes. Elle cueillera donc 54 figues en 126 minutes (règle de trois : $x=\frac{84}{36}\times 54=126$). Ana cueille 48 figues en 21 minutes. Elle cueillera donc 288 figues en 126 minutes (le temps que Nathalie met pour cueillir 54 figues). En effet, une règle de trois donne $x=\frac{48}{21}\times 126=288$.

Problème 52 – Réponse C

4,5 kg de pamplemousses épluchés ont $1-\frac{1}{6}=\frac{5}{6}$ du poids qu'ils avaient avant d'être épluchés. Soit x : le poids des pamplemousses avant d'être épluchés. Posons alors $\frac{5}{6}x=4{,}5$. On en déduit $x=\frac{4{,}5\times 6}{5}=0{,}9\times 6=5{,}4\,\text{kg}$.

Problème 53 – Réponse D

On utilise M_2.

Réponse C : il y a 8 personnes. Une des 8 personnes salue les 7 autres et se retire. Une des 7 personnes qui restent salue les 6 autres et se retire. Une des 6 personnes qui restent salue les 5 autres et se retire et ainsi de suite. On dénombre ainsi au total : 7+6+5+4+3+2+1=28 salutations.

On examine à présent la réponse D ou E.

Réponse D : il y a 9 personnes. En suivant le même raisonnement, on dénombre alors : 8+7+6+5+4+3+2+1=36 salutations.

Problème 54 – Réponse C

$$\text{probabilité}=\frac{\text{favorables}}{\text{possibles}}=\frac{100}{100+200+300}=\frac{100}{600}=\frac{1}{6}$$

Problème 55 – Réponse D

Au bout de dix secondes :

John a parcouru 3x10 = 30 mètres et Olivier a parcouru 4x10 = 40 mètres.

Etant donné que John et Olivier ont pris des directions diamétralement opposées, il y a 30m + 40m = 70m qui séparent John d'Olivier.

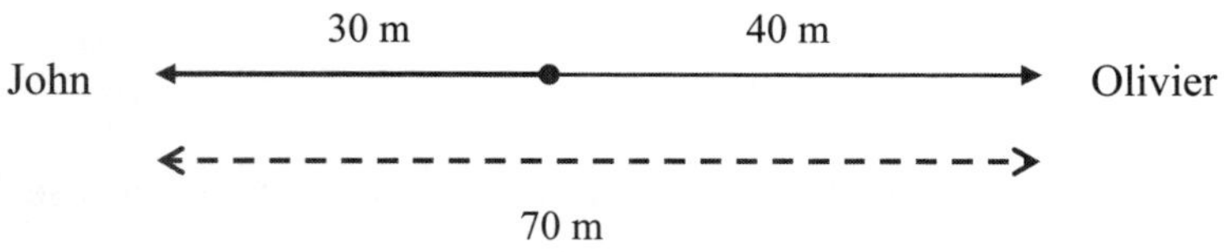

Pour atteindre son but, une balle doit donc parcourir 70m.

Temps nécessaire : t = d/v = 70/140 = ½ seconde.

Problème 56 – Réponse B

Soit x : le nombre d'enfants ; y : le nombre de femmes et z : le nombre d'hommes

L'énoncé nous permet d'établir le système d'équations suivant :

$$\begin{cases} x = 2(y+z) \\ y = 2z \\ x+y+z = 63 \end{cases}$$

En substituant y par 2z dans la première équation on obtient x = 2(2z + z) = 6z

En substituant enfin dans la troisième équation x et y par leur valeur respective en z on obtient : 6z + 2z + z = 63, soit 9z = 63 et z = 7

Problème 57 – Réponse D

Les bases et les hauteurs sont égales. Désignons les par B et H.

Volume du cylindre = BxH

Volume du cône = 1/3BxH

Le volume de l'espace restant du cylindre est égal à :

(volume du cylindre) – (volume du cône) = BxH – 1/3BxH = 2/3BxH = 2 x 1/3BxH soit 2 fois le volume du cône.

Problème 58 – Réponse B

Impact de l'augmentation : 2 € + 10% x 2 € = 2 € + 0,2 € = 2 € + 0,1 x 2 € = 2,2 €

Impact de la taxe : 2,2 € + 15% x 2,2 € = 2,2 € + 0,15 x 2,2 € = 2,2 € + 0,33 € = 2,53 €

Problème 59 – Réponse D

Soit t : le nombre total d'enfants

Soit f : le nombre de filles de plus de dix ans

Soit g : le nombre de garçons de plus de dix ans

Si la moitié des filles ont moins de dix ans cela implique que l'autre moitié a plus de 10 ans. Or étant donné qu'il y a trois quarts de filles dans le groupe (vu qu'il y a un quart de garçons), le nombre total de filles qui ont plus de dix 10 ans est : $f=\frac{1}{2}\times\frac{3}{4}t=\frac{3}{8}\times 160=60$ filles.

Aussi, si le quart des garçons a plus de 10 ans et que le groupe est composé d'un quart de garçons, on a : $g=\frac{1}{4}\times\frac{1}{4}t=\frac{1}{16}\times 160=10$ garçons

Au total, il y a donc : 60 +10 = 70 enfants âgés de plus de 10 ans.

Problème 60 – Réponse D

Sophie ne remet pas les trois premières cravates tirées. Il reste donc 10 cravates noires et 20 cravates rouges.

$$\text{Probabilité de tirer une cravate noire}=\frac{\text{favorables}}{\text{possibles}}=\frac{10}{10+20}=\frac{10}{30}=\frac{1}{3}$$

Problème 61 – Réponse A

Soit x : le nombre de femmes

Soit y : le nombre d'hommes

On a : y = 2x, et la somme des professeurs hommes et femmes dans l'université est égal à : x + y = x + 2x = 3x. Cette somme est donc un multiple de 3. Parmi les solutions, seul 25 n'est pas un multiple de 3. Réponse A.

Problème 62 – Réponse B

$\text{Somme}_1 = \text{moyenne}_1 \times (\text{nombre de termes}) = 8 \times 9 = 72$

$$\text{Moyenne}_2=\frac{\text{Somme}_2}{\text{nombre de termes}}=\frac{72+0}{10}=7{,}2$$

Problème 63 – Réponse A

Les deux tirages sont indépendants.

Probabilité cherchée = (Probabilité de tirer une boule jaune au 1er tirage) x (Probabilité de tirer une boule noire au 2nd tirage)

$$\text{Probabilité cherchée} = \frac{8}{3+5+8}\times\frac{5}{3+5+7}=\frac{8}{16}\times\frac{5}{15}=\frac{1}{2}\times\frac{1}{3}=\frac{1}{6}$$

Problème 64 – Réponse A

Les deux tirages sont indépendants.

Probabilité cherchée = (Probabilité de tirer un ticket blanc dans l'urne 1) x (Probabilité de tirer un ticket blanc dans l'urne 2) = $\frac{2}{4+3}\times\frac{3}{4+3}=\frac{2}{7}\times\frac{3}{7}=\frac{6}{49}$

Problème 65 – Réponse C

$$\text{Taux d'intérêt annuel} = \frac{\text{montant des intérêts versés sur l'année}}{\text{montant emprunté}} \times 100\ \% = \frac{M}{J} \times 100\ \%$$

Problème 66 – Réponse D

La surface du nouveau triangle est : $\frac{1}{2}\frac{B}{2} \times 4H = BH$, soit deux fois la surface du triangle d'origine.

Problème 67 – Réponse B

d km	1 litre
n km	X

$X = \frac{n \times 1}{d} = \frac{n}{d}$ litres. Un litre d'essence coûte z cents. $\frac{n}{d}$ litres d'essences coûtent donc : $z \times \frac{n}{d} = \frac{zn}{d}$ cents

Problème 68 – Réponse D et E

$$\text{pourcentage d'augmentation} = \left(\frac{\text{quantité d'augmentation}}{\text{quantité d'origine}} \times 100\right)\% = \left(\frac{252}{360} \times 100\right)\% = 70\%$$

Taxe de 40% sur la plus-value de 70% : 40% x 70% = 28%
Le gain net réalisé par l'investisseur est donc égal à : 70% - 28% = 42%

Problème 69 – Réponse D
Attention ! n'additionnez pas les pourcentages !
On part d'une base imaginaire de 100€.

100€ ——→ 70€ ——→ 42€ ——→ 29,4

100-30%100=100-30=70   70-40%70=70-28=42   42-30%42=42-12,6=29,4

Au total, l'action a perdu : (100-29,4)/100 = 70,6%

Problème 70 – Réponse B
On part d'une base imaginaire de 100€

100€ ——→ 50€ ——→ 75€

100-50%100=100-50=50   50+50%50=50+25=75

Au total, l'action a perdu : (100-75)/100 = 25%

Problème 71 – Réponse C

On part d'une base imaginaire de 100€

100€ ——————→ 400 ——————→ 0

100+300%100=100+300=400 400-100%400=400-400=0

Au total, l'action a perdu : (100-0)/100 = 100%

Problème 72 – Réponse E

Choix d'un président : 15 possibilités ; choix d'un secrétaire général : 14 possibilités ; choix d'un trésorier : 13 possibilités. Nombres de trios possibles : 15 x 14 x 13 = 2730

Problème 73 – Réponse E

Soit x : le nombre de billets mis en vente pour le show. L'énoncé nous permet de déduire que 6/7 (1 – 1/7) des billets pour le show n'ont pas encore été vendus.

On sait en outre que 2/3 des billets non vendus équivalent à 2400 billets, soit : $\frac{6}{7}\times\frac{2}{3}\times x=2400 \Leftrightarrow x=\frac{7}{4}\times 2400=4200$

Problème 74 – Réponse D

Utilisons M_1 (on peut aussi bien sûr utiliser M_2).

Soit x : la capacité totale de la cuve.

Soit à résoudre : $\frac{1}{4}x+260=\frac{9}{10}x \Leftrightarrow x=400$ litres.

Problème 75 – Réponse E

Utilisons M_2. Les solutions sont ordonnées.

On part de C : 75 000 km. Consommation : 8 x 75000/100 = 8 x 750 = 6000 litres. 6000 x 0,2€ = 1200€ (< 2000€)

On examine alors les réponses du dessous.

Réponse E : 125 0000 km. Consommation : 8 x 125000/100 = 8 x 1250 = 10000 litres. 10000 x 0,2€ = 2000€

Problème 76 – Réponse D

Somme ancienne = moyenne x nombre de termes = 6 x 85 = 510

Somme nouvelle = moyenne x nombre de termes = 5 x 72 = 360

Nombre retiré = somme ancienne – somme nouvelle = 510 – 360 = 150

Problème 77 – Réponse D

Soit A l'aire initiale du rectangle. A = L x l (longueur x largeur). Si L augmente de 11% alors la nouvelle longueur $L^{nouvelle}$ est égale à 1,11 L et $A^{nouvelle} = L^{nouvelle}$ x l = 1,11 L x l = 1,11 A = 111% A.

Problème 78 – Réponse B

$$\frac{10^n}{0{,}001^n}=\frac{10^n}{\left(10^{-3}\right)^n}=\frac{10^n}{10^{-3n}}=10^{n+3n}=10^{4n}$$

Problème 79 – Réponse C

M_3 : en remplaçant x par 3, seule la réponse C donne une valeur différente de 1/5.

M_1 : $\frac{x-2}{x^2-4}=\frac{x-2}{(x-2)(x+2)}=\frac{1}{x+2}$ (identité remarquable) : la réponse C apparaît alors tout de suite impossible.

Problème 80 – Réponse D

Montant réel de la facture : 353 € + 19,6% x 353 € = 353€ + 69,19€ = 422,19€

Problème 81 – Réponse B

Attention : le résultat est demandé en mètres carré.

L'aire (grandeur réelle) du rectangle est égale à :

5000 cm x 3500 cm = 50 m x 35 m = 1750 m².

Problème 82 – Réponse B

Plus-value = 0,25 C = ¼ C

Impôt sur la plus-value = 50% plus-value = ½ x ¼ C = C/8

Problème 83 – Réponse B

Soit A l'aire initiale du rectangle. A = L x l (longueur x largeur). Si L augmente de 20% alors la nouvelle longueur $L^{nouvelle}$ est égale à 1,2 L et si l diminue de 20% $l^{nouvelle}$ est égale à 0,8l.

Conclusion : $A^{nouvelle} = L^{nouvelle}$ x $l^{nouvelle}$ = 1,2 L x 0,8 l = 0,96 L x l = 0,96 A = 96 % A.

Sachant que l'aire d'origine est égale à 100% de A, il y a eu une diminution de 4%.

Problème 84 – Réponse C

On a : g cents = g/100 euros et m cents = m/100 euros. Pour 100 km parcourus, cela coûte alors : 100 x (g/100 + m/100) = g + m

Problème 85 – Réponse A

Soit F : le prix du repas de Franck ; JP : le prix du repas de Jean-Philippe et Y : le prix du repas de Yoan

On a :

F = JP + 50% JP = 1,5 JP ; soit encore : F = 3/2 JP.

Y = 5/6 F = 5/6 x 3/2 JP = 5/4 JP

Y = JP + 2

En combinant les 2 dernières équations, on obtient : 5/4 JP = JP + 2, soit : JP = 8. Par conséquent : Y = JP + 2 = 10 et F = 3/2 JP = 12.

Au total, le montant de l'addition est égal à : F + JP + Y = 12 + 8 + 10 = 30 €

Problème 86 – Réponse A

Les 8000 copies se décomposent ainsi : 1000 premières copies et 7000 copies supplémentaires. Les 1000 premières copies coûtent 1000€ les 7000 suivantes coûtent : 7000x €.

Soit : 1000 + 7000x = 7230 ; 7000x = 6230 et x = 6230/7000 = 0,89€

Problème 87 – Réponse E

Règle de trois **inverse** :

16	5h
3	X

$$X=\frac{16\times 3}{5}=\frac{48}{5}=\frac{45}{5}+\frac{3}{5}=9+\frac{3}{5}.$$

X est donc égal à 9 heures + 3/5 d'heure, soit : 9h et 3/5 x 60 mn = 9h 36mn

Problème 88 – Réponse A

Les 12 heures de travail se décomposent ainsi : 8 heures obligatoires + 4 heures supplémentaires. Son salaire journalier sera donc égal à : (8e + 4c) € et son salaire horaire moyen à : (8e + 4c)/12 = (2e + c)/3

Problème 89 – Réponse B

Soit x le prix actuel du marteau et le prix actuel du tournevis.

Le prix du marteau augmente de 5% : il est égal à 1,05x

Le prix du tournevis augmente de 3% : il est égal à 1,03x

Le prix de 3 marteaux est égal à 3x1,05x = 3,15x et le prix de 3 tournevis est égal à 3x1,03x = 3,09x. Au total, je débourse donc 6,24x pour 3 marteaux et 3 tournevis.

Avant l'augmentation, je ne déboursais que 6x. La somme supplémentaire en pourcentage est égale à : $\left(\frac{6{,}24x-6x}{6x}\times 100\right)\%=\frac{24x}{6x}\%=4\%$.

Problème 90 – Réponse D

La surface d'un cercle est donnée par la formule : πr^2, avec r le rayon du cercle. Si r augmente de 6%, le nouveau rayon $r^{nouveau}$ = 1,06 et la nouvelle surface est égale à $\pi\left(r^{nouveau}\right)^2 = \pi(1{,}06r)^2 = 1{,}1236 \times \pi r^2$. La surface a donc augmenté de 0,1236 soit 12,36%.

Problème 91 – Réponse A

Un dénominateur commun : 210
5/6 = 175/210
11/14 = 165/210
12/15 = 168/210
17/21 = 170/210
29/35 = 174/210

Problème 92 – Réponse C

Les rats mangent en une journée $\frac{r}{W} \times 100 = \frac{100r}{W}\%$ de la capacité totale du silo. Au bout de 25 jours, les rats auront mangé : $25 \times \frac{100r}{W} = \frac{2500r}{W}\%$ de la capacité totale du silo.

Problème 93 – Réponse C

Soit s la longueur d'origine du côté du carré. s^2 représente donc l'aire du carré. Le côté du carré a augmenté de 40%, il vaut donc à présent 140% de s soit 1,4s. Par conséquent, l'aire du nouveau carré est $1{,}4s \times 1{,}4s = 1{,}96s^2$, ce qui représente 196% de l'aire d'origine. Ainsi, l'aire a augmenté de 96%.
On aurait aussi très bien pu utiliser M_3 et prendre 10 comme valeur pour s. L'aire vaut alors 100. Si j'augmente s de 40%, s = 14 et donc la nouvelle aire est égale à $14 \times 14 = 196$. L'aire a alors augmenté de 96 par rapport à 100 (initialement), soit une augmentation de 96%.

Problème 94 – Réponse B

La surface ABCD est égale à 16 cm². C'est la surface d'un carré. Les 4 arêtes du carré, comme toutes les arêtes du cubes d'ailleurs, sont égales et valent $\sqrt{16} = 4$ cm.
La surface du rectangle ABEF est donnée par la formule :
(longueur du côté AE) x (longueur du côté EF)
En appliquant le théorème de Pythagore au triangle ACE rectangle en E, on a :
$AE^2 = AC^2 + CE^2 = 4^2 + 4^2 = 32$ et $AE = \sqrt{32} = \sqrt{16 \times 2} = 4\sqrt{2}$.
La surface du rectangle ABEF est donc égale à : $4\sqrt{2} \times 4 = 16\sqrt{2}$ cm².

Problème 95 – Réponse C

Soit x : le montant investi au taux de 5%.

Le montant investi au taux de 6% est donc égal à (1000 – x)

On a : 1053 = 1000 + 5% x + 6% (1000 – x) = 1000 + 0,05x + 60 – 0,06x ; soit : 1053 = 1060 – 0,01x ; soit encore 0,01x = 7 et x = 7/0,01 = 700 €

Problème 96 – Réponse A

2 méthodes de résolution.

1ère méthode : M_1.

Le voyage de d kilomètres (d>n) peut se décomposer en 2 sous voyages : le premier est un voyage de n kilomètres, le deuxième est un voyage de (d – n) kilomètres. En effet, si je parcours d km, je parcours d'abord n km, puis le reste, à savoir (d – n).

Le premier sous-voyage me coûte $n \times x$ euros, le deuxième me coûte $(d-n)\times(x+1)$ euros. Au total, le voyage de d kilomètres me coûte :

$n \times x + (d-n) \times (x+1)$ euros, soit après développement et simplification $d \times (x+1) - n$ euros

2ème méthode : M_2

Attribuons par exemple aux variables les valeurs suivantes : d = 10, n = 3 et x = 2. Au total le voyage me coûte donc : $3\times2+7\times3=27$ euros.

La réponse A me donne $10\times3-3=27$ euros. Les autres réponses me donnent des valeurs différentes de 27. Il s'agit donc bien de la réponse A.

3. SECTION TROIS ETOILES ✦✦✦

Niveau avancé – problèmes globalement difficiles
Cible concernée : Tage-Mage, Tremplin, Passerelle

Cette section vous propose de résoudre une série de problèmes qui exigent de votre part une maîtrise parfaite des outils vus en sections ✦ et ✦✦ ainsi qu'une aptitude à résoudre dans un temps limité des problèmes difficiles et parfois désarçonnants.

Vous trouverez toujours le jour des concours quelques problèmes vraiment difficiles. Heureusement, il y en a peu. Mais ce sont eux qui vous permettent souvent de vous démarquer des autres candidats et de vraiment faire la différence.

Rappel : vous n'avez jamais le droit à la calculatrice.

Problème 1

Un cageot de pommes contient une pomme pourrie sur trente. Si on considère que trois pommes pourries sur quatre ne peuvent être mises en vente et qu'il y a douze pommes par cageot qui ne peuvent être mises en vente, combien y a-t-il de pommes par cageot ?

(a) 270
(b) 480
(c) 600
(d) 740
(e) 840

Problème 2

Par combien faut-il multiplier le rayon d'un cercle pour tripler sa surface ?

(a) $\sqrt{3}$
(b) 3
(c) $\sqrt{3\pi}$
(d) $\pi\sqrt{3}$
(e) $3\sqrt{3}$

Problème 3

Invités à une soirée d'anniversaire, j personnes décident de se regrouper pour offrir un cadeau commun de z €.

Quelques jours avant la soirée, h invités font savoir qu'il ne pourront participer à la soirée et qu'ils ne participeront pas au cadeau. Quelle somme supplémentaire chacun des autres invités devra-t-il payer ?

(a) $\frac{z}{j}$

(b) $\frac{z}{j-h}$

(c) $\frac{hz}{j-h}$

(d) $\frac{hz}{j(j-h)}$

(e) $\frac{zj}{h(j-h)}$

Problème 4

Carole dépense un quart de ses économies pour l'achat d'une chaîne hi-fi et un tiers de moins de ce qu'elle a payé pour la chaîne hi-fi pour l'achat d'une télévision.

Quelle fraction de ses économies a-t-elle dépensé pour l'achat de la chaîne hi-fi et de la télévision ?

(a) $\frac{1}{4}$

(b) $\frac{2}{7}$

(c) $\frac{5}{12}$

(d) $\frac{1}{2}$

(e) $\frac{7}{12}$

Problème 5

Par combien faut-il multiplier le rayon d'un cercle pour quadrupler sa surface ?

(a) 1

(b) 2

(c) $\sqrt{2}$

(d) $2\sqrt{2}$

(e) 4

Problème 6 (2 questions)

Nous sommes en juin, à la période des soldes d'été. Dans un grand magasin parisien, un article de sport est proposé en promotion à – 30% de son prix de vente initial. Un mois après, le grand magasin applique une nouvelle démarque de 20% du prix soldé.

Quel est, en pourcentage, le rabais total consenti après la deuxième démarque ?

(a) 20%
(b) 38%
(c) 44%
(d) 46%
(e) 56%

Sachant qu'après la deuxième démarque, le grand magasin réalise encore 9% de marge brute, quelle était, en pourcentage, sa marge brute lorsque l'article de sport n'était pas soldé ?

(a) 44%
(b) 45%
(c) 46%
(d) 49%
(e) 51%

Vous définirez la marge brute de la manière suivante :

$$MB = \frac{PV - PHA}{PV}$$

Avec MB pour Marge Brute, PV pour prix de vente et PHA pour prix d'achat (prix auquel le grand magasin achète l'article de sport.)

Problème 7

Quelle est la valeur de la série $\sum_{k=1}^{+\infty} \frac{1}{2^k} = 1 + \frac{1}{2} + \frac{1}{4} + \frac{1}{8} + \frac{1}{16} + \ldots$?

(a) 2,4
(b) 2
(c) 1,95
(d) 3,14
(e) 10

Problème 8

Si Alexandra peut finir un travail en H heures et si Caroline peut finir le même travail en S heures, quelle fraction de travail peuvent-elles faire ensemble en X heures ?

(a) $\frac{H+S}{XHS}$

(b) $\frac{X(H+S)}{HS}$

(c) $\frac{XHS}{H+S}$

(d) $\frac{HS}{X}$

(e) $\frac{H+S}{X}$

Problème 9

L'âge moyen (n + t) de frères et sœurs est actuellement de $\frac{h+f}{2}$ années. Quel sera l'âge moyen des (n + t) frères et sœurs dans $\frac{h-f}{2}$ années (h > f) ?

(a) $h-f$

(b) $(n+t)\frac{h-f}{2}$

(c) f

(d) h

(e) $nh+tf+1$

Problème 10

Dix bureaux travaillent en collaboration. Combien de lignes téléphoniques faut-il pour relier directement tous les bureaux entre eux ?

(a) 27

(b) 45

(c) 50

(d) 66

(e) 70

Problème 11

n jeunes filles (n>2) se réunissent pour le réveillon. Pour se dire bonjour, elles décident de se faire une bise. En supposant que toutes les jeunes filles ont embrassé une fois toutes les autres, combien de bises au total s'échangent-elles ?

(a) n

(b) $\frac{n(n-1)}{2}$

(c) $n(n-1)$

(d) 2n

(e) n^2

Problème 12

Un étudiant en marketing à la Bocconi, à Milan, n'obtient son diplôme que s'il passe tous les examens *et* rend tous ses travaux. Parmi les 300 étudiants de la filière marketing, 250 ont passé tous leurs examens et 215 ont remis tous leurs travaux. Combien d'étudiants ont-ils obtenu leur diplôme ?

(a) Au moins 215
(b) Au moins 85
(c) Exactement 250
(d) Exactement 215
(e) Au moins 165

Problème 13

On a planté une clôture rectiligne entre deux parties d'un champs de maïs. Le long de la clôture on a planté un pieu tous les demi-mètre. La longueur de la clôture entre les deux pieux se trouvant placés aux deux extrémités est de z mètres (z étant un nombre entier).

Le nombre de pieux dont on a besoin est de :

(a) $2z$
(b) $2(z+1)$
(c) z
(d) $z+2$
(e) $2z+1$

Problème 14

Deux trains directs effectuent en sens opposé le même trajet entre deux gares distantes de 300 km. Soit v la vitesse moyenne du premier train supérieure à w, la vitesse du deuxième train. Sachant qu'ils partent à la même heure, au bout de combien de kilomètres parcourus par le premier train, les deux trains se croiseront-ils ?

(a) $\frac{300}{v+w}$
(b) $\frac{300}{v(v+w)}$
(c) $\frac{300w}{v+w}$
(d) $\frac{300v}{v+w}$
(e) $300v(v+w)$

Problème 15

Quatre écoliers s'arrangent chaque jour pour se placer en cours les uns à côté des autres dans un ordre différent. Dans combien de jours auront-ils retrouvé l'ordre initial ?

(a) 4
(b) 8
(c) 12
(d) 24

(e) 48

Problème 16

Le volume d'une masse cubique est de a^3 mètres cubes. De combien augmentera la surface de chacune de ses faces si l'on augmente son côté de b mètres ? (a et b > 0) ?

(a) b^2 m^2

(b) $b(2a+b)$ m^2

(c) b m^2

(d) 2ab m^2

(e) $(a+b)^2$ m^2

Problème 17

Le *produit* de 3 entiers consécutifs est 990. Quelle est la *somme* des deux plus petits entiers ?

(a) 11

(b) 19

(c) 21

(d) 22

(e) 30

Problème 18

L'avion Z décolle de JFK à 14h 00 et vole à une vitesse constante de x km/h. L'avion W décolle de JFK à 15h 30 et effectue le même trajet que Z mais à une vitesse constante de y km/h. En supposant que y est plus grand que x, au bout de combien d'heures après 3h 30 l'avion W aura-t-il rejoint l'avion Z ?

(a) $\frac{3y}{2(y-x)}$ heures

(b) $\frac{3}{2}$ heures

(c) $\frac{3}{2y}$ heures

(d) $\frac{3}{2(y-x)}$ heures

(e) $\frac{3x}{2(y-x)}$ heures

Problème 19

Youssef a commencé à travailler il y a maintenant 2 ans. Son salaire de départ était alors égal à la moitié de celui d'Amin. Depuis lors, Youssef a été augmenté chaque année de 5% et Amin de 10%. Quel pourcentage (arrondi au pour cent près) du salaire d'Amin le salaire de Youssef représente-t-il aujourd'hui ?

(a) 46%

(b) 47%

(c) 48%

(d) 50%

(e) 220%

Problème 20

Une voiture a parcouru 75% du chemin qui relie New York à Boston en roulant pendant T heures à une vitesse moyenne de V km/h. La même voiture a ensuite parcouru le reste du chemin à une vitesse moyenne de S km/h.

Quelle a été la vitesse moyenne de la voiture sur tout le long du chemin ?

(a) $0{,}75V + 0{,}25S$

(b) $0{,}75T + 0{,}25S$

(c) $\frac{VT}{3S}$

(d) $\frac{4VT}{\left(\frac{T+S}{3}\right)}$

(e) $\frac{4VS}{3S+V}$

CORRIGES +++

Problème 1 – Réponse B

M_2 s'avère être ici la méthode la plus efficace.

Je pars donc de la solution du milieu : C – il y a 600 pommes par cageot.

Si il y a 600 pommes par cageot, cela veut dire qu'un cageot contient $\frac{600}{30} = 20$ pommes pourries. On nous dit ensuite que 3 pommes pourries sur 4 ne peuvent être mises en vente soit dans notre cas $\frac{3}{4} \times 20 = 15$ pommes pourries par cageot qui ne peuvent être mises en vente. Or on nous dit qu'il y a exactement 12 pommes pourries par cageot qui ne peuvent être mises en vente et non 15…

Par conséquent, j'ai manifestement « trop » de pommes pourries par cageot (15>12) et cela signifie qu'au total, j'ai « trop » de pommes par cageot.

Je dois donc considérer un nombre de pommes par cageot inférieur à 600 et dois me concentrer sur les réponses A ou B. La réponse B est satisfaisante.

Problème 2 – Réponse A

La surface d'un cercle est donnée par la formule : $S = \pi r^2$.

On veut tripler cette surface, c'est-à-dire obtenir 3S, soit encore : $3\pi r^2$. Pour passer de πr^2 à $3\pi r^2$, il faut multiplier r par $\sqrt{3}$. En effet, $\pi(r\times\sqrt{3})^2 = \pi r^2 \times (\sqrt{3})^2 = 3\pi r^2 = 3S$.

Attention !

Il ne fallait pas multiplier r par 3 ici, car alors : $\pi(r\times 3)^2 = \pi r^2 \times 3^2 = 9\pi r^2 = 9S$ et non 3S

Problème 3 – Réponse D

M_3 est très efficace ici.

Attribuons des valeurs (au choix) à nos variables.

Soit : j = 5 ; z = 100€ ; h = 3

Si tout le monde participe, alors chaque personne devra payer : 100/5 = 20€.

Si 3 personnes ne veulent plus participer, alors les deux personnes qui désirent toujours participer devront chacune payer 100/2 = 50€ ; soit pour chacune d'entre elles une somme supplémentaire de 30€.

Examinons à présent les solutions :

a)100/5 = 20 € ; b)100/2 = 50 € ; c)300/2 = 150 € ; d)300/(5x2) = 300/10 = **30 €** ; e)500/(3x2) = 83,3 €

Problème 4 – Réponse C

2 méthodes de résolution.

1ère méthode :

Carole dépense $\frac{1}{4}$ de ses économies pour l'achat d'une chaîne hi-fi. Elle dépense ensuite $\frac{1}{3}$ de moins de ce qu'elle a payé pour la chaîne hi-fi pour l'achat d'une télévision, c'est à dire qu'elle dépense $\frac{1}{4} - \frac{1}{3} \times \frac{1}{4} = \frac{3-1}{12} = \frac{2}{12} = \frac{1}{6}$.

Au total, Carole dépense donc : $\frac{1}{4} + \frac{1}{6} = \frac{5}{12}$ de ses économies pour l'achat d'une chaîne hi-fi et d'une télévision.

2ème méthode :

Dans cet exercice, le montant des économies à proprement parler de Carole n'est pas donné. Mais absolument rien ne vous empêche d'imaginer une somme et de travailler sur celle-ci. Le choix de la valeur de cette somme est tout à fait libre : celle-ci vous permettra de déterminer dans tous les cas les mêmes proportions. Que Carole dispose de 10 €, de 1000 € ou bien d'1 million d'euros d'économies, elle dépensera toujours *la même proportion* de ses économies pour l'achat de sa chaîne hi-fi et de sa télévision.

Suivons cette méthode : il est généralement coutume de travailler sur des nombres ronds comme 100 € d'économies mais dans cette cet exercice il va être préférable de travailler sur une somme d'économies qui est multiple de 12.

Explication : en lisant l'énoncé de l'exercice qui vous est ici posé, les fractions en question sont $\frac{1}{4}$ et $\frac{1}{3}$.

D'après l'exercice vous êtes amenés à combiner ces fractions (on vous dit qu'elle dépense $\frac{1}{3}$ de moins… par rapport à $\frac{1}{4}$). Combinées, ces fractions font apparaître irrésistiblement un dénominateur commun qui est 12, d'où l'idée de choisir un montant qui est multiple de 12. Travaillons donc avec 12 € qui est la somme multiple de 12 la plus simple.

Carole dépense $\frac{1}{4}$ de ses économies pour la hi-fi ; soit $\frac{1}{4}$ de 12 € = 3 €. Elle dépense ensuite $\frac{1}{3}$ de moins de ce qu'elle a payé pour la hi-fi pour une TV ; soit : 3 € - $\frac{1}{3}$3 € = 2 €.

Au total, elle dépense donc 5 € sur ses 12 € d'économies soit $\frac{5}{12}$ de ses économies.

Problème 5 – Réponse E

La surface d'un cercle est donnée par la formule : $S=\pi r^2$. On veut quadrupler (multiplier par 4) cette surface, c'est-à-dire obtenir 4S, soit encore : $4\pi r^2$. Pour passer de πr^2 à $4\pi r^2$, il faut multiplier r par 2. En effet, $\pi(r\times 2)^2=\pi r^2\times 2^2=4\pi r^2=4S$.

Problème 6 – Réponse C et D

Partons d'une base imaginaire de 100€

100€ ⟶ 70€ ⟶ 56€

100-30%100=100-30=70 ; 70-20%70=70-14=56

Au total, le rabais consenti est égal à : (100-56)/100 = 44/100 = 44%

Lorsque l'article de sport est vendu au prix de 56€, la marge brute est égale à 9%. Calculons le prix auquel le grand magasin achète l'article :

$$9\%=\frac{56-PHA}{56}\Leftrightarrow 56\times 9\%=56-PHA\Leftrightarrow 5=56-PHA\Leftrightarrow PHA=51€$$

Nous pouvons à présent calculer la marge brute lorsque l'article n'est pas soldé c'est-à-dire lorsque l'article est vendu au prix de 100€.

$$MB=\frac{100-51}{51}=\frac{49}{100}=49\%$$

Problème 7 – Réponse B

Il s'agit d'une série classique dont la valeur est égale à 2

$$\sum_{k=1}^{+\infty}\frac{1}{2^k}=\sum_{k=1}^{+\infty}\left(\frac{1}{2}\right)^k=1+\frac{1}{2}+\frac{1}{4}+\frac{1}{8}+\frac{1}{16}+...=2$$

Formule générale : $\sum_{k=1}^{+\infty}x^k=\frac{1}{1-x}$ **(0 < x < 1)**

Dans notre problème : $x=\frac{1}{2}$ $(0<\frac{1}{2}<1)$ et $\sum_{k=1}^{+\infty}\left(\frac{1}{2}\right)^k=1+\frac{1}{2}+\frac{1}{4}+\frac{1}{8}+\frac{1}{16}+...=\frac{1}{1-\frac{1}{2}}=\frac{1}{\frac{1}{2}}=2$

Autre exemple : $\sum_{k=1}^{+\infty}\frac{1}{3^k}=\sum_{k=1}^{+\infty}\left(\frac{1}{3}\right)^k=1+\frac{1}{3}+\frac{1}{9}+\frac{1}{27}+\frac{1}{81}+...=\frac{1}{1-\frac{1}{3}}=\frac{3}{2}$

Problème 8 – Réponse C

L'*inverse* du temps nécessaire aux personnes travaillant ensemble pour effectuer un travail est égal à la somme des *inverses* des temps nécessaires à chacune des personnes pour effectuer le même travail, individuellement.

Soit H : le temps en heures nécessaire à Alexandra pour finir le travail toute seule.

Soit S : le temps en heures nécessaire à Caroline pour finir le même travail toute seule.

Cherchons quelle est la fraction de travail que Alexandra et Caroline peuvent réaliser en une heure :

On a alors : $\frac{1}{T}=\frac{1}{H}+\frac{1}{S}\Leftrightarrow\frac{1}{T}=\frac{H+S}{HS}\Leftrightarrow T=\frac{HS}{H+S}$

Il faut donc $\frac{HS}{H+S}$ heures de travail pour qu'Alexandra et Caroline finissent ensemble tout le travail.

Nous cherchons la fraction de travail qu'Alexandra et Caroline peuvent faire en X heures. Nous savons que « tout le travail » = 1 et une règle de trois inverse nous permet d'établir que : fraction de travail $=\frac{XHS}{H+S}$

Explication :

$\frac{HS}{H+S}$	1
X	Fraction de travail

Soit : fraction de travail $=\frac{X\times\frac{HS}{H+S}}{1}=\frac{XHS}{H+S}$

Problème 9 – Réponse D

On peut résoudre le problème avec M_2 en attribuant des valeurs aux variables : $n = t = 1$; $h = 5$ et $f = 1$.

L'âge moyen initial de 2 frères et sœurs est donc égal à 3 ans ($\frac{h+f}{2}=\frac{5+1}{2}=3$).

On alors :

$somme_{initiale}$ des âges = $moyenne_{initiale}$ des âges x nombre de personnes = 3x2 = 6

Sachant que dans $\frac{h-f}{2}=\frac{5-1}{2}=2$ ans, les 2 frères et sœurs auront chacun 2 ans de plus :

$Somme_{nouvelle} = Somme_{initiale} + 2 + 2 = 6 + 2 + 2 = 10$

Et comme $somme_{nouvelle}$ = $moyenne_{nouvelle}$ des âges x nombre de frères et sœurs, on déduit : $moyenne_{nouvelle}$ des âges = 10/2 = 5

Examinons à présent les solutions :

a) 5-1 = 4 ; b) 2x(4/2) = 4 ; c)1 ; d) **5** ; e) 5+1+1 = 7

Sachez néanmoins que vous pouviez résoudre ce problème en partant du principe qu'il revient exactement au même de raisonner sur 1 personne ou sur (n + t) personnes.

En effet, rien ne vous empêchait d'assimiler l'âge moyen de (n + t) frères et sœurs à l'âge d'une seule et même personne.

Ainsi, si cette personne a aujourd'hui $\frac{h+f}{2}$ ans et bien dans $\frac{h-f}{2}$ années, cette même personne aura : $\frac{h+f}{2}+\frac{h-f}{2}=\frac{h+f+h-f}{2}=h$ ans. Réponse D.

Problème 10 – Réponse B

Si l'on a n bureaux, le nombre de lignes téléphoniques qu'il faut pour relier *un* bureau à chacun des autres bureaux est *n – 1* ; il faut multiplier ce nombre par n afin d'obtenir le nombre de lignes nécessaires pour relier chacun des n bureaux à tous les autres bureaux. Mais attention, dans ce calcul nous comptons chaque ligne de téléphone deux fois puisque la ligne qui relie le bureau A au bureau B est la même qui relie le bureau B au bureau A. C'est pourquoi il faut diviser le produit de la multiplication obtenue par 2. On obtient alors l'expression générale suivante du nombre de lignes téléphoniques pour n bureaux : $\frac{n(n-1)}{2}$.

Et pour n = 10, on a $\frac{10(10-1)}{2}=\frac{90}{2}=45$ lignes téléphoniques

Problème 11 – Réponse B

Raisonnement similaire à l'exercice précédent :

Une jeune fille fait la bise à (n – 1) filles *(à toutes les filles (n) sauf à elle-même).*

n jeunes filles embrassent donc n(n – 1) filles.

Cependant, dans les n(n – 1) bises échangées, on compte aussi bien la bise donnée par Diane à Anne que la bise donnée par Anne à Diane. Nous comptons donc les bises échangées deux fois (et les filles ne se font la bise *qu'une fois* dans la soirée…). C'est pourquoi il faut diviser n(n – 1) par 2.

Le nombre total de bises échangées est donc égal à : $\frac{n(n-1)}{2}$

Problème 12 – Réponse E

- Le nombre *maximal* d'étudiants qui peuvent obtenir leur diplôme sera atteint si tous les étudiants en marketing qui n'ont pas passé les examens (300 – 250 = 50) sont parmi les 85 étudiants qui n'ont pas remis leurs travaux (300 – 215 = 85) ; nous aurons alors 215 tout au plus qui pourraient obtenir leur diplôme.
- Le nombre *minimal* d'étudiants qui sont en droit d'obtenir leur diplôme sera atteint précisément quand le nombre d'étudiants qui ne sont pas en droit d'obtenir leur diplôme est maximal. 50 étudiants ne sont pas en droit d'obtenir leur diplôme parce qu'ils n'ont pas passé les examens, et 85 parce qu'ils n'ont pas remis leurs travaux. Le nombre *maximal* d'étudiants qui ne sont pas en droit d'obtenir leur diplôme est donc de 50 + 85 = 135 (lorsqu'il n'y a pas d'étudiants qui n'ont pas été reçus à cause des travaux non remis et des examens non passés).
- Le nombre *minimal* d'étudiants qui sont en droit d'obtenir leur diplôme est donc de 300 – 135 = 165. On sait alors que le nombre minimal d'étudiants qui ont obtenu leur diplôme varie entre 165 et 215 (inclus). La réponse C est à écarter d'office. Les réponses A, B et D ne sont pas toujours justes car elles ne couvrent pas toutes les situations possibles ou parce qu'elles incluent des situations impossibles. La réponse E est donc la réponse correcte.

Problème 13 – Réponse E

La longueur de la clôture est égale à z mètres et le nombre de pieux est apparemment de $\frac{z}{1/2} = 2z$. Mais attention, il faut ajouter à cela le pieu extrême de l'un des côtés qui n'a pas été pris en considération. Ainsi le nombre de pieux dont on a besoin est égal à 2z + 1. On pouvait aussi utiliser M_3, supposer que z = 3 et faire un schéma pour trouver le nombre de pieux nécessaires.

Problème 14 – Réponse D

Sur une même période de temps t, le premier train parcourt la distance d_1 : $d_1 = t \times v$ et le second train parcourt la distance d_2 : $d_2 = t \times w$.

Or on sait que *lorsque les deux trains se croisent,* $d_1 + d_2 = 300$, soit $tv + tw = 300$, soit $t(v + w) = 300$, soit $t_{croisement} = \frac{300}{v+w}$.

Et à ce moment là, le premier train aura alors précisément parcouru : $d_{croisement} = v \times t_{croisement} = \frac{300v}{v+w}$.

Problème 15 – Réponse C

Le premier écolier qui arrive dans la salle de classe a le choix entre 4 places, le second entre 3 places, le troisième entre deux places et il reste une place pour le dernier arrivé. Au total, il y a donc $4 \times 3 \times 2 \times 1 = 24$ arrangements possibles.

Mais attention l'ordre (A – B – C – D) est le même que l'ordre (D – C – B – A). Certes le sens n'est pas le même mais l'ordre est absolument identique. Ainsi on a compté chaque ordre deux fois. On doit donc diviser 24 par 2. On obtient 12. Réponse C.

Problème 16 – Réponse B

Le volume de la masse cubique est de a^3 mètres cubes. Chacun de ses côtés vaut donc a mètres. Si l'on augmente le côté de b mètres, l'aire de la face deviendra : $(a+b)^2 = a^2 + 2ab + b^2$ m^2. L'aire de la face du cube d'origine étant de a^2 mètres carré, chacune des faces du cube augmente de $(2ab + b^2)$ m^2, c'est-à-dire de $b(2a + b)$ m^2.

Problème 17 – Réponse B

On peut bien sûr utiliser M_2, mais je vous propose ici une méthode générale de résolution qui consiste à dire que le produit de 3 entiers consécutifs est de la forme :

$(x-1) \times x \times (x+1)$ et une bonne approximation de ce produit est x^3. Et puisque que $10^3 = 1000$, 10 représente donc une bonne estimation pour x.

On vérifie alors que $9 \times 10 \times 11 = 990$ et par conséquent la somme des deux plus petits entiers est 9 + 10 = 19.

Problème 18 – Réponse E

L'avion Z vole pendant $\frac{3}{2}$ heures avant que l'avion W ne décolle. Z se trouvera donc à une distance de $\frac{3}{2}x$ km de Q à 15h 30. Appelons t le nombre d'heures après 15h 30 dont W a besoin pour rejoindre Z. Au moment où W aura rejoint Z, Z aura parcouru $(tx+\frac{3}{2}x)$ km et Q aura parcouru ty km. Nous voulons la valeur de t pour laquelle on a : $tx + \frac{3}{2}x = ty$ (les distances parcourues par les deux avions sont égales), soit $t = \frac{3x}{2(y-x)}$.

Problème 19 – Réponse A

Soit Y_o : le salaire d'origine de Youssef et Y_a son salaire actuel.

Soit A_o : le salaire d'origine d'Amin et A_a son salaire actuel.

Nous savons que $Y_O = 0{,}5A_O$ et nous voulons une équation traduisant la relation qui existe entre Y_a et A_a.

Youssef a été augmenté de 5% sur 2 ans, on a donc : $Y_a = 1{,}05 \times 1{,}05 \times Y_O = 1{,}1025Y_O$

Amin a été augmenté de 10% sur 2 ans, on a donc : $A_a = 1{,}1 \times 1{,}1 \times A_0 = 1{,}21 A_0$

A présent nous avons :

$$\frac{Y_a}{A_a} = \frac{1{,}1025 Y_0}{1{,}21 A_0} = \frac{1{,}1025 \times 0{,}5}{1{,}21} = \frac{0{,}55125}{1{,}21} \quad \text{(rappel : } Y_0 = 0{,}5 A_0 \text{, soit } \frac{Y_0}{A_0} = 0{,}5\text{)}$$

Or nous voulons comme résultat un pourcentage au pour cent près. Nous devons donc diviser jusqu'à obtention de la troisième décimale. 0,55125 divisé par 1,21 (posez la division c'est le seul et unique moyen d'y arriver !) donne 0,455 soit 45,5% soit au pour cent près 46%.

Problème 20 – Réponse E

Dans ce problème, M_2 est fastidieuse et inefficace.

Procédons donc par M_1 :

On a besoin ici de trouver la distance totale parcourue par la voiture ainsi que le temps total mis par la voiture pour parcourir cette distance totale. Nous pourrons alors utiliser la formule vitesse-temps-distance pour trouver la vitesse moyenne de la voiture sur tout le chemin.

La voiture a parcouru $V \times T$ lorsqu'elle roulait à la vitesse moyenne de V km/h, $V \times T$ représente donc 75% de la distance totale parcourue. J'applique une règle de trois où l'inconnue x est la distance totale parcourue :

$V \times T$	75%
x	100%

Soit : $x = \frac{VT \times 100\%}{75\%} = \frac{VT}{\frac{3}{4}} = \frac{4}{3}VT$

La distance parcourue à la vitesse moyenne de S km/h est par conséquent égale à : $\frac{4}{3}VT - VT = \frac{1}{3}VT$. Ainsi, le temps mis pour parcourir la distance de $\frac{1}{3}VT$ était égal à $\frac{\left(\frac{VT}{3}\right)}{S} = \frac{VT}{3S}$.

Récapitulons : la distance totale était de $\frac{4}{3}VT$ et le temps total était de $T + \frac{VT}{3S}$.

Il ne nous reste plus qu'à calculer la vitesse moyenne sur la totalité du trajet soit :

$$\text{Vitesse} = \frac{\frac{4VT}{3}}{T + \frac{VT}{3S}} = \frac{\frac{4VT}{3}}{\frac{3ST + VT}{3S}} = \frac{4VTS}{T(3S + V)} = \frac{4VS}{3S + V}$$

... ce n'était pas si dur que ça finalement... non ? Bravo en tout cas à celles et ceux qui sont allés jusqu'au bout de cette section 3 étoiles.

CHAPITRE 4

CONDITIONS MINIMALES

I. NATURE ET PRINCIPES DE L'EPREUVE

1. Introduction à l'épreuve de conditions minimales

- Cette épreuve a pour objectif principal de juger votre capacité à comprendre rapidement une question qui vous est posée, à en tirer le maximum d'informations puis à déterminer comment l'on peut y répondre de la façon la plus simple et la plus rapide.

- Niveau de mathématiques requis : moyen

- Niveau de technicité : élevé et exigeant

Il est question de technique dans l'épreuve de conditions minimales. Ce ne sera que lorsque vous aurez assimilé la technique de résolution des problèmes de conditions minimales que votre espérance de réussite à cette épreuve sera élevée, et ce, quel que soit votre niveau en mathématiques

2. Nature et objet de l'épreuve de conditions minimales

Dans chacun des problèmes de conditions minimales, une question est suivie de deux énoncés qui contiennent un certain nombre d'informations. Votre rôle consiste à déterminer comment les informations fournies permettent de répondre à la question.

On vous donnera ainsi à chaque fois la possibilité de choisir parmi cinq réponses. Lisez très attentivement les cinq réponses possibles qui suivent et tentez d'ores et déjà de rendre compte des nuances qui existent entre les différentes réponses.

Voici les cinq réponses possibles :

NB : Vous devez absolument connaître le contenu de ces réponses par cœur.

(A)
L'information (1) permet à elle seule de répondre à la question et l'information (2) à elle seule ne permet pas de répondre à la question.

(B)
L'information (2) permet à elle seule de répondre à la question et l'information (1) à elle seule ne permet pas de répondre à la question.

(C)
Les deux informations (1) et (2) prises ensemble permettent de répondre à la question et aucune séparément ne le peut.

(D)
Chaque information permet séparément de répondre à la question.

(E)
Les deux informations ensemble ne permettent pas de répondre à la question.

II. Les 5 principes de base de l'épreuve de conditions minimales

1. Soyez très familier avec le principe de l'épreuve et plus précisément avec les choix de réponses que l'on vous propose (A, B, C, D, E). Vous ne perdrez ainsi pas de temps à comprendre, le jour des concours, ce que l'on attend de vous.

2. Posez vous toujours les 3 questions suivantes :
   - Puis-je répondre à la question en utilisant l'énoncé 1 seulement ?
   - Puis-je répondre à la question en utilisant l'énoncé 2 seulement ?
   - Puis-je répondre à la question en combinant les énoncés 1 et 2 ?

3. Pensez « efficace » ! si, par exemple, l'information (1) vous permet de répondre à la question, ne pensez plus à la possibilité de combiner les 2 énoncés.

4. Vous devez maîtriser parfaitement vos formules fondamentales de mathématiques, condition nécessaire à une bonne compréhension et résolution des problèmes.

5. Pensez toujours en termes de minimalité et de suffisance. Contrairement à l'épreuve de calcul, on ne vous demande pas ici de trouver un résultat particulier mais de dire *si on peut* aboutir à ce résultat, *si on peut* répondre à la question.

III. UNE METHODE DE RESOLUTION DES PROBLEMES EN 3 ETAPES

Attention, la tentation est forte de suivre son instinct lors de la passation des épreuves de concours, en particulier lorsque les épreuves sont très limitées dans le temps. Seulement, *suivre son instinct pour le choix des réponses est l'erreur la plus grave* que vous pourriez être amené à commettre dans l'épreuve de conditions minimales.

Cette méthode vous permettra de répondre rapidement mais sûrement aux questions et vous évitera de faire une erreur très courante qui consiste à vouloir d'abord combiner inconsciemment les 2 énoncés au lieu de commencer par les considérer un à un.

Méthode à suivre pour la résolution de *chaque* problème de l'épreuve de conditions minimales :

1. Concentrez-vous sur la question et analysez la rapidement pour en tirer le maximum d'informations.

2. Penchez-vous sur chacun des énoncés séparément. Surtout, lorsque vous considérez un des énoncés, n'oubliez jamais d'ignorer complètement l'autre énoncé.

3. Considérez les 2 énoncés *ensemble seulement et uniquement si* ni l'information (1) à elle seule ni l'information (2) à elle seule ne vous ont permis de répondre à la question

Exemple :

<u>Enoncé du problème auquel il faut apporter une réponse :</u>

L'équipe X a remporté 40 matchs de basket-ball. Quel pourcentage de ses matchs de basket joués cela représente-t-il ?

<u>Enoncé de l'information (1)</u>

(1) L'équipe X a participé à un nombre de matchs égal à celui de l'équipe Y

<u>Enoncé de l'information (2)</u>

(2) L'équipe Y a remporté 45 matchs, ce qui représente 62,5% de l'ensemble des matchs joués par cette équipe

Appliquons la méthode de résolution en 3 étapes :

1. Concentrez-vous sur la question et analysez la rapidement

Commencez par vous demander de quelle information vous avez besoin pour répondre à la question. Avez-vous besoin d'une formule ? Avez-vous besoin d'établir une relation algébrique, une équation ? Avez-vous besoin de connaître la valeur d'une variable ? etc.

Dans cet exemple, il s'agit d'une question sur un pourcentage (sa valeur ? peu importe…). On vous demande de dire si on peut trouver sa valeur.

$$\text{pourcentage} = \frac{\text{part}}{\text{total}}$$

Ici, on vous donne la part (le nombre de matchs que X a gagné) et on vous demande le pourcentage (i.e. le pourcentage de matchs que l'équipe X a gagné)… vous avez donc besoin de connaître de nombre total de matchs que X a joué.

2. Penchez-vous sur chacun des énoncés séparément

Commencez *toujours* par ignorer complètement l'autre énoncé ! N'oubliez jamais que lorsque vous vous penchez sur l'information d'un des énoncés, *vous devez ignorer complètement* l'information de l'autre énoncé.

Dans notre exemple, nous savons avec l'énoncé de l'information (1) que l'équipe X a participé au même nombre de matchs que l'équipe Y, mais nous ne savons pas quel est ce nombre. Avec l'énoncé 2, nous disposons d'un tas d'informations sur l'équipe Y, mais rien sur X. Ainsi, aucune des informations prises séparément ne suffit pour répondre à la question.

3. Considérez les 2 énoncés combinés

Vous devez procéder à l'étape 3 *si et seulement si* les 2 énoncés pris séparément sont insuffisants pour répondre à la question. Arrivé à ce stade, vous savez nécessairement que seules les réponses C ou E seront possibles.

Lorsque vous combinez les 2 énoncés (1) et (2), posez-vous la question suivante : le problème peut-il être résolu ? Si vous savez qu'il peut l'être…STOP ! Ne faîtes plus de calculs inutiles !

Dans notre exemple, si on combine les 2 énoncés on peut répondre à la question car on sait, d'après (1), que le nombre de matchs auxquels X a participé est le même que celui de Y, soit, d'après (2) : $62{,}5\% = \dfrac{45}{\textbf{nombre de matchs joués par Y}}$. Et on en déduit alors le nombre de matchs joués par Y qui est égal à $\dfrac{45}{62{,}5\%} = \dfrac{45}{0{,}625}$. Et bien entendu on ne vous demande pas de calculer la valeur de cette fraction, on vous demande juste de dire si on peut trouver une valeur pour le nombre de matchs joués par Y et donc par X… ce qui est bien le cas.

En conclusion, les informations (1) et (2) prises séparément ne nous permettaient pas, à elles seules, de répondre à la question qui nous était posée. En revanche, en combinant les deux informations nous avons pu y répondre. Réponse C.

Avant de vous exercer sur une batterie de problèmes, je vous propose de travailler sur quelques exemples qui illustrent les choix de réponses possibles (A, B, C, D et E)

IV. TECHNIQUE D'ELIMINATION ET DE CHOIX DES REPONSES – ARBRE DE DECISION

Il existe deux types de problèmes sur lesquels vous pouvez être interrogés dans une épreuve de conditions minimales : les problèmes avec une question ouverte et les problèmes avec une question fermée (oui ou non).

Nous allons analyser chacun des deux types de problèmes en nous appuyant sur des exemples mettant en exergue la technique d'élimination et de choix des réponses.

1. Problèmes à question ouverte

Les problèmes avec question ouverte sont des problèmes dans lesquels on vous demande de trouver une valeur réelle, un résultat concret (la valeur ou les valeurs d'une variable, le prix d'un objet, le diamètre d'un cercle, la surface d'un rectangle, le taux d'intérêt d'un placement etc.).

1.1. Problème avec pour réponse : A

Quel est la valeur de x ?

(1) $x+2=4$

(2) $x^2=4$

1. Lecture de l'énoncé : on me demande de trouver la valeur de x. Comment les informations (1) et (2) me permettront-elles d'apporter une réponse à cette question ? Si seulement elle le peuvent…

Remarque : notez bien que l'on vous demande *la* valeur de x *(et non pas les valeurs)*. Apportez donc à chaque fois une attention toute particulière à chacun des mots de l'énoncé du problème.

2. Je considère l'information (1) *(et je prends alors soin d'ignorer totalement l'information (2))* : $x+2=4$: cette équation simple à une inconnue (x) me permet d'obtenir la valeur de x (en l'occurrence ici x = 2, mais n'oubliez pas qu'il vous suffit de remarquer qu'il s'agit d'une équation simple à une inconnue pour en déduire que vous pouvez trouver la valeur de x. Quant à la valeur de x elle-même, peu importe…).

L'information (1) à elle seule permet de répondre à la question. Mais que cela peut-il bien signifier ? Quelles conclusions puis-je en tirer ?

Avant même de me pencher sur l'information (2) je sais d'ores et déjà que je peux éliminer les réponses B, C et E pour ne garder que les réponses A et D. La réponse B dit en effet que l'information (1) à elle seule ne me permet pas de répondre à la question. La réponse C quant à elle dit que ni l'information (1) ni l'information (2) prises seules ne me permettent de répondre à la question et que c'est seulement en les combinant que je peux y répondre. Quant à la réponse E enfin, celle-ci signifie que même après avoir combiné mes 2 informations je n'ai pu recueillir suffisamment d'éléments pour pouvoir répondre à la question.

Je garde donc la réponse A : c'est évident. Mais je garde aussi la réponse D au cas où l'information (2) me permet, elle aussi, de répondre à la question qui m'est posée.

Justement, qu'en est-il à présent de l'information (2) ?

L'information (2) énonce que $x^2 = 4$; soit : $\begin{cases} x = 2 \\ \text{ou} \\ x = -2 \end{cases}$. Je ne peux pas décider, je ne peux répondre à la question. L'information (2) me permet de trouver 2 valeurs pour x. Merci bien, mais laquelle choisir à présent ? L'énoncé me demande *la* valeur, c'est-à-dire *une* valeur pour x.

2 ou –2 ? je ne peux donc répondre à la question avec l'information (2) à elle seule. J'élimine la réponse D. Et je choisis enfin la réponse A.

1.2. Problème avec pour réponse : B

Que est la valeur de x ?

(1) $x^2 - 1 = 0$

(2) $x = (10)^0$

Je me penche sur l'information (1) : cette information est insuffisante pour répondre à la question. En effet les solutions de l'équation $x^2 - 1 = 0$ sont $\begin{cases} x = 1 \\ \text{ou} \\ x = -1 \end{cases}$.

On me demande **la** valeur de x. Je ne peux donc répondre à la question avec l'information (1) à elle seule. J'élimine alors la réponse A et par voie de conséquence directe la réponse D, pour ne garder que les réponses B, C et E.

L'information (2) me donne $x = (10)^0$, soit x = 1 (je vous rappelle que tout nombre à la puissance 0 vaut 1). J'obtiens donc une valeur pour x. L'information (2) à elle seule me permet de répondre à la question. Réponse B.

1.3. Problème avec pour réponse : C

Quel nombre maximum de petits cubes en bois une boîte peut-elle contenir ?

(1) L'arête d'un petit cube en bois est de 2 cm de long.

(2) La boîte a la forme d'un parallélépipède rectangle de 20 cm de large sur 40 cm de long sur 16 cm de hauteur.

On me demande de trouver le nombre maximum de petits cubes en bois qu'une boîte peut contenir. Pour cela, j'ai besoin d'informations sur les dimensions des petits cubes et sur les dimensions de la boîte.

Information (1) : elle me permet de trouver le volume d'un petit cube en bois. En effet le volume d'un cube est donné par la formule : $\text{volume} = (\text{arête})^3$, soit dans notre cas : $\text{volume} = 2^3$.

Je connais le volume d'un petit cube, mais je ne dispose d'aucune information sur les dimensions de la boîte. L'information (1) est donc insuffisante. J'élimine A et D. Je garde B, C et E.

Information (2) : le volume d'un parallélépipède rectangle est égal à longueur x largeur x hauteur.

L'information (2) me fournit ces trois données, je peux donc calculer le volume de la boîte en question. L'information (2) ne me donne cependant aucune donnée sur le volume des petits cubes en bois. L'information (2) à elle seule est donc insuffisante pour répondre à la question. J'élimine la réponse B et il ne me reste plus que les réponses C ou E.

Je considère à présent les 2 informations *ensemble* et les combine. D'un côté, j'ai le volume d'un petit cube en bois, de l'autre le volume de la boîte, je peux alors déduire le nombre maximal de petits cubes que peut contenir la boîte en divisant le volume de la boîte par le volume d'un petit cube.

En conclusion, les informations (1) et (2) ensemble me permettent de répondre à la question posée alors qu'aucune des 2 informations à elles seules ne le pouvaient. Réponse C.

1.4. Problème avec pour réponse : D

Quelle est l'aire du cercle O ?

(1) Le diamètre du cercle O est 4

(2) La circonférence du cercle O est 4π

La formule de l'aire d'un cercle est : $\text{aire} = \pi\, r^2$, avec r : le *rayon* du cercle. J'ai donc besoin d'informations sur le rayon du cercle.

L'information (1) me donne une information sur le diamètre du cercle. Je peux en déduire le rayon puisque : $\text{rayon} = \frac{1}{2}\text{diamètre}$ et par conséquent l'aire du cercle O.

Pour votre information cette aire vaut : $\text{aire} = \pi\, r^2 = \pi \times 2^2 = 4\pi$.

L'information (1) permet à elle seule de répondre à la question. J'élimine donc B, C et E pour ne garder que A et D.

L'information (2) quant à elle me permet aussi de répondre à la question. La circonférence d'un cercle est donnée par la formule : $\text{circonférence} = 2\pi\, r$. La circonférence du cercle O étant égale à 4π , on a alors la relation algébrique : $2\pi\, r = 4\pi$ qui me permet de trouver r et par voie de conséquence l'aire du cercle.

En conclusion l'information (1) à elle seule et l'information (2) à elle seule me permettent de répondre à la question posée par le problème. Ainsi, « Chaque information permet séparément de répondre à la question ». Réponse D.

Voici un second exemple illustrant le choix de réponse D :

Quel est en euros, le montant du compte chèques de Steeve ?

(1) Si on opérait un prélèvement de 5%, sur son compte, il resterait 950 €

(2) Si on opérait un versement de 50 €, le montant du compte deviendrait égal à 1050 €.

L'information (1) affirme que si j'opère un prélèvement de 5% sur son compte, il lui reste alors 950 €. Il suffit donc de réaliser l'opération inverse pour connaître montant du compte en banque.

Si j'appelle x, le montant du compte en banque de Steeve, je peux écrire :
$x - 5\%\, x = 950$: il s'agit là d'une équation simple à 1 inconnue que je peux résoudre et qui a une solution unique. STOP. Je vous rappelle que vous devez toujours penser en termes de minimalité, de suffisance (« **puis-je** répondre à la question ? »), et qu'arrivé ici, vous n'avez guère besoin de connaître précisément le montant du compte en banque de Steeve.

L'information (1) me permet de répondre à la question. J'élimine B, C et E pour ne retenir que les réponses A et D.

L'information (2) dit que si j'opère un versement de 50 € sur le compte de Steeve, alors le montant de celui-ci devient égal à 1050 €. L'on en déduit de façon intuitive que le montant du compte est de (1050 – 50) € soit 1000 €. Ainsi l'information (2) me permet aussi de répondre à la question.

En conclusion, chaque information me permet séparément de répondre à la question. Réponse D.

1.5. Problème avec pour réponse : E

Quel est le pourcentage d'augmentation du nombre total de salariés de la société D&D entre le 1er juin 2002 et le 30 juin 2002 ?

(1) Courant mois de juin : 15 salariés ont quitté D&D

(2) Courant mois de juin : 37 salariés ont été embauchés par D&D

Pour calculer un pourcentage d'augmentation j'ai besoin de connaître la quantité d'augmentation ainsi que la quantité de départ (d'origine).

L'information (1) me donne le nombre de salariés qui ont quitté D&D courant mois de juin. Je n'ai aucune information sur les éventuels salariés qui ont été embauchés (vu qu'on demande un pourcentage d'augmentation) ni sur le nombre total d'employés qu'il y a à l'origine dans la société.

L'information (1) à elle seule ne me permet pas de répondre à la question. J'élimine donc A et D pour ne garder que B, C et E.

L'information (2) me donne le nombre de salariés qui ont été embauchés courant mois de juin mais ne me donne toujours rien sur le nombre total d'employés qu'il y a à l'origine dans la société. J'élimine donc B pour ne garder que C et E.

Je considère à présent les deux informations ensemble. Je peux déduire que le nombre d'employés salariés de D&D a augmenté de 37 – 15 = 22 personnes. Mais là encore je n'ai toujours rien sur le nombre total d'employés qu'il y a à l'origine dans la société.

En conclusion, les deux informations prises ensemble ne permettent pas de répondre à la question. Réponse E.

2. Problèmes à question fermée

Les problèmes à question fermée sont des problèmes où la réponse attendue est *oui ou non.*

Et avant de commencer, que les choses soient claires dés maintenant: NON est une réponse en conditions minimales au même titre que OUI. Ce point sera illustré dans un des exemples.

2.1. Problème avec pour réponse : A

L'entier h est-il divisible par 5 ?

(1) $\frac{h}{15}$ est un entier

(2) $\frac{h}{12}$ est un entier

L'information (1) nous assure que h est divisible par 15, donc par 5. En effet, $\frac{h}{15} = \frac{h}{5 \times 3}$: h est donc bien divisible par 5 et par 3.

Ainsi, l'information (1) nous permet de répondre à la question qui nous est posée (à savoir *oui*). On élimine les réponses B, C et E pour ne retenir que les réponses A et D.

Information (2) : le fait que $\frac{h}{12}$ est un entier nous assure que h est divisible par 1, 3, 4, 6 et 12… mais pas par 5 !

On ne peut pas répondre (par oui ou non) de façon sûre et définitive.

Il se peut en effet que h ait pour valeur 60 et dans ce cas il est bien divisible par 12 et par 5, mais il se peut très bien aussi que h ait pour valeur 24 qui est bien divisible par 12 mais pas par 5.

En conséquence, l'information (2) nous assure que h est divisible par 12 mais ne nous garantit pas la divisibilité par 5. J'élimine alors la réponse D. Je garde A.

Afin d'illustrer le fait que « non » est aussi une réponse, reprenons l'exemple précédent en modifiant l'énoncé de l'information (1) *mais en gardant intacts* l'énoncé de la question ainsi que l'énoncé de l'information (2). L'énoncé de l'information (1) devient :

(1) $\frac{h}{15}$ **n'appartient pas à l'ensemble des entiers naturels.**

Le fait que $\frac{h}{15}$ n'est pas un entier nous permet d'affirmer que h n'est pas divisible par 15 et par conséquent h n'est divisible ni par 3 ni par 5. L'information (1) suffit donc pour donner une réponse à la question (qui, ici, est une réponse négative - « non, h n'est pas divisible par 5 »). En conséquence, l'information (1) permet à elle seule de répondre à la question. Réponse A.

2.2. Problème avec pour réponse : B

Le produit de deux nombres est-il plus grand que 100 ?

(1) La somme des deux nombres est supérieure à 50

(2) Chacun des deux nombres est plus grand que 10

L'énoncé est clair. Notez simplement que l'on n'a aucune information sur la nature de ces deux nombres. Aussi faut-il supposer que ces deux nombres appartiennent à l'ensemble des réels.

L'information (1) ne suffit pas pour répondre à la question. Il se peut en effet que ces deux nombres soient égaux à 30 et 25 et dans ce cas on a bien $30 + 25 > 50$ et $30 \times 25 > 100$. Mais il se peut que ces deux nombres soient 50 et 1 ou 49 et 2 et dans ce cas la somme des deux nombres est bien supérieure à 50 mais le produit est manifestement inférieur à 100.

L'information (1) à elle seule est insuffisante pour me permettre de répondre définitivement à la question. J'élimine A et D. Je garde B, C et E.

Quant à l'information (2), elle me permet à elle seule de répondre à la question. Si les deux nombres en question sont supérieurs à 10 alors il est évident que le produit de ces deux nombres sera supérieur à 100. Réponse B.

2.3. Problème avec pour réponse : C

Est-ce que x est un entier naturel (entier positif) ?

(1) $x > 0$

(2) $x^2 + 16 = 25$

L'information (1) à elle seule ne me permet pas de répondre à la question. On nous dit que x est strictement positif mais on ne nous dit pas que x est un entier. Il se peut en effet que x soit un nombre décimal positif ou un nombre irrationnel positif comme $\sqrt{2}$ ou π. J'élimine A et D. Je garde B, C et E.

L'information (2) ne permet pas non plus à elle seule de répondre à la question.

En effet, les solutions de l'équation $x^2 + 16 = 25$ sont $\begin{cases} x = 3 \\ \text{ou} \\ x = -3 \end{cases}$. Je ne peux décider. D'un côté x vaut 3, d'un autre –3. L'information (2) est insuffisante pour répondre à la question.

J'élimine B. Je garde C et E.

Je considère alors les deux informations (1) et (2) ensemble. Prises ensemble, les deux informations me permettent de répondre à la question. En effet, x est un nombre strictement positif *et* de l'autre x vaut 3 ou –3. Aussi cela signifie-t-il que x vaut forcément 3 et x est donc un entier naturel (entier positif). Les deux informations (1) et (2) ensemble me permettent de répondre à la question. Réponse C.

Un second exemple :

A-t-on : $a+b>c+d$?

(1) $a>c$

(2) $b>d$

L'information (1) à elle seule est insuffisante pour répondre à la question. Nous n'avons aucune information sur b ou d. De façon similaire, l'information (2) à elle seule s'avère être insuffisante pour répondre à la question : nous n'avons aucune information sur a ou sur c.

Considérées ensemble, les deux informations nous permettent de répondre à la question. Nous savons en effet que $a>c$ *et* $b>d$. Nous sommes alors sûrs que $a+b>c+d$. Réponse C.

2.4. Problème avec pour réponse : D

A-t-on $x>0$?

(1) $x^3<0$

(2) $3x+\frac{3}{2}=0$

L'information (1) à elle seule permet de répondre à la question.

En effet, toute puissance cubique d'un nombre positif donne un nombre positif et toute puissance cubique d'un nombre négatif donne un nombre négatif. Si $x^3<0$, alors forcément : $x<0$. L'information (1) est donc suffisante pour répondre à la question (je peux en effet répondre : « non, x n'est pas strictement supérieur à 0 »). Je garde A et D.

L'information (2) me permet elle aussi à elle seule de répondre à la question qui m'est posée. La résolution de l'équation $3x+\frac{3}{2}=0$ donne : $3x=-\frac{3}{2}$ soit : $x=\frac{-\frac{3}{2}}{3}$ soit : $x=-\frac{1}{2}$ et ainsi je peux affirmer que x n'est pas strictement supérieur à 0.

Chaque information permet séparément de répondre à la question. Réponse D.

2.5. Problème avec pour réponse : E

Le bonus de Mercedes est-il plus important que celui de Clara ?

(1) Le bonus de Mercedes est égal à 8% de son salaire net annuel

(2) Le bonus de Clara est égal à 7% de son salaire net annuel

On nous demande ici de comparer deux bonus.

Pour connaître la valeur réelle du bonus de Mercedes ou de Clara, nous avons besoin de connaître les valeurs réelles (en euros) des salaires annuels de Mercedes et de Clara

L'information (1) ne permet pas de répondre à elle seule à la question. Ceci est évident : je n'ai aucune information sur Clara

L'information (2) ne permet pas non plus de répondre à elle seule à la question : je n'ai aucune information sur Mercedes.

Considérées ensemble, les deux informations ne nous permettent pas non plus de répondre à la question. Nous savons seulement que la valeur en pourcentage du bonus de Mercedes est supérieure à celle de Clara, mais nous ne savons rien de leur salaire annuel respectif. Il se peut que Mercedes ait un salaire annuel de 100 000 € et Clara de 200 000 € comme il se peut que ce soit le contraire.

Les deux informations ensemble ne permettent pas non plus de répondre à la question. Réponse E.

3. Arbre de décision

Tout le processus d'élimination et de choix des réponses peut être illustré sous la forme d'un arbre de décision (page suivante).

Un dernier conseil

Notez sur votre brouillon le jour des concours 15 lignes avec les lettres A, B, C, D, et E (A, B, C, D et E correspondant aux réponses possibles ; les 15 lignes correspondant aux 15 problèmes de l'épreuve de conditions minimales au concours Tage-Mage). Vous pourrez ainsi pour chaque question faire clairement état de votre processus d'élimination et de choix de réponses, en barrant au fur et à mesure les réponses que vous désirez éliminer.

Arbre de décision – Conditions minimales

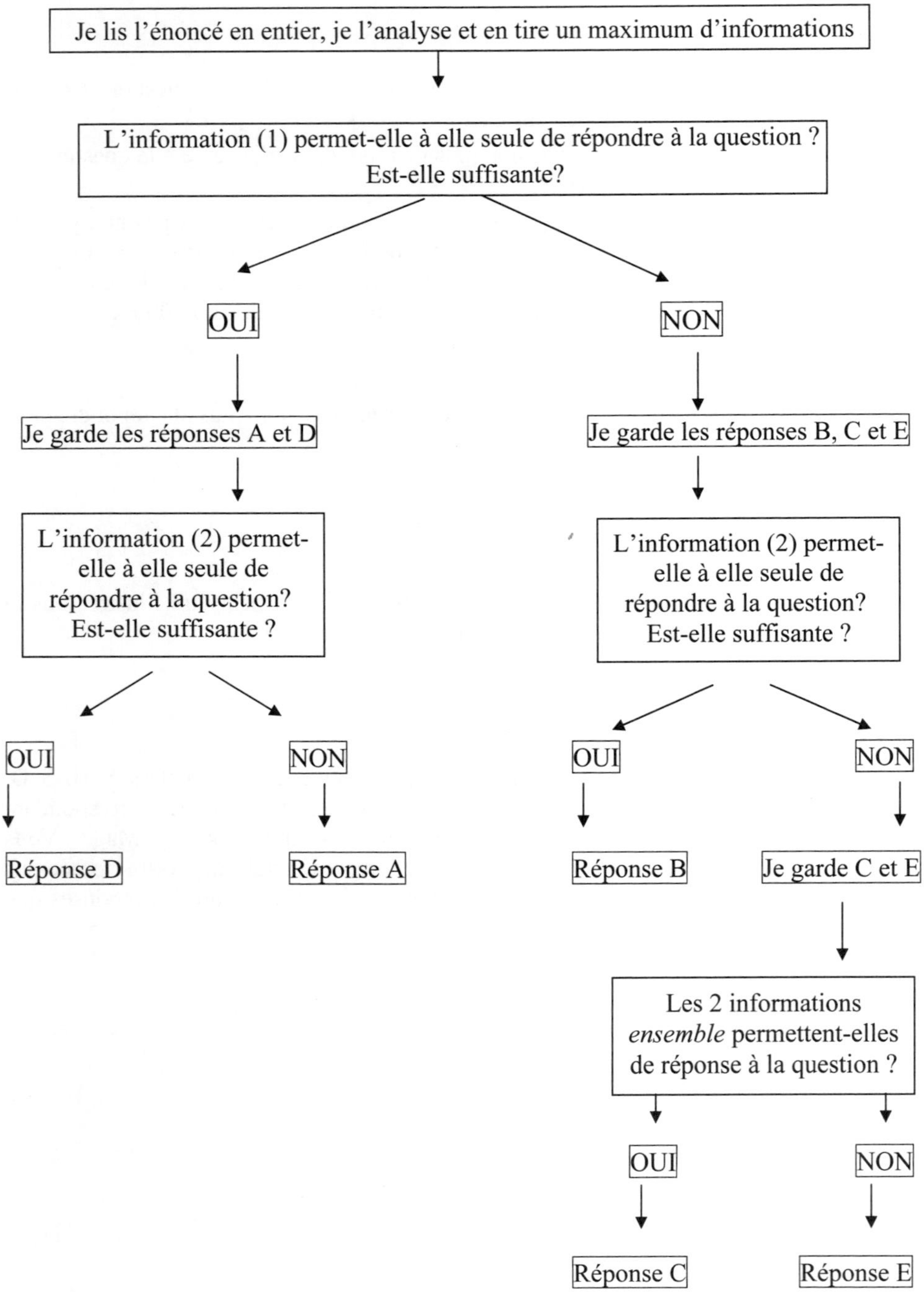

V. PROBLEMES

Pour chacun des problèmes qui suit, répondez :

(A) : si l'information (1) permet à elle seule de répondre à la question, et si l'information (2) à elle seule ne permet pas de répondre à la question.

(B) : si l'information (2) permet à elle seule de répondre à la question, et si l'information (1) à elle seule ne permet pas de répondre à la question.

(C) : si les deux informations (1) et (2) ensemble permettent de répondre à la question et aucune séparément ne le peut.

(D) : si chaque information permet séparément de répondre à la question.

(E) : si les deux informations ensemble ne permettent pas de répondre à la question.

Problème 1

Si $2b - 2a^2 = 18$, quelle est la valeur de b ?

(1) $a^2 = 1{,}156$

(2) $a > 0$

Problème 2

Si je choisis au hasard un fruit parmi les fruits qui se trouvent dans le panier en osier, quelle est la probabilité que je prenne une pomme ?

(1) Il y a deux fois moins de pommes que d'oranges dans le panier en osier

(2) Un tiers des fruits qui se trouvent dans le panier en osier sont des oranges

Problème 3

Quelle est la valeur de x ?

(1) $x^2 - 9 = 16$

(2) $3x(x - 5) = 0$

Problème 4

Est-ce que $4 + \frac{n}{6}$ est un entier naturel ?

(1) n est multiple de 3

(2) n divisé par 6 a un reste égal à 0

Problème 5

Combien d'étudiants ont obtenu moins que la moyenne au test ?

(1) La moyenne de la classe était de 16,5 sur 20

(2) 14 étudiants ont obtenu une note au dessus de la moyenne de la classe

Pour chacun des problèmes qui suit, répondez :
(A) : si l'information (1) permet à elle seule de répondre à la question, et si l'information (2) à elle seule ne permet pas de répondre à la question.
(B) : si l'information (2) permet à elle seule de répondre à la question, et si l'information (1) à elle seule ne permet pas de répondre à la question.
(C) : si les deux informations (1) et (2) ensemble permettent de répondre à la question et aucune séparément ne le peut.
(D) : si chaque information permet séparément de répondre à la question.
(E) : si les deux informations ensemble ne permettent pas de répondre à la question.

Problème 6

Le produit de x, y et z est-il égal à 1 ?

(1) $x + y + z = 3$

(2) x, y et z sont chacun plus grand que 0

Problème 7

Si x et y sont des nombres premiers, est-ce que le produit $y(x - 3)$ est pair ?

(1) $x > 10$

(2) $y < 3$ et $x > 3$

Problème 8

Si $uv < uw$, de v ou de w, lequel est le plus grand ?

(1) $u < 0$

(2) $w < 0$

Problème 9

Si p, q et r sont des nombres pairs et $2 < p < q < r$, que vaut q ?

(1) $r < 10$

(2) $p < 6$

Problème 10

Si il y a une moyenne de 250 mots par page, combien de pages Ariane peut-elle lire en une heure ?

(1) Il y a une moyenne de 25 lignes de 10 mots par page

(2) Ariane peut lire 30 lignes de 10 mots par minute

Problème 11

A-t-on $x = y$?

(1) $x^2 - y^2 = 0$

(2) $(x - y)^2 = 0$

Pour chacun des problèmes qui suit, répondez :

(A) : si l'information (1) permet à elle seule de répondre à la question, et si l'information (2) à elle seule ne permet pas de répondre à la question.

(B) : si l'information (2) permet à elle seule de répondre à la question, et si l'information (1) à elle seule ne permet pas de répondre à la question.

(C) : si les deux informations (1) et (2) ensemble permettent de répondre à la question et aucune séparément ne le peut.

(D) : si chaque information permet séparément de répondre à la question.

(E) : si les deux informations ensemble ne permettent pas de répondre à la question.

Problème 12

A-t-on $m > n$?

(1) $\frac{3}{7} < m < \frac{5}{7}$

(2) $\frac{2}{7} < n < \frac{4}{7}$

Problème 13

Que vaut $a^4 - b^4$?

(1) $a = 3$

(2) $b = a$

Problème 14

Si Z est un entier, Z est-il divisible par 5 ?

(1) $\frac{Z}{160} = 10210$

(2) Z est divisible par 5105

Problème 15

Isabelle lance en l'air M fois une pièce de 1 € (non truquée). Quelle fraction de lancers a donné pile ?

(1) $M = 24$

(2) Le nombre de lancers qui ont donné face est $\frac{3}{8}$ M

Problème 16

En supposant que Yossi ne s'arrête pas en chemin, quelle vitesse moyenne Yossi a-t-il atteint sur son voyage de 3 heures ?

(1) Il a fait un total de 120 km

(2) Il a fait la moitié de la distance à la vitesse de 30 km/h, et l'autre moitié à la vitesse de 50 km/h

Pour chacun des problèmes qui suit, répondez :

(A) : si l'information (1) permet à elle seule de répondre à la question, et si l'information (2) à elle seule ne permet pas de répondre à la question.

(B) : si l'information (2) permet à elle seule de répondre à la question, et si l'information (1) à elle seule ne permet pas de répondre à la question.

(C) : si les deux informations (1) et (2) ensemble permettent de répondre à la question et aucune séparément ne le peut.

(D) : si chaque information permet séparément de répondre à la question.

(E) : si les deux informations ensemble ne permettent pas de répondre à la question.

Problème 17

Que vaut $\frac{d+h}{d-q}$?

(1) $d + h = 3$

(2) $q + h = 2$

Problème 18

Si x est un entier positif inférieur à 10 et x+2 un nombre premier, que vaut x ?

(1) x+3 est le carré d'un entier

(2) x+7 est le cube d'un entier

Problème 19

Au sein d'une équipe de construction de bâtiments, il y a 3 charpentiers pour 2 peintres. Quel pourcentage de l'équipe prise dans sa totalité sont des charpentiers ou des peintres ?

(1) 18% de l'équipe sont des charpentiers

(2) 12% de l'équipe sont des peintres

Problème 20

A-t-on $x + y \geq 0$?

(1) $x - y \geq 0$

(2) $y - x \leq 0$

Problème 21

Si i, j et h sont des nombres strictement positifs, quel est le plus grand des 3 ?

(1) $j > i + h$

(2) $i > \frac{j+h}{3}$

Pour chacun des problèmes qui suit, répondez :

(A) : si l'information (1) permet à elle seule de répondre à la question, et si l'information (2) à elle seule ne permet pas de répondre à la question.

(B) : si l'information (2) permet à elle seule de répondre à la question, et si l'information (1) à elle seule ne permet pas de répondre à la question.

(C) : si les deux informations (1) et (2) ensemble permettent de répondre à la question et aucune séparément ne le peut.

(D) : si chaque information permet séparément de répondre à la question.

(E) : si les deux informations ensemble ne permettent pas de répondre à la question.

Problème 22

Si x et y sont des nombres positifs, x représente quel pourcentage de y ?

(1) $x = \frac{1}{16}$

(2) $\frac{x}{y} = 4$

Problème 23

Yaëlle a une recette pour faire des brownies et une autre pour faire des cookies. De quelle quantité de farine a-t-elle besoin pour sa recette de brownies ?

(1) Quand Yaëlle fait ses brownies et ses cookies suivant ses recettes, elle utilise quatre verres et demi de farine

(2) Quand Yaëlle fait deux fois plus de brownies et trois fois plus de cookies suivant ses recettes, elle utilise un total de onze verres de farine

Problème 24

Déborah a un total de 68 CD et DVD. Combien de CD a-t-elle ?

(1) Si elle achète 11 DVD de plus, elle aura alors 62 DVD

(2) Elle a 3 fois plus de DVD que de CD

Problème 25

U et W sont deux nombres entiers strictement positifs. Le produit UW est il strictement plus grand que 100 ?

(1) $U > 25$

(2) $W < 4$

Problème 26

On a coupé un tuyau d'arrosage expert long de 140 mètres. Quelle est la longueur du morceau le plus long ?

(1) La différence de longueur entre deux morceaux est de 16 mètres, et le troisième morceau mesure 8 mètres

(2) Un des morceaux mesure 74 mètres

Pour chacun des problèmes qui suit, répondez :

(A) : si l'information (1) permet à elle seule de répondre à la question, et si l'information (2) à elle seule ne permet pas de répondre à la question.

(B) : si l'information (2) permet à elle seule de répondre à la question, et si l'information (1) à elle seule ne permet pas de répondre à la question.

(C) : si les deux informations (1) et (2) ensemble permettent de répondre à la question et aucune séparément ne le peut.

(D) : si chaque information permet séparément de répondre à la question.

(E) : si les deux informations ensemble ne permettent pas de répondre à la question.

Problème 27

Quelle est la valeur de a ?

(1) $(a+1)(b+2)=0$

(2) $a-b=1$

Problème 28

Une urne comprend 15 boules bleues et 20 boules blanches. Quel est, en grammes, le poids du contenu de l'urne ?

(1) Les boules blanches pèsent deux fois plus lourd que les boules bleues

(2) Deux boules blanches et une boule bleue pèsent ensemble 500 grammes

Problème 29

Si U, V, W et X sont sur une même droite, pouvez-vous déterminez la distance UX ?

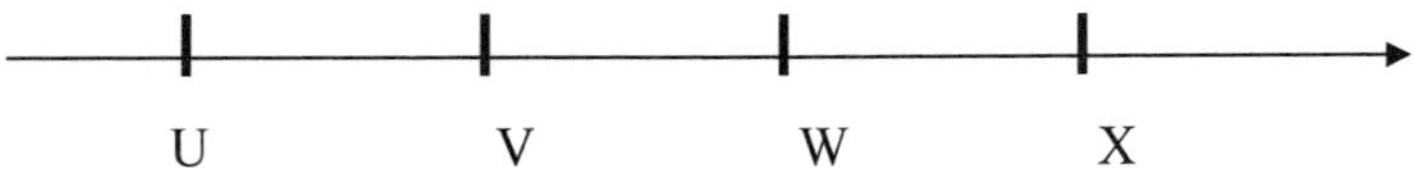

(1) UW = 20 (2) WX = 10

Problème 30

Un vendeur de voitures perçoit une commission égale à 6% du prix de vente d'un véhicule. Calculez le prix de vente du véhicule.

(1) Le prix, commission déduite est de 9 400 €

(2) La commission s'est élevée à 600 €

Problème 31

Des canettes de soda de forme parfaitement cylindrique sont conditionnées en cartons de 0,3 m par 0,5 m. Combien de canettes contient un carton ?

(1) Le rayon d'une canette de soda est de 0,05 m

(2) On peut ranger exactement 3 canettes de soda le long du plus petit côté

Pour chacun des problèmes qui suit, répondez :

(A) : si l'information (1) permet à elle seule de répondre à la question, et si l'information (2) à elle seule ne permet pas de répondre à la question.

(B) : si l'information (2) permet à elle seule de répondre à la question, et si l'information (1) à elle seule ne permet pas de répondre à la question.

(C) : si les deux informations (1) et (2) ensemble permettent de répondre à la question et aucune séparément ne le peut.

(D) : si chaque information permet séparément de répondre à la question.

(E) : si les deux informations ensemble ne permettent pas de répondre à la question.

Problème 32

Soit $a \neq 0$, $b \neq 0, c \neq 0, d \neq 0$,

Peut-on dire que $(a-1)(b-2)^2(c-3)(d-4)^6 > 0$?

(1) $b > 2$ et $d > 4$

(2) $a > 1$ et $c > 3$

Problème 33

Pouvez-vous donner le volume du cube ?

(1) La somme des surfaces des 6 faces est 54 m^2

(2) La distance maximum entre deux points situés sur le cube est $3\sqrt{3}$ m

Problème 34

Au cours du gala de fin d'année de l'université de Stanford, Californie, on procède à la vente aux enchères du premier ordinateur qui avait été acheté par l'université. La règle est la suivante : chaque nouvelle enchère s'accompagne d'une surenchère de \$100. Quelle était la mise à prix de l'ordinateur ?

(1) Il y a eu 48 enchères successives

(2) A la $30^{\text{ème}}$ enchère, le prix était de \$45000

Problème 35

Quelle est la valeur de taxi ?

(1) $\frac{ta}{xi} = 1$

(2) $t = \frac{1}{a}$ et $x = \frac{1}{i}$

Problème 36

On considère deux piles de livres. Combien y a-t-il de livres dans la $1^{\text{ère}}$ pile ?

(1) Il y a 300 livres de moins dans la première pile que dans la deuxième

(2) Si je retire 100 livres de la deuxième pile, il y a deux fois plus de livres dans la deuxième pile que la première

Pour chacun des problèmes qui suit, répondez :

(A) : si l'information (1) permet à elle seule de répondre à la question, et si l'information (2) à elle seule ne permet pas de répondre à la question.

(B) : si l'information (2) permet à elle seule de répondre à la question, et si l'information (1) à elle seule ne permet pas de répondre à la question.

(C) : si les deux informations (1) et (2) ensemble permettent de répondre à la question et aucune séparément ne le peut.

(D) : si chaque information permet séparément de répondre à la question.

(E) : si les deux informations ensemble ne permettent pas de répondre à la question.

Problème 36

Le prix de deux Personal Computers (PC) A et M a baissé de 8% en 2002 par rapport aux prix pratiqués en 2001.

Déterminez le prix du PC A en 2002, sachant que :

(1) La somme des deux prix était de 3600 € en 2001

(2) La somme des deux prix est de 3312 € en 2002

Problème 37

Combien d'euros Armand et Franck ont-ils ensemble ?

(1) Armand a deux fois plus d'argent que Franck

(2) Franck a 200 € de moins qu'Armand

Problème 38

Lequel des 3 livres X, Y et Z coûte le moins cher ?

(1) Le coût de X est égal aux deux tiers du coût de Y

(2) Le coût de Z est égal aux cinq quarts du coût de X

Problème 39

A-t-on $xy > 0$?

(1) $xy^2 > 0$

(2) $x^2y^3 < 0$

Problème 40

Un ensemble de compact disques de musique trance bénéficie actuellement d'une réduction de 15% par rapport à son prix d'origine. Quel est ce prix d'origine ?

(1) La valeur de la réduction est de 60 €

(2) Le prix de l'ensemble de CD après réduction est de 340 €

Pour chacun des problèmes qui suit, répondez :

(A) : si l'information (1) permet à elle seule de répondre à la question, et si l'information (2) à elle seule ne permet pas de répondre à la question.

(B) : si l'information (2) permet à elle seule de répondre à la question, et si l'information (1) à elle seule ne permet pas de répondre à la question.

(C) : si les deux informations (1) et (2) ensemble permettent de répondre à la question et aucune séparément ne le peut.

(D) : si chaque information permet séparément de répondre à la question.

(E) : si les deux informations ensemble ne permettent pas de répondre à la question.

Problème 41

Si $x + y \neq 0$, que vaut $\dfrac{x^2 - y^2}{x + y}$

(1) $x - y = 2$

(2) $x + y = 2$

Problème 42

Est-ce que B est divisible par 70 ?

(1) B est divisible par 2 et par 5

(2) B est divisible par 2 et par 7

Problème 43

Quelle est la moyenne des âges de Valérie, Franck, Jonathan, Yaëlle et Danielle ?

(1) La moyenne des âges de Valérie, Franck et Jonathan est de 25 ans.

(2) La moyenne des âges de Yaëlle et de Danielle est de 15 ans

Problème 44

Yoan a-t-il plus de compact disques que Nathalie ?

(1) Sabrina a plus de compact disques que Nathalie

(2) Yoan a moins de compact disques que Sabrina

Problème 45

A-t-on $x \geq y$?

(1) $3x = 4y$

(2) $x = \dfrac{k}{3}$, $y = \dfrac{k}{4}$ avec $k > 0$

Pour chacun des problèmes qui suit, répondez :

(A) : si l'information (1) permet à elle seule de répondre à la question, et si l'information (2) à elle seule ne permet pas de répondre à la question.

(B) : si l'information (2) permet à elle seule de répondre à la question, et si l'information (1) à elle seule ne permet pas de répondre à la question.

(C) : si les deux informations (1) et (2) ensemble permettent de répondre à la question et aucune séparément ne le peut.

(D) : si chaque information permet séparément de répondre à la question.

(E) : si les deux informations ensemble ne permettent pas de répondre à la question.

Problème 46

1/1/2003 : Sharon fait ses comptes. Elle a investi la somme totale de 10 000 € sur l'année 2002. Une partie de l'argent a été investie dans une SICAV W qui a réalisé une plus-value de 6% en 2002 et le reste a été investie dans une SICAV Z qui a réalisé une plus-value de 8% en 2002.

Quel est le montant de la somme investie dans la SICAV W ?

(1) La somme totale des intérêts perçus sur l'investissement des 10 000 € s'élève à 640 €

(2) La valeur en euros de l'investissement qui a réalisé une plus-value de 8% ne représentait qu'un quart de la valeur en euros de l'investissement qui a réalisé une plus-value de 6%

Problème 47

Si Isaac a 5 ans de plus qu'Allégria, quel âge a Allégria ?

(1) Il y a 15 ans, Isaac était deux fois plus âgé qu'Allégria

(2) Il y a 5 ans, la somme des âges d'Isaac et d'Allégria était de 35 ans

Problème 48

Un colis de 70 pièces de textile doit être divisée en 3 lots. Combien de pièces contient le plus grand de ces 3 lots ?

(1) Le nombre de pièces qu'il y a dans le plus grand des lots est égal à la somme du nombre de pièces qu'il y a dans les deux autres lots

(2) Le plus petit des lots contient 10 pièces

Problème 49

Si la moyenne des tailles de trois enfants est de 136 cm, est-ce que la taille du plus petit d'entre eux dépasse les 120 cm ?

(1) La taille du plus grand des trois enfants est 144 cm

(2) Un des enfants mesure 140 cm

Pour chacun des problèmes qui suit, répondez :

(A) : si l'information (1) permet à elle seule de répondre à la question, et si l'information (2) à elle seule ne permet pas de répondre à la question.

(B) : si l'information (2) permet à elle seule de répondre à la question, et si l'information (1) à elle seule ne permet pas de répondre à la question.

(C) : si les deux informations (1) et (2) ensemble permettent de répondre à la question et aucune séparément ne le peut.

(D) : si chaque information permet séparément de répondre à la question.

(E) : si les deux informations ensemble ne permettent pas de répondre à la question.

Problème 50

On coupe un bâton en bois de 8 cm de long en trois morceaux. Quelle est la longueur du plus grand des trois morceaux ?

(1) La longueur du plus grand des morceaux est égal à la somme des longueurs des deux autres

(2) La longueur du plus petit morceau est de 1,2 cm

Problème 51

Les points A, B et C se situent sur une même ligne. C se trouve entre A et B. La distance qui sépare A de B est de 100 m. Quelle est la distance qui sépare A de C ?

(1) La distance qui sépare A de B est 25% supérieure celle qui sépare C de B.

(2) La distance qui sépare A de C est égale à ¼ de la distance qui sépare C de B.

Problème 52

Quel est le nombre de deux chiffres dont le premier chiffre est k et le deuxième chiffre b ? Le nombre en question est plus grand que 9.

(1) $2k + 3b = 11k + 2b$

(2) Le nombre de deux chiffres est un multiple de 19

Problème 53

Un concessionnaire a vendu aujourd'hui une voiture au prix de 23 000 €. Ce prix bénéficiait d'une remise. Quel est le prix d'origine de la voiture ?

(1) La voiture a été vendue avec une remise de 10% par rapport à son prix d'origine

(2) La commission perçue par le vendeur s'est élevée à 1 500 €

Problème 54

Quel a été le pourcentage de pièces défectueuses produites à l'usine AIR ?

(1) Le nombre total de pièces défectueuses produites a été de 15 234 pièces

(2) Le ratio pièces défectueuses sur pièces non défectueuses est de 32 sur 5678

Problème 55

Quelle était la valeur d'un tableau de Sara Courcy en Janvier 1971 ?

(1) En janvier 1977, le tableau valait 2 000 000 €

(2) Sur les 10 années entre 1969 et 1978, la valeur du tableau a augmenté de 10% par an

VI. CORRIGES

Problème 1 – Réponse A

Information (1) : suffisante.

l'information 1 nous donne la valeur de a^2. Si je remplace a^2 par sa valeur dans l'équation $2b-2a^2=18$, j'obtiens alors la valeur de b ($b=\frac{18+2\times 1{,}156}{2}$).

Je vous rappelle qu'il est absolument inutile de chercher à connaître précisément la valeur de b. Il suffit en réalité de remarquer que vous êtes en présence d'une équation simple à une inconnue et que celle-ci admet une solution. La valeur de l'inconnue elle-même, il ne vous est pas demandé de la calculer. Dans un problème de conditions minimales, on veut savoir *si on peut* trouver la valeur de b. Et c'est tout.

Je vous rappelle aussi qu'arrivé à ce stade, vous savez déjà que seules les solutions A et D sont possibles.

Information (2) : insuffisante.

Si comme le suggère la méthode de résolution, je me penche sur l'information (2) tout en ignorant l'information (1), je conclue que l'information (2) ne me permet pas de trouver la valeur de b. Le fait que $a>0$ ne me permet pas de trouver la valeur exacte de b.

Nous nous trouvons donc dans le cas où l'information (1) nous permet de répondre à elle seule à la question et où l'information (2) ne nous permet pas à elle seule de répondre à la question : réponse A.

Problème 2 – Réponse C

$$\text{probabilité}=\frac{\text{nombre d'issues possibles}}{\text{nombre d'issues favorables}}.$$

Je cherche donc le nombre total de pommes (les issues favorables) qu'il y a dans le panier ainsi que le nombre total de fruits, pommes incluses, (les issues possibles) qu'il y a dans le panier.

Information (1) : cette information est insuffisante.

Elle nous permet d'établir une relation algébrique entre les pommes et les oranges $(\text{nombre de pommes} = \frac{1}{2} \times \text{nombre d'oranges})$... mais il se peut très bien qu'il y ait d'autre fruits dans le panier. J'élimine A et D. Je garde B, C et E.

Information (2) : cette information est elle aussi insuffisante à elle seule pour répondre à la question.
Elle me donne la proportion d'oranges qu'il y a dans le panier, ce qui me permet d'établir la relation algébrique : $\text{nombre d'oranges} = \frac{1}{3}\text{nombre total de fruits}$ ... mais je n'ai aucune information sur le nombre de pommes. Je garde C et E.

Je considère à présent les 2 informations ensemble.
Je combine les deux relations algébriques établies précédemment et j'en déduis la relation algébrique suivante : $\text{nombre de pommes} = \frac{1}{6}\text{nombre total de fruits}$, soit : $\frac{\text{nombre de pommes}}{\text{nombre total de fruits}} = \frac{1}{6}$. Réponse C.

Problème 3 - Réponse C
Information (1) : l'information (1) nous permet de trouver deux valeurs pour x :

$$x^2 - 9 = 16 \Leftrightarrow x^2 = 25 \Leftrightarrow \begin{cases} x = \sqrt{25} = 5 \\ \text{ou} \\ x = -\sqrt{25} = -5 \end{cases}$$

Nous avons donc deux valeurs pour x. Or l'énoncé est clair à ce sujet : il nous demande *la* valeur de x et non pas les valeurs de x. Or comme nous ne pouvons décider quelle valeur choisir (5 ou –5 ?), nous ne pouvons répondre à la question avec l'information (1). On garde B, C et E.

La résolution de l'équation de l'information (2) nous permet d'obtenir deux valeurs pour x.

$$3x(x-5) = 0 \Leftrightarrow \begin{cases} 3x = 0 \\ \text{ou} \\ x - 5 = 0 \end{cases} \Leftrightarrow \begin{cases} x = 0 \\ \text{ou} \\ x = 5 \end{cases}$$

Je vous rappelle qu'un produit de facteurs est nuls si l'un des facteurs (ou l'un ou l'autre) est nul. L'information (2) nous permet donc de trouver deux valeurs pour x or nous voulons toujours *la* valeur de x. L'information (2) à elle seule ne nous permet pas non plus de répondre à la question. Je garde C et E.

Il ne vous reste plus qu'à considérer les deux informations (1) et (2) ensemble. Considérer ensemble les informations (1) et (2), c'est combiner les 2 équations

$x^2 - 9 = 16$ et $3x(x-5)=0$. Du point de vue des solutions de ces deux équations, il s'agit de trouver les solutions qui résultent de l'intersection des solutions. L'intersection des solutions nous donne : $\{-5 \quad 5\} \cap \{0 \quad 5\} = \{5\}$. En effet 5 est bien la solution *commune* (résultat de l'intersection) aux équations des informations (1) et (2).

En combinant les 2 informations, nous sommes donc parvenus à trouver *une unique* valeur pour x : *la* valeur de x. Réponse C.

Problème 4 – Réponse B

Nous savons que 4 est un entier naturel et nous savons aussi que la somme de deux entiers naturels nous donne un entier naturel. Il nous suffit donc de savoir si $\frac{n}{6}$ est un entier naturel, autrement dit, si n est un multiple de 6.

Information (1) : n est multiple de 3. Le fait que n est multiple de 3 ne nous assure pas le fait que n est multiple de 6. Prenons deux multiples pour n: n = 9 et n = 12. Avec n = 9, nous obtenons un nombre décimal et non un entier, à savoir $\frac{n}{6} = \frac{9}{6} = 1{,}5$. Avec n = 12, nous obtenons un entier naturel, à savoir : $\frac{n}{6} = \frac{12}{6} = 2$. Dans un tel cas, nous ne pouvons pas répondre à la question car il y a des cas où *oui* $4 + \frac{n}{6}$ est bien un entier naturel (comme le cas $n = 12$ (ou les cas $n = 18$, $n = 24$ etc.)) et des cas où *non* $4 + \frac{n}{6}$ n'est pas un entier naturel (cas où $n = 9$ (ou $n = 15$, $n = 21$ etc.)

L'information (1) ne nous permet pas à elle seule de répondre à la question. Vous l'aurez compris lorsqu'une information ne me permet pas de répondre à 100% (de façon catégorique) oui ou non à la question qui m'est posée, alors l'information n'est pas validée. On garde B, C et E

Information (2) : si nous reprenons les résultats qui découlent de la définition de la division euclidienne, nous savons alors que si le reste de la division euclidienne de a par b (a et b : des entiers naturels) est nul, cela signifie qu'il existe un entier q tel que $a = b \times q$ et on dit alors que b divise a , ou que a est un multiple de b. Dans notre cas : $a = n$ et $b = 6$: n est multiple de 6 et $4 + \frac{n}{6}$ est un entier naturel.

L'information (2) nous permet donc à elle seul de répondre à la question : c'est la réponse B.

Problème 5 – Réponse E

Information (1) : le fait que la moyenne de la classe est de 16,5 sur 20 ne nous dit toujours rien sur le *nombre* d'étudiants qui ont obtenu moins que la moyenne au test. Il nous aurait fallu aussi la somme des notes de tous les étudiants.

Rappel : nombres de termes $= \dfrac{\text{somme des termes}}{\text{moyenne}}$

Information (2) : le fait que 14 étudiants aient obtenu une note au-dessus de la moyenne ne nous apprend toujours rien sur le nombre d'étudiants qui ont obtenu moins que la moyenne. Il se peut que 1 étudiant ait obtenu moins que la moyenne de même qu'il se peut qu'il y en ait eu 300.

Il ne nous reste plus qu'à combiner les deux informations. Cela nous permet de dire que « 14 étudiants ont obtenu une note au-dessus de la moyenne qui est de 16,5 sur 20 ». Nous ne savons toujours pas quel est le nombre d'étudiants qui ont obtenu moins que la moyenne au test : réponse E.

Rappel : n'oubliez pas de cacher, d'ignorer l'information 2 lorsque vous vous penchez sur l'information 1 et inversement.

Problème 6 – Réponse E

L'énoncé ne nous dit rien sur la nature de x, y et z. Il vous faut alors dans un cas comme celui-ci « voir large » et considérer que x, y et z prennent leurs valeurs dans l'ensemble des nombres réels

Information (1) : insuffisante. Il se peut certes que l'on ait : $x = 1$, $y = 1$ et $z = 1$. On a alors $x + y + z = 3$ et $x \times y \times z = 1$. Mais il se peut aussi que $x = 0{,}5$, $y = 0{,}5$ et $z = 2$. On a alors bien $x + y + z = 3$ mais $x \times y \times z = 0{,}5 \neq 1$. On ne peut décider. J'élimine A. Je garde B, C et E.

Information (2) : cette information ne permet pas non plus à elle seule de répondre à la question. Je sais seulement que x, y et z sont strictement positifs. Je n'ai aucune donnée sur les valeurs respectives de ces 3 variables et ne peux donc calculer le produit : $x \times y \times z$. Je garde C et E.

Je considère à présent les deux informations ensemble. Là encore plusieurs cas sont possibles. Réponse E.

Problème 7 – Réponse D

Rappel :

Un nombre premier est un nombre qui n'est divisible que par lui-même et par 1. Attention : 0 et 1 ne sont pas des nombres premiers. 2, 3, 5, 7, 11 etc. sont des nombres premiers. 2 est le seul nombre premier pair ; tous les autres nombres premiers sont impairs.

Ceci étant dit, considérons l'information (1). Cette information nous permet à elle seule de répondre à la question. En effet, si x est un nombre premier strictement supérieur à 10, c'est qu'il vaut 11, 13, 17 etc. x est en tout cas différent de 2 ; x est donc forcément impair. Et si x est impair alors (x –3) est pair (essayez avec x = 17 ou x =29). Aussi, quel que y, le produit $y \times (x-3)$ est toujours pair.

Rappel : pair x impair = pair *et* pair x pair x pair = pair

Information (2) : y étant premier, y < 3 implique que y vaut forcément 2 c'est-à-dire que y pair. Quant à (x – 3), qu'il soit pair ou impair, le produit $y \times (x-3)$ lui, sera pair.

L'information (2) à elle seule permet de répondre à la question (*oui, le produit* $y \times (x-3)$ *est pair*). En conclusion, chaque information permet séparément de répondre à la question. Réponse D.

Problème 8 – Réponse A

Information (1) : suffisante. En effet si $uv < uw$, en divisant chacun des deux membres de l'inégalité par u < 0, on obtient : $v > w$: v est plus grand que u. Je garde A et D.

L'information (2) quant à elle est insuffisante. Elle me donne une information sur w mais absolument rien sur u ou sur v. Je ne peux tirer aucune conclusion de cette information (il y a 2 conclusions possibles : v > w ou v < w). Réponse A.

Problème 9 – Réponse A

Information (1) : les informations de l'énoncé du problème et l'information (1) nous permettent d'établir que : $2 < p < q < r < 10$. Etant donné que p, q, r sont pairs, on a forcément : p = 4, q = 6 et r = 8. Ainsi, q = 6 et l'information (1) permet donc à elle seule de répondre à la question. Je garde A et D.

Information (2) : Le fait que p est strictement inférieur à 6 me permet de dire que p vaut 4, mais je ne sais rien sur q. En effet q demeure strictement inférieur à r qui peut valoir 20 comme 1000. L'information (2) est donc insuffisante pour répondre à elle seule à la question. Réponse A.

Problème 10 – Réponse B

Information (1) : le fait qu'il y ait une moyenne 25 lignes de 10 mots par page nous permet d'affirmer simplement qu'il y a en moyenne 25 x 10 = 250 mots par pages.

Cette information est clairement insuffisante. Je garde B, C et E.

Information (2) : si Ariane peut lire 30 lignes de 10 mots (i.e. 300 mots) par minute, je peux alors calculer le nombre de mots qu'Ariane peut lire en une heure (soit : 300 x 60 = 18000 mots). Une règle de trois simple me permet ensuite de calculer le nombre de pages qu'elle peut lire en une heure.

1 page	250 mots
X	18000 mots

Peu m'importe de calculer X. Je sais que *je peux* trouver ce nombre (qui représente le nombre de pages qu'Ariane peut lire en 1 heure). Et ce la me suffit pour répondre à la question. Réponse B.

Problème 11 – Réponse B

L'information (1) est insuffisante.

La relation : $x^2 - y^2 = 0$ me permet d'établir : $x = y$ ou $x = -y$. Je ne peux décider. Je ne peux donc répondre de façon catégorique. Je garde B, C et E.

Information (2) : cette information en revanche, me permet à elle seule de répondre à la question posée.

En effet : $(x-y)^2 = 0 \Leftrightarrow (x-y)(x-y) \Leftrightarrow \begin{cases} x - y = 0 \\ \text{ou} \\ x - y = 0 \end{cases}$ soit dans tous les cas $x = y$

Problème 12 – Réponse E

Information (1) : cette information est clairement insuffisante. Si nous avons un encadrement pour m, nous n'avons rien en revanche pour n. Je garde B, C et E.

Information (2) : cette information est insuffisante pour des raisons similaires à l'information (1). Si nous avons un encadrement pour n, nous n'avons rien en revanche pour m. Je garde C et E.

Je considère ensemble les deux informations. Je considère donc ensemble les deux encadrements : $\begin{cases} \frac{3}{7} < m < \frac{5}{7} \\ \frac{2}{7} < n < \frac{4}{7} \end{cases}$. Ces deux encadrements pris ensemble ne me permettent pas de conclure et de répondre définitivement que m > n. Il y a en effet deux conclusions possibles : m > n et m < n.

Illustrons cela par une droite de valeurs :

Fléché simple : valeurs de n

Fléché gras : valeurs de m

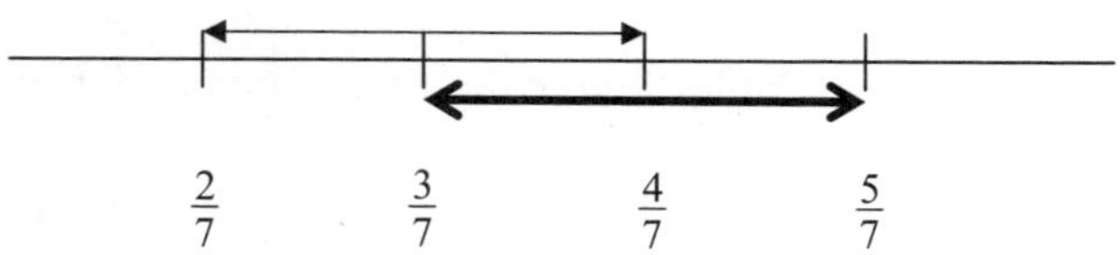

Cette droite de valeurs illustre le fait qu'entre $\frac{2}{7}$ et $\frac{3}{7}$ puis entre $\frac{4}{7}$ et $\frac{5}{7}$, on a m > n. En revanche entre $\frac{3}{7}$ et $\frac{4}{7}$, il se peut très bien que l'on ait m > n comme il se peut aussi que l'on ait m < n. On ne peut donc répondre à la question en utilisant ensemble les deux informations. Réponse E.

Problème 13 – Réponse B

Information (1) : cette information à elle seule ne permet pas de répondre à la question. Si je remplace a par 3 dans l'expression $a^4 - b^4$, j'obtiens $a^4 - b^4 = 3^4 - b^4$. Je ne peux trouver la valeur de $a^4 - b^4$: il me manque une valeur pour b. Je garde B, C et E.

Information (2) : cette information est en revanche suffisante pour répondre à la question. En effet : $a = b \Rightarrow a^4 - b^4 = a^4 - a^4 = 0$. On a donc trouvé la valeur de $a^4 - b^4$ en utilisant l'information (2) à elle seule. Réponse B.

Problème 14 – Réponse D

L'Information (1) est suffisante. En effet : $\frac{Z}{160} = 10210 \Leftrightarrow Z = 10210 \times 160$. Le produit de cette multiplication donne comme résultat un nombre dont le dernier chiffre est 0. Z est donc divisible par 5. (critère de divisibilité par 5 : le dernier chiffre du nombre considéré est 5 ou 0). Je garde A et D.

L'Information (2) est suffisante. 5105 étant divisible par 5, ce nombre peut s'écrire: $5105 = 5 \times m$ où m désigne un entier. Z étant un entier et Z étant divisible par 5105 alors Z est aussi divisible par $5 \times m$, c'est-à-dire par m et par 5. Réponse D.

Remarque : comme vous avez pu voir dans cette exercice, il est important de bien poser ses relations algébriques et d'interpréter parfaitement les données du problème.

Vous avez pu voir aussi qu'absolument rien ne vous empêche d'être le partisan du moindre effort pour ce qui est des calculs. N'oubliez pas que dès que êtes sûr que vous pouvez répondre de façon définitive, catégorique à la question alors vous n'avez plus besoin de terminer vos calculs.

Problème 15 – Réponse B

Information (1) : insuffisante. Il se peut que sur les 24 lancers de pièce, 20 ont donné face et 4 ont donné pile tout comme il se peut que 20 ont donné pile et 4 face. Je garde B, C et E.

Information (2) : suffisante. Si le nombre de lancers qui ont donné face est $\frac{3}{8}$M alors le nombre de lancers qui ont donné pile est : $M - \frac{3}{8}M = \frac{5}{8}M$. Réponse B.

ⓘ Si dans l'information (1) le nombre de lancers M était égal à l'infini autrement dit si l'immortelle et inépuisable Isabelle décidait ne plus jamais s'arrêter de lancer sa pièce non truquée en l'air alors à l'infini, la fraction de lancers donnant pile et la fraction de lancers donnant face seraient toutes deux égales à $\frac{1}{2}$.

Problème 16 – Réponse D

Information (1) : suffisante. Si Yossi parcourt une distance totale de 120 km en un temps total de 3 heures, je peux alors trouver sa vitesse moyenne donnée par la formule vitesse – temps – distance : $v = \frac{d}{t} = \frac{120}{3} = 40$. Je garde B, C et E.

Information (2) : suffisante.

Il suffit en effet d'additionner les vitesses pondérées de Yossi sur chacune des moitiés de chemin par ½ (car il a mis 30 km/h pour la première *moitié* du chemin et 50 km/h pour la seconde *moitié* du chemin). La vitesse moyenne de Yossi sur son chemin de 3 heures était alors égal à : $\frac{1}{2} \times 30 + \frac{1}{2} \times 50 = 15 + 25 = 40$ km/h.

Attention ! en général, n'oubliez pas qu'il ne faut en aucun cas faire la moyenne des moyennes, c'est-à-dire une moyenne qui ne prend pas en considération certaines pondérations.

Ainsi, si l'énoncé de l'information (2) était : « Yossi a fait le tiers de la distance à la vitesse de 30 km/h, et le reste à la vitesse de 50 km /h » la vitesse moyenne sur le total du chemin aurait été : $\frac{1}{3} \times 30 + \frac{2}{3} \times 50 = \frac{30}{3} + \frac{100}{3} = \frac{130}{3} \simeq 43,333$ km/h. Les pondérations ici sont: $\frac{1}{3}$ pour la première partie du chemin et $\frac{2}{3}$ pour la seconde.

Problème 17 – Réponse C

Information (1) : insuffisante. Je n'ai aucune information sur la variable q. Je garde B, C et E.

Information (2) : insuffisante. Je n'ai aucune information sur la variable d.
Je garde C et E.

Ensemble, les informations (1) et (2) permettent de répondre à la question.
En effet, le système de deux équations à trois inconnues suivant me permet de trouver la valeur de (d – q) : $\begin{cases} d + h = 3 \\ q + h = 2 \end{cases} \Leftrightarrow \begin{cases} d + h = 3 \\ d - q = 3 - 2 = 1 \end{cases}$

On trouve alors : $\frac{d + h}{d - q} = \frac{3}{1} = 3$. Réponse C.

Problème 18 – Réponse D

Si x est un entier positif inférieur à 10 alors x prend ses valeurs dans (0, 1, 2, 3, 4, 5, 6, 7, 8, 9) et $x+2$ prend ses valeurs dans (2, 3, 4, 5, 6, 7, 8, 9, 10, 11). Mais attention, $x+2$ étant premier x + 2 prend en fait ses valeurs dans (2, 3, 5, 7, 11).

Information (1) : suffisante. $x+3$ prend ses valeurs dans (3, **4**, 6, 8, 12).

L'énoncé nous dit que $x+3$ est le carré d'un entier : ce nombre ne peut être que 4 qui est le carré de 2. Et x vaut alors 1. Je garde A et D.

Information (2) : suffisante. $x+7$ prend ses valeurs dans (4, **8**, 10, 12, 16).

L'énoncé nous dit que $x+7$ est le cube d'un entier : ce nombre ne peut être que 8 qui est le cube de 2. Et x vaut toujours 1.

Chaque information permet séparément de répondre à la question : réponse D.

Problème 19 – Réponse D

Information (1) : suffisante.

S'il y a 3 charpentiers pour 2 peintres et que 18% de l'équipe sont des charpentiers, je peux trouver le pourcentage de peintres qu'il y a dans l'équipe à l'aide d'une règle de trois :

3	18%
2	X

Soit $X=\dfrac{2\times 18\%}{3}=12\%$. 12% de l'équipe sont donc des peintres. Au total, il y a : $18\%+12\%=30\%$ de personnes dans l'équipe qui sont ou peintres ou charpentiers. Je garde A et D.

Information (2) : suffisante. Il s'agit du même raisonnement.

S'il y a 3 charpentiers pour 2 peintres et que 12% de l'équipe sont des peintres, je peux trouver le pourcentage de peintres qu'il y a dans l'équipe à l'aide d'une règle de trois :

3	X
2	12%

Soit $X=\dfrac{3\times 12\%}{2}=18\%$. 18% de l'équipe sont donc des charpentiers. Au total, il y a : $18\%+12\%=30\%$ de personnes dans l'équipe qui sont ou peintres ou charpentiers. Réponse D.

N'oubliez pas que lorsque vous considérez l'énoncé de l'information (2) vous êtes sensé ignorer alors complètement l'énoncé de l'énoncé de l'information (1).

Problème 20 – Réponse E

Information (1) : insuffisante.

$x - y \geq 0 \Leftrightarrow x \geq y$. On a alors : $x + y \geq 2y$.

Il se peut que y soit négatif et dans ce cas (x + y) peut être négatif comme positif. Je garde B, C et E.

Information (2) : insuffisante.

$y - x \leq 0 \Leftrightarrow x \geq y$. Il s'agit de la même information que l'information (1). Conclusion identique.

Ensemble, les deux informations se réduisent naturellement à une seule information ((1) ou (2)). Conclusion identique. Réponse E.

Problème 21 – Réponse A

Information (1) : suffisante.

Si i, j et h sont des nombres strictement positifs $j > i + h \Rightarrow j > i$ et $j > h$. Ainsi, j est le plus grand des trois nombres. Je garde A et D.

Information (2) : insuffisante.

$i > \frac{j+h}{3} \Leftrightarrow 3i > j + h$. Je ne peux absolument rien conclure. Cette inégalité me permet de conclure par exemple que i = 3, j = 7 et h = 1 (j est alors le plus grand des trois) tout comme elle me permet de conclure que h = 1, i = 9 et j = 1 (i est dans ce cas le plus grand des trois). Réponse A.

Problème 22 – Réponse B

Information (1) : insuffisante. Je garde B, C et E.

Information (2) : suffisante.

$\frac{x}{y} = 4 \Leftrightarrow x = 4y = 400\%y$: x représente donc 400% de y. Réponse B.

Problème 23 – Réponse C

Soit x : la quantité de farine (en nombre de verres) nécessaire à la préparation de brownies.

Soit y : la quantité de farine (en nombre de verres) nécessaire à la préparation de cookies.

Information (1) : insuffisante. L'information (1) nous permet d'écrire : $x + y = 4{,}5$. Une équation, deux inconnues… on ne peut pas trouver x. Je garde B, C et E.

Information (2) : insuffisante. L'information (2) nous permet d'écrire : $2x + 3y = 11$. Même conclusion : une équation, deux inconnues… on ne peut pas trouver x.

Je garde C et E

Les deux informations, ensemble permettent de répondre à la question. Il s'agit en effet de résoudre le système suivant de deux équations à deux inconnues : $\begin{cases} x+y=4{,}5 \\ 2x+3y=11 \end{cases}$

Ce système peut être résolu et vous savez que vous *pouvez* trouver x. Réponse C.

ⓘ Pour votre entraînement, le système pouvait être résolu en utilisant la méthode par addition :

$$\begin{cases} x+y=4{,}5 \\ 2x+3y=11 \end{cases} \Leftrightarrow \begin{cases} 2x+2y=9 \\ 2x+3y=11 \end{cases} \Leftrightarrow \begin{cases} (2x-2x)+(3y-y)=11-9 \\ 2x+3y=11 \end{cases}$$

$$\Leftrightarrow \begin{cases} y=2 \\ 2x+3\times 2=11 \end{cases} \Leftrightarrow \begin{cases} y=2 \\ x=2{,}5 \end{cases}$$

Problème 24 – Réponse D

Soit x : le nombre de CD que possède Déborah.

Soit y :le nombre de DVD que possède Déborah.

On a : x + y = 68 (information fournie par l'énoncé du problème)

Information (1) : suffisante.

L'énoncé de l'information (1), couplée avec l'information de l'énoncé du problème nous permet d'établir le système suivant de deux équations à deux inconnues :

$$\begin{cases} x+y=68 \\ y+11=62 \end{cases} \Leftrightarrow \begin{cases} x+y=68 \\ y=51 \end{cases} \Leftrightarrow \begin{cases} x=17 \\ y=51 \end{cases}$$

Information (2) : suffisante.

L'énoncé de l'information (2), couplée avec l'information de l'énoncé du problème nous permet d'établir le système suivant de deux équations à deux inconnues :

$$\begin{cases} x+y=68 \\ y=3x \end{cases} \Leftrightarrow \begin{cases} x+3x=68 \\ y=3x \end{cases} \Leftrightarrow \begin{cases} 4x=68 \\ y=3x \end{cases} \Leftrightarrow \begin{cases} x=17 \\ y=51 \end{cases}$$

Problème 25 – Réponse E

Information (1) : insuffisante. Nous n'avons aucune information sur W.

Information (2) : insuffisante. Nous n'avons aucune information sur U.

Ensemble : on ne peut pas décider. Il se peut très bien que U = 90 et W = 2 : le produit UW est alors égal à 180 et est strictement plus grand que 100.

Problème 26 – Réponse D

Information (1) : suffisante.

Le fait que le troisième morceau mesure 8 mètres implique que les deux autres morceaux se partagent $140-8=132$ mètres. Ensuite, le fait que la différence de longueur entre les deux autres morceaux est égale à 16 mètres implique que $x+(x-16)=132 \Leftrightarrow 2x=148 \Leftrightarrow x=74$ mètres (où x est la longueur du morceau le plus long). Le troisième morceau mesure alors : $74-16=58$ mètres. On a donc trouvé la longueur du morceau le plus long.

Information (2) : suffisante.

Si un des morceaux mesure 74 mètres, alors les deux morceaux qui restent se partagent $140-74=66$ mètres. Ainsi, au mieux, des deux morceaux qui restent, le morceau le plus long mesure 59,999 mètres.

Le morceau le plus long est bien celui qui mesure 74 mètres. Réponse D.

Problème 27 – Réponse A

Information (1) : suffisante.

Je vous rappelle qu'un produit de facteur est nul si l'un des facteurs (l'un ou l'autre) est nuls soit dans notre cas : $(a+1)(b+2)=0 \Leftrightarrow \begin{cases} a+1=0 \\ \text{ou} \\ b+2=0 \end{cases} \Leftrightarrow \begin{cases} a=-1 \\ \text{ou} \\ b=-2 \end{cases}$. On peut donc trouver la valeur de a. Je garde A et D.

Information (2) : insuffisante… *une* équation et *deux* inconnues : on ne peut trouver ici la valeur de a que si l'on a la valeur de b. Réponse A.

Problème 28 – Réponse C

Soit x : le poids d'une boule bleue.

Soit y : le poids d'une boule blanche.

Information (1) : insuffisante.

Information (2) : insuffisante.

Ensemble les deux informations nous amènent à considérer le système suivant de deux équations à deux inconnues : $\begin{cases} y=2x \\ 2y+x=500 \end{cases}$. Nous savons que nous *pouvons* résoudre ce système, trouver x, trouver y puis calculer le poids total de l'urne (15x + 20y). Nous pouvons donc répondre à la question. Réponse C.

ⓘ Pour votre information, l'on peut résoudre ce système en utilisant la méthode par substitution.

$$\begin{cases} y=2x \\ 2y+x=500 \end{cases} \Leftrightarrow \begin{cases} y=2x \\ 4x+x=500 \end{cases} \Leftrightarrow \begin{cases} y=2x \\ x=100 \end{cases} \Leftrightarrow \begin{cases} y=200 \\ x=100 \end{cases} \Rightarrow 15x+20y=5500.$$

Problème 29 – Réponse C

Information (1) : insuffisante.

Information (2) : insuffisante.

Ensemble, les deux informations nous permettent d'établir la relation : $UW + WX = UW = 20 + 10 = 30$. Réponse C.

Problème 30 – Réponse D

Information (1) : suffisante. $x - 6\% \, x = 9400$. Je peux résoudre cette équation simple en x. Je garde A et D.

ⓘ Pour votre information : $x{-}6\%x{=}9400 \Leftrightarrow x{=}\frac{9400}{0{,}94}{=}10000$

Information (2) : suffisante. $6\% \, x = 600$. Je peux résoudre cette équation simple en x. Réponse D.

ⓘ Pour votre information : $6\%x{=}600 \Leftrightarrow x{=}\frac{600}{0{,}06}{=}10000$.

Problème 31 – Réponse D

Information (1) : suffisante.

Si le rayon d'une canette est égal à 0,05 m, son diamètre est alors égal à $2 \times 0{,}05 = 0{,}1$ m. Aussi, le nombre de canette que je peux disposer sur la longueur de mon carton est : $\frac{0{,}5}{0{,}1} = 5$ canettes et sur la largeur : $\frac{0{,}3}{0{,}1} = 3$ canettes.

Conclusion : 5 canettes le long de la longueur du carton, 3 canettes le long de la largeur du carton. Le carton peut donc contenir $5 \times 3 = 15$ canettes. Je garde A et D.

N'oubliez pas que lorsque vous considérez à présent l'information (2), vous devez ignorer totalement l'énoncé de l'information (1).

Information (2) : suffisante.

Si on peut ranger exactement 3 canettes le long du plus petit côté (c'est-à-dire la largeur) cela implique que le diamètre d'une canette est égal à $\frac{0{,}3}{3} = 0{,}1$ mètre. J'en déduis alors le nombre de canettes que je peux ranger en longueur soit : $\frac{0{,}5}{0{,}1} = 5$ canettes. Au total, il y a donc $3 \times 5 = 15$ canettes. Réponse D

Problème 32 – Réponse B

Information (1) : insuffisante

On ne peut pas savoir avec l'information (1) à elle seule si $(a-1)(b-2)^2(c-3)^3(d-4)^6 > 0$. En effet, il est clair que : $(b-2)^2 > 0$ et $(d-4)^6 > 0$, mais l'on ne connaît pas le signe de $(a-1)$: celui-ci peut être positif ou négatif, ce qui change alors le signe du produit $(a-1)(b-2)^2(c-3)^3(d-4)^6$. Même remarque pour $(c-3)$. Je garde B, C et E.

Information (2) : suffisante.
En revanche, pour ce qui est de l'information (2), le fait que a > 1 et c > 3 nous assure définitivement que $(a-1)>0$ et $(c-3)>0$. Ensuite, quel que soit le signe de $(b-2)$ et de $(d-4)$ on a toujours : $(b-2)^2>0$ et $(d-4)^6>0$ (propriétés des puissances paires d'un nombre). Ainsi, le produit $(a-1)(b-2)^2(c-3)(d-4)^6>0$ est-il strictement positif.
Réponse B.

Problème 33 – Réponse D
Information (1) : suffisante.
Les six faces d'un cube ayant une surface identique, une face a pour surface : $\frac{54}{6}=9$ mètres carrés. On en déduit la longueur d'une arête qui est égale à : $\sqrt{9}=3$ mètres. Le volume du cube est alors égal à $3^3=27$ mètres cubes. Je garde A et D.

Information (2) : suffisante.
Le distance maximum entre deux points situés sur le cube est la distance représentée en pointillés sur le schéma suivant :

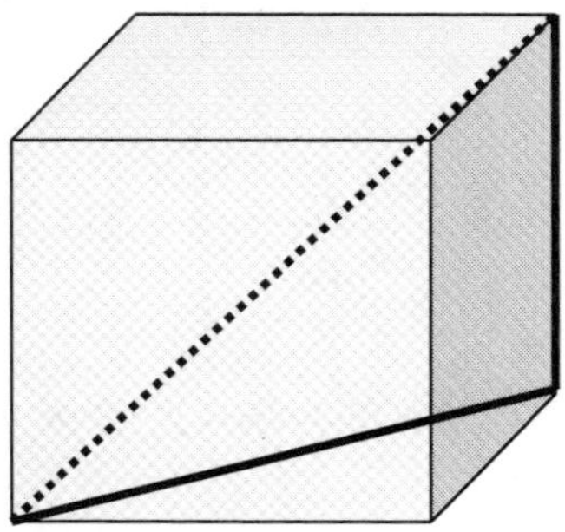

Soit a : la longueur d'une arête. Appliquons le théorème de Pythagore une première fois au triangle situé sur la base carrée du cube. Ce triangle est rectangle et est constitué de deux arêtes ainsi que de la diagonale (hypoténuse) de la base. Le théorème de Pythagore donne : $(\text{diagonale})^2=a^2+a^2=2a^2$. En appliquant ensuite le théorème de Pythagore au triangle rectangle constitué de la longueur maximale qu'il y a entre deux points d'un cube (hypoténuse), de la diagonale de la base du cube ainsi que d'une arête du cube on déduit la longueur a de l'arête :

$(\text{hypoténuse})^2=a^2+(\text{diagonale})^2$ soit :

$(3\sqrt{3})^2 = a^2 + 2a^2$ soit : $3a^2 = 27$, $a^2 = 9$ et $a = \sqrt{9} = 3$. Le volume du cube est alors égal à : $a^3 = 3^3 = 27$ mètres cubes. Réponse D.

Problème 34 – Réponse B

Information (1) : insuffisante.

Le fait qu'il y ait eu 48 enchères successives nous permet d'établir que le prix adjugé est égal à la mise à prix de l'ordinateur + $\$100 \times 48$ (\$4800).

Il nous manque une information sur le prix adjugé de l'ordinateur. Je garde A et D.

Information (2) : suffisante.

Si nous savons qu'à la trentième enchère, le prix était de \$45000, il suffit alors de « remonter » 30 enchères en arrière pour trouver la mise à prix de l'ordinateur. On établit alors la relation suivante : mise à prix = $\$45000 - 30 \times \$100 = \$42000$. L'information (2) permet bien à elle seule de répondre à la question. Réponse B

Problème 35 – Réponse B

Information (1) : insuffisante.

L'information (1) nous permet d'établir que : $ta = xi$. Nous ne disposons cependant d'aucune valeur pour nos variables t, a, x et i. Je garde B, C et E.

Information (2) : suffisante.

L'information (2) nous permet d'établir que : $ta = 1$ et $xi = 1$. On en déduit alors : $taxi = t \times a \times x \times i = ta \times xi = 1 \times 1 = 1$. Réponse B.

Problème 36 – Réponse C

Soit x : le nombre de livres de la 1ère pile.

Soit y : le nombre de livres de la 2nde pile.

Information (1) : insuffisante.

$x = y - 300$: une équation, deux inconnues… je ne peux trouver ni la valeur de x ni la valeur de y… je garde B, C et E

Information (2) : insuffisante. $y - 100 = 2x$: même conclusion que pour l'information (1). Je garde C et E.

Ensemble, les deux informations nous invitent à considérer le système de deux équations à deux inconnues suivant : $\begin{cases} x = y - 300 \\ y - 100 = 2x \end{cases}$. Je sais que je *peux* résoudre ce système et que je *peux* donc trouver les valeurs de x et de y. Je m'arrête dans mes calculs et je réponds C.

ⓘ Pour votre information, on pouvait résoudre le système en utilisant la méthode par comparaison :

$$\begin{cases} x=y-300 \\ y-100=2x \end{cases} \Leftrightarrow \begin{cases} y=x+300 \\ y=2x+100 \end{cases} \Leftrightarrow \begin{cases} y=x+300 \\ x+300=2x+100 \end{cases} \Leftrightarrow \begin{cases} y=x+300 \\ x=200 \end{cases}$$

$$\Leftrightarrow \begin{cases} x=200 \\ y=200+300=500 \end{cases}$$

Problème 36 – Réponse E

Soit A_1 : le prix de A en 2001 et A_2 : le prix de A en 2002

Soit M_1 : le prix de M en 2001 et M_2 : le prix de M en 2002

Information de l'énoncé : $A_2 = A_1 - 8\%A_1 = 0{,}92A_1$ et $M_2 = 0{,}92M_1$

Information (1) : insuffisante.
$A_1 + M_1 = 3600 \Leftrightarrow A_2 + M_2 = 0{,}92 \times 3600$. Nous avons deux équations simples avec à chaque fois deux inconnues… nous ne pouvons donc trouver ni A_1, ni A_2, ni M_1, ni M_2. Je garde B, C et E.

Information (2) : insuffisante.
$A_2 + M_2 = 3312 \Leftrightarrow A_1 + M_1 = \dfrac{3312}{0{,}92}$: il s'agit en fait purement et simplement de la même information que celle fournie par l'information (1). Conclusion identique : nous ne pouvons trouver ni A_1, ni A_2, ni M_1, ni M_2. Je garde C et E.

Si l'on considère à présent les deux informations ensemble, nous ne disposons toujours que d'une seul et unique information qui ne nous permet pas de répondre à la question. Réponse E.

Problème 37 – Réponse C

Soit x : la somme d'argent en euros que possède Armand.
Soit y : la somme d'argent en euros que possède Franck.
Nous cherchons la valeur de x + y.
Information (1) : insuffisante.
$x = 2y$: une équation… deux inconnues. Je garde B, C et E.

Information (2) : insuffisante.
$x = y + 200$: une équation… deux inconnues. Je garde C et E.

Ensemble, les deux informations nous invitent alors à considérer le système suivant de deux équations à deux inconnues : $\begin{cases} x = 2y \\ x = y + 200 \end{cases}$. Je *peux* résoudre ce système et trouver alors les valeurs de x et y. Réponse C.

ⓘ On pouvait résoudre le système en utilisant la méthode par comparaison :

$$\begin{cases} x=2y \\ x=y+200 \end{cases} \Leftrightarrow \begin{cases} x=2y \\ 2y=y+200 \end{cases} \Leftrightarrow \begin{cases} x=2y \\ y=200 \end{cases} \Leftrightarrow \begin{cases} x=400 \\ y=200 \end{cases}$$

Problème 38 – Réponse C

Information (1) : insuffisante.

Nous ne disposons d'aucune information sur le coût de Z.

Information (2) : insuffisante.

Nous ne disposons d'aucune information sur le coût de Y.

Ensemble, les deux informations nous permettent d'établir les relations suivantes : $\begin{cases} X = \frac{2}{3}Y \\ Z = \frac{5}{4}X \end{cases} \Leftrightarrow \begin{cases} X = \frac{2}{3}Y \\ X = \frac{4}{5}Z \end{cases}$. Ces relations signifient que X est moins cher que Y mais aussi que X est moins cher que Z. X est par conséquent le moins cher des trois livres X, Y et Z. Réponse C.

Problème 39 – Réponse C

Rappel :

1. Si x est un nombre positif *ou* négatif et si n est une puissance paire de x (n = 0, 2, 4, 6, 8, …) alors on aura toujours : $x^n \geq 0$
2. Si x est un nombre positif et si n est une puissance impaire de x (n = 1, 3, 5,…), alors on aura toujours : $x^n \geq 0$
3. Mais si x est un nombre *négatif* et si n, une puissance impaire de x alors on aura toujours : $x^n \leq 0$

Information (1) : insuffisante.

L'information (1) n'est pas suffisante pour établir le signe de xy, mais elle établit cependant que x est positif.

En effet, du fait de la positivité certaine de y^2, le signe de xy^2 dépend du signe de x. Or étant donné que $xy^2 > 0$, cela implique forcément que x est positif.

Information (2) : insuffisante.

L'information (2) n'est pas suffisante pour établir le signe de xy, mais elle établit cependant que y est négatif.

En effet, du fait de la positivité certaine de x^2, le signe de x^2y^3 dépend du signe de y^3. Or étant donné que $x^2y^3 < 0$, cela implique forcément que y^3 et par conséquent y est négatif.

Les deux informations considérées ensemble nous permettent d'établir d'une part que x est positif et que d'autre part y est négatif. Le produit xy est donc négatif ($xy < 0$). Je peux par conséquent répondre à la question qui m'est posée : « non, le produit xy n'est pas positif mais négatif »).

Problème 40 – Réponse D

Soit x : le prix de l'ensemble de CD de trance.

Information (1) : suffisante.

$15\%x = 60 \Leftrightarrow 0{,}15x = 45 \Leftrightarrow x = \dfrac{60}{0{,}15}$. Je peux donc trouver le prix x de l'ensemble de CD. Je garde A et D

Information (2) : suffisante.

$x - 15\%x = 340 \Leftrightarrow 0{,}85x = 340 \Leftrightarrow x = \dfrac{340}{0{,}85}$. Je peux là encore trouver le prix x de l'ensemble de CD. Réponse D.

Problème 41 – Réponse A

Information (1) : suffisante. Tenant compte du fait que $x + y \neq 0$, une simplification de $\dfrac{x^2 - y^2}{x + y}$ donne : $\dfrac{x^2 - y^2}{x + y} = \dfrac{(x - y)(x + y)}{(x + y)} = x - y = 2$. Je garde A et D.

Information (2) : insuffisante.

Le fait que $x + y = 2$ ne nous permet d'établir aucune conclusion quant à la valeur de $\dfrac{x^2 - y^2}{x + y}$. Réponse A.

Problème 42 – Réponse C

Information (1) : insuffisante.

Le fait que B est divisible par 5 *et* par 2 ne nous assure pas la divisibilité de B par 70. Cela nous assure en revanche que B est divisible par 10 (5×2). Ainsi B = 100 est divisible par 5 *et* par 2 mais n'est pas divisible par 70.

Information (2) : insuffisante.

Le fait que B est divisible par 2 *et* 7 ne nous assure pas la divisibilité de B par 70. Cela nous assure en revanche que B est divisible par 14 (2×7). Ainsi B = 28 est divisible par 2 *et* 7 mais pas par 70.

Considérées ensemble, les deux informations nous permettent de répondre à la question. En effet, si B est à la fois divisible par 2, 5 *et* 7, alors B est nécessairement divisible par 70 ($2 \times 5 \times 7$).

Problème 43 – Réponse C

Information (1) : insuffisante.

La seule relation que l'on peut établir est : somme des âges $= 3 \times 25 = 75$..

Information (2) : insuffisante.

La seule relation que l'on peut établir est : somme des âges $= 2 \times 15 = 30$.

Ensemble, les deux informations permettent de répondre à la question. En effet moyenne des âges $= \frac{\text{somme de tous les âges}}{5} = \frac{75+30}{5} = 21$ ans. Réponse C.

Problème 44 – Réponse E

Information (1) : insuffisante. On ne nous dit rien sur Yoan

Information (2) : insuffisante. On ne nous dit rien sur Nathalie

Ensemble, tout ce que les deux informations nous permettent d'établir est que Yoan et Nathalie ont moins de CD que Sabrina. Mais l'on ne sait rien des quantités respectives de CD de Yoan et de Nathalie. L'on ne peut donc savoir si Yoan a plus de CD que Nathalie. Réponse E.

Problème 45 – Réponse B

Information (1) : insuffisante.

Si x et y sont positifs, alors la relation $3x = 4y$ nous permet d'affirmer que x est plus grand que y ($3x = 4y \Leftrightarrow x = \frac{4}{3}y$). Cependant, si x et y sont négatifs alors y est plus grand que x. Prendre, par exemple, dans le premier cas où x et y sont positifs, les valeurs x = 4 et y = 3 et dans le cas où x et y sont négatifs les valeurs x = – 4 et y = – 3.

Information (2) : suffisante.

$x = \frac{k}{3} \Leftrightarrow k = 3x$, $y = \frac{k}{4} \Leftrightarrow k = 4y$. On a alors par comparaison : $3x = 4y$. Etant donné que k est strictement positif alors il en de même pour x et y ; et dans ce cas x est plus grand que y. Réponse B.

Problème 46 – Réponse D

Soit x : la partie de l'argent investie dans la SICAV W

Soit y : la partie de l'argent investie dans la SICAV Z

Nous savons d'après l'énoncé que $x + y = 10000$. Nous cherchons x.

Information (1) : suffisante.

Cette information nous permet d'établir la relation suivante : $0{,}06x + 0{,}08y = 640$. En couplant cette information avec celle fournie par l'énoncé, nous obtenons le système suivant de deux équations à deux inconnues : $\begin{cases} x + y = 10000 \\ 0{,}06x + 0{,}08y = 640 \end{cases}$. On peut résoudre ce système, trouver x et trouver y. Je garde A et D.

ⓘ Pour votre information, la résolution du système avec la méthode par substitution donne :

$$\begin{cases} x+y=10000 \\ 0{,}06x+0{,}08y=640 \end{cases} \Leftrightarrow \begin{cases} y=10000-x \\ 0{,}06x+0{,}08(10000-x)=-0{,}02x+800=640 \end{cases}$$

$$\Leftrightarrow \begin{cases} y=10000-x \\ x=\frac{160}{0{,}02}=8000 \end{cases}$$

Information (2) : suffisante.

L'information (2) nous donne $x = 4y$. Couplée avec l'information fournie par l'énoncé, nous obtenons le système suivant de deux équations à deux inconnues : $\begin{cases} x + y = 10000 \\ x = 4y \end{cases}$.

On peut résoudre ce système, trouver x et trouver y. Réponse D.

ⓘ Pour votre information, la résolution du système avec la méthode par substitution donne :

$$\begin{cases} x+y=10000 \\ x=4y \end{cases} \Leftrightarrow \begin{cases} 4y+y=5y=10000 \\ x=4y \end{cases} \Leftrightarrow \begin{cases} y=\frac{10000}{5}=2000 \\ x=4\times2000=8000 \end{cases}$$

Problème 47 – Réponse D

Soit i : l'âge d'Isaac

Soit a : l'âge d'Allégria

D'après l'énoncé de la question : $i = a + 5$

Information (1) : suffisante.

Cette information nous permet d'établir la relation suivante : $i-15=2(a-15)$. En couplant cette relation avec celle fournie par l'énoncé, nous obtenons le système suivant de deux équations à deux inconnues : $\begin{cases} i=a+5 \\ i=2a-15 \end{cases}$. On peut résoudre ce système, trouver a et trouver i.

ⓘ Pour votre information, la résolution du système avec la méthode par comparaison donne :

$$\begin{cases} i=a+5 \\ i=2a-15 \end{cases} \Leftrightarrow \begin{cases} i=a+5 \\ 2a-15=a+5 \end{cases} \Leftrightarrow \begin{cases} i=20+5=25 \\ a=20 \end{cases}$$

Information (2) : suffisante.

Cette information nous permet d'établir la relation suivante : $i-5+a-5=35$. En couplant cette relation avec celle fournie par l'énoncé, nous obtenons le système suivant de deux équations à deux inconnues : $\begin{cases} i=a+5 \\ i=45-a \end{cases}$. On peut résoudre ce système, trouver a et trouver i. Réponse D.

ⓘ Pour votre information, la résolution du système avec la méthode par comparaison donne :

$$\begin{cases} i=a+5 \\ i=45-a \end{cases} \Leftrightarrow \begin{cases} i=a+5 \\ 45-a=a+5 \end{cases} \Leftrightarrow \begin{cases} i=a+5 \\ 2a=40 \end{cases} \Leftrightarrow \begin{cases} i=20+5=25 \\ a=20 \end{cases}$$

Problème 48 – Réponse A

Information (1) : suffisante.

L'énoncé de l'information (1) nous dit que le plus grand des lots contient exactement la moitié du contenu du colis, c'est-à-dire $\frac{70}{2}=35$ pièces. Ce lot est en effet égal à la somme des deux autres lots : il ne peut donc être égal qu'à la moitié du contenu du colis. Aussi, si vous notez z : la taille du plus grand des lots puis x et y les tailles des deux autres lots, vous pouvez établir le système suivant de deux équations et trois inconnues : $\begin{cases} z+x+y=70 \\ z=x+y \end{cases} \Leftrightarrow \begin{cases} 2z=70 \\ z=x+y \end{cases} \Leftrightarrow \begin{cases} z=\frac{70}{2}=35 \\ x+y=35 \end{cases}$

Bien sûr, l'information (1) ne nous dit rien sur les tailles respectives des deux autres lots mais cela n'a aucune importance ; nous cherchons la taille du plus grand des trois lots et nous l'avons. Je garde A et D.

Information (2) : insuffisante.

Connaître la taille du plus petit des lots ne nous permet pas de connaître la taille du plus grand des lots.

Problème 49 – Réponse A

Soit z : la taille du plus grand des trois enfants.

Soit x et y les tailles des deux autres enfants.

On veut savoir si le plus petit des enfants mesure plus de 120 cm

L'énoncé du problème nous permet, en vertu de la formule de la moyenne, d'établir la relation suivante: somme des tailles des 3 enfants $= x + y + z = 136 \times 3 = 408$

Information (1) : suffisante.

$z = 144$. Ceci implique que $x + y + 144 = 408 \Leftrightarrow x + y = 264$. Or l'on sait que si de facto, le plus grand mesure 144 cm, c'est que ni x, ni y ne peut dépasser cette taille, autrement dit le plus grand des deux autres enfants mesure au plus 143 cm, ce qui implique que le plus petit des deux autres enfants (le plus petit des trois par conséquent) mesure au minimum $264 - 143 = 121$ cm. Ainsi, le plus petit d'entre eux dépasse bien les 120 cm. Je garde A et D.

Information (1) : insuffisante.

Le fait qu'un des enfants mesure 140 cm ne nous permet pas de savoir si le plus petit des trois enfants mesure plus de 120 cm. En effet si un des enfants mesure 140 cm, cela implique que les deux autres enfants se partagent : $408 - 140 = 268$ cm. Parmi les deux enfants qui se partagent alors 268 cm, il se peut que l'un mesure 180 cm et l'autre $268 - 180 = 88$ cm tout comme il se peut que l'un mesure 133 cm et l'autre $268 - 133 = 135$ cm… on ne peut jamais déterminer de façon catégorique si le plus petit des trois enfants dépasse les 120 cm.

Problème 50

Soit x : la longueur du plus grand morceau.

Soit y : la longueur du morceau intermédiaire.

Soit z : la longueur du plus petit morceau.

D'après l'énoncé de la question : $x + y + z = 8$

Information (1) : suffisante.

Si le plus grand des trois morceaux est égal à la somme des longueurs des deux autres morceaux alors celui ne peut être égal qu'à la moitié de la longueur du bâton soit : z = 4. Aussi, vous pouvez vérifier ceci en résolvant le système suivant de deux équations à trois inconnues : $\begin{cases} x + y + z = 8 \\ z = x + y \end{cases} \Leftrightarrow \begin{cases} 2z = 8 \\ z = x + y \end{cases} \Leftrightarrow \begin{cases} z = 4 \\ x + y = 4 \end{cases}$. La longueur du plus grand des trois morceaux est donc 4 cm. Je garde A et D.

Information (2) : insuffisante.

Le fait de connaître la longueur du plus petit des trois morceaux ne nous dit rien sur la longueur des 2 autres morceaux. L'information (2) implique que les deux autres morceaux se partagent $8-1{,}2=6{,}8$ cm. Il se peut alors très bien que la longueur du plus grand morceau soit 6,7999 et celle du plus petit 0,0001 cm tout comme il se peut que la longueur du plus grand morceau soit égale à 5 cm et celle du plut petit 1,8 cm. L'information (2) se révèle donc être insuffisante pour répondre à la question posée par le problème. Réponse A.

Problème 51 – Réponse D

Soit x : la distance qui sépare A de C.

Soit y : la distance qui sépare C de B.

Nous cherchons précisément x.

D'après l'énoncé de la question : $x+y=100$

Information (1) : suffisante.

L'information (1) nous permet d'établir la relation suivante : $100=y+25\%y=1{,}25y \Leftrightarrow y=\frac{100}{1{,}25}=80$.

La relation fournie par l'énoncé de la question nous permet alors de déduire la valeur de x à savoir $x=100-y=100-80=20$. Je garde A et D.

Information (2) : suffisante.

L'information (2) nous permet d'établir la relation suivante : $x=\frac{1}{4}y$.

En couplant cette relation avec celle fournie par l'énoncé de la question, on obtient le système suivant de deux équations à deux inconnues :

$$\begin{cases} x+y=100 \\ x=\frac{1}{4}y \end{cases} \Leftrightarrow \begin{cases} x+y=100 \\ y=4x \end{cases} \Leftrightarrow \begin{cases} x+y=100 \\ 5x=100 \end{cases} \Leftrightarrow \begin{cases} y=80 \\ x=20 \end{cases}.$$

L'information (2) permet aussi de répondre à elle seule à la question : réponse D.

Problème 52 – Réponse A

Le nombre de deux chiffres en question s'écrit : kb. On sait que ce nombre est plus grand que 9 ce qui implique que celui-ci est au moins égal à 10, ce qui implique alors que *k est différent de 0*, mieux, $k \geq 1$.

En outre, kb étant un nombre de deux chiffres, celui-ci ne pourra naturellement pas excéder 99.

Information (1) : suffisante.

$2k+3b=11k+2b \Leftrightarrow b=9k \Rightarrow (k=1 \text{ et } b=9)$.

Le fait que $b=9k$ implique forcément $k=1$ et $b=9$. En effet b représente *un* chiffre étant compris entre 0 et 9. Pour que cette condition soit remplie, il faut que k soit nécessairement égal à 1 ou à 0 (si k vaut 2 par exemple alors $b=9\times 2=18$, ce qui est absurde puisqu'on nous dit que b est un chiffre (un nombre de *un* chiffre). Or k ne pouvant être égal à 0 ($kb \geq 10$); k vaut donc 1 et b vaut alors 9. Le nombre kb est donc 19. Je garde A et D.

Information (2) : insuffisante.

kb est un multiple de 19. Celui-ci peut ainsi être indifféremment égal à 19, 38, 57, 76 ou 85. On ne peut donc pas savoir ce que vaut kb.

A l'instar de cet exercice, essayez donc toujours de tirer un maximum d'informations à partir de l'énoncé avant même de commencer la résolution de tout problème.

Problème 53 – Réponse A

Soit x : le prix d'origine de la voiture.

Information (1) : suffisante.

$x-10\%x=23000 \Leftrightarrow 0{,}9x=23000 \Leftrightarrow x=\dfrac{23000}{0{,}9}$. Je peux donc trouver la valeur de x, prix d'origine de la voiture. Je garde A et D.

Information (2) : insuffisante.

Nous n'avons aucune information sur le pourcentage de la commission que reçoit le vendeur sur la vente de la voiture.

Problème 54 – Réponse B

Rappel : $\text{pourcentage}=\dfrac{\text{part}}{\text{total}}$

Ici : *part* = nombre de pièces défectueuses, que l'on appellera x et *total* = nombre de pièces produites = (nombres de pièces non défectueuses + nombre de pièces défectueuses). On en déduit alors : (nombre de pièces non défectueuses) = total – x.

Information (1) : insuffisante

Cette information nous fournit le nombre de pièces produites (le *total*), mais nous n'avons aucune information sur le nombre de pièces défectueuses. Je garde B, C et E.

Information (1) : suffisante

« Le ratio pièces défectueuses / pièces non défectueuses est de 32 sur 5678 » se traduit par la relation suivante :

$$\frac{x}{\text{total}-x}=\frac{32}{5678} \Leftrightarrow \text{total}-x=\frac{5678x}{32} \Leftrightarrow \text{total}=\frac{5678x}{32}+x \Leftrightarrow \text{total}=\frac{5710x}{32}$$

Nous pouvons donc à présent calculer le pourcentage de pièces défectueuses :

$\text{pourcentage}=\frac{\text{part}}{\text{total}}=\frac{x}{\frac{5710x}{32}}=\frac{32}{5710}$. Encore une fois on ne vous demande pas de calculer précisément ce pourcentage. On vous demande simplement de dire *s'il est possible* de trouver la valeur de ce pourcentage, ce qui est le cas ici.

Problème 55 – Réponse C

Information (1) : insuffisante. Je garde B, C et E.

Information (2) : insuffisante. Je garde C et E.

Ensemble, les informations (1) et (2) permettent en revanche de trouver la valeur d'un tableau de Sara Courcy en 1971. Le raisonnement est simple : si vous connaissez la valeur du tableau en janvier 1977 (2 000 000 € d'après l'information (1)), vous pouvez « remonter » année par année et calculer alors la valeur du tableau en janvier 1976, puis en janvier 1975, 1974, … jusque janvier 1971, en tenant bien entendu compte du fait que chaque année, entre 1971 et 1977, la valeur du tableau a augmenté de 10%.

En conclusion, les deux informations, ensemble permettent de répondre à la question et aucune séparément ne le peut. Réponse C.

① **Calcul direct de la valeur exacte du prix du tableau en janvier 1971**

Si vous appelez x : la valeur du tableau en janvier 1971, le calcul exact de x est donné par la formule suivante : $x=\frac{2000000}{(1+10\%)^6}=\frac{2000000}{1,1^6}$. Il y a eu en effet entre janvier 1971 et janvier 1977 *six* années consécutives d'augmentation *cumulée* du prix du tableau de *10%* (la première augmentation a eu lieu en janvier 72, la seconde en janvier 73, …, la dernière en janvier 77).

LOGIQUE

GRAND QCM DE SYNTHESE

100 QUESTIONS CLES POUR VOUS EVALUER

Vous disposez d'un temps indicatif de **60 minutes pour répondre aux 100 questions** de ce GRAND QCM DE SYNTHESE.

L'épreuve qui suit vous met face à tous les grands thèmes que vous devez maîtriser pour espérer obtenir les meilleurs scores aux concours que vous allez présenter. Il s'agit d'une sélection de questions fondamentales auxquelles vous ne pourrez échapper le jour J.

Un score minimal de 70 réponses justes sur 100 validera une bonne compréhension et pratique des notions précédemment exposées dans cet ouvrage. En dessous de 70 réponses justes, vous devrez reprendre une à une les questions sur lesquelles sur vous avez trébuchées et revoir en profondeur le cours correspondant.

Rappel : vous n'avez jamais le droit à la calculatrice.

---

[1] CHAT (4) RADIO (5) TARDIF (6) RESISTANCE (?)

[2] 6 9 16 19 26 ? 36 39

[3] EUROS / SŒUR SANGLOTS / GLASNOST MONDIALE / ?

[4] ARDOISE (3) CHAMP (4) PLASTIQUE (5) ESPERANCE (?)

[5] LATITUDE (2) RESTITUTION (3) GAGE (2) SUISSE (?)

[6] B : 4 E : 25 A : 1 J : 100 T : 400 G : ?

[7] Trouvez une anagramme de l'expression suivante : POEME DE METRO

[8] Proportionnellement (LN) Raccommodage (MC) Terrasser (?)

[9] Chien Canin Chat Félin Rat ?

[10] Soulignez l'intrus :
aimable gentil doux agréable pathétique sympathique amical

[11] Soulignez l'intrus :
pauvre fauché pouilleux émérite paria ruiné

[12] La pomme est au verger ce que la tomate est au ?

[13] STEPHANIE (519) ESTHER (185) AVIV (?)

[14] 5 8 13 16 21 24 29 32 ? ?

[15] 172 (S) 284 (H) 527 (D) 102 (?)

[16] Soulignez l'intrus :
compliqué obscur complet complexe confus embrouillé emberlificoté

[17] Soulignez l'intrus :
discussion discours entretien incursion débat colloque dialogue

[18] En vous inspirant de la première phrase, complétez les 4 phrases suivantes (un tiret = une lettre)

Esope reste ici et se repose
Zeus a été à ----
Karine alla en ----
Engage le jeu que je le -----
Elu par cette -------

[19] Mètre Centimètre Décimètre 1 0,01 ?

[20] TRIANGLE 27 - HEXAGONE 216 - CARRE 64 - PENTAGONE ?

[21] Huit (D) Un (B) Sept (D) Six (?)

[22] Le lionceau est à la lionne ce que le goret est à la ...

[23] Heure Minute Seconde 1 60 ?

[24] BT CS DR EQ FP ?

[25] 10 7 9 6 8 ? 7 4 ?

[26] TRACE ECART MAMI IMAM MARIE ?

[27] XXV (6) IV (C) XV (D) XXXXV (10) XXVIII (?)

[28] Un (2) Six (3) Huit (4) Douze (5) Quatre (?)

[29] T2 F3 W4 Y3 Z3 V2 E4 M?

[30] 5T4 7N2 1A1 8(?)3

[31] Tonne Kilo Milligramme 1 0,001 ?

[32] TERIF MANOR NICHE FRITE ROMAN ?

[33] ACHETERA est à 42681834 ce que 411426834 est à ?

[34] Sociétés (8) Vanité (6) Aube (4) Création (?)

[35] Chien Marche Hirondelle Vole Truite ?

[36] Ennui 5 Jean 10 Cru 3 Il ?

[37] 7 » 4 6 » 3 3 » 4 10 » 3 1 » ?

[38] XVI (S) XX (V) XII (D) XIII (?)

[39] MOTO (2) CAMION (8) VOITURE (4) VELO (?)

[40] 454 253 192 628 Q D C ?

[41] 111CO 1111MO 112CD 120 ?

[42] 1320 660 220 55 ?

[43] 14 41 56 65 78 87 91 ?

[44] 625 125 25 5 ? 0,2 ?

[45] 3124 6427 9273 4369 535?

[46]

		324		
		196		
493	817	?	808	546
		100		
		225		

A. 169 B. 289 C. 361 D. 213 E. 664

[47]

		BQZ		
		YIC		
XKB	CNV	?	EJE	KOF
		TGE		
		FAU		

A. LRD B. DHD C. TJZ D. DKE E. PIC

[48]

		596		
		275		
		953		
		630		
169	91	?	104	130

A. 747 B. 219 C. 143 D. 384 E. 117

[49]

MZV

FHD ? RLI WNT EPB

KWT

SBJ

IOR

A. UDL B. PKK C. UJL D. PKL E. UJV

[50]

792 572 187 231 ?

754

349

367

592

A. 484 B. 196 C. 735 D. 432 E. 264

[51]

GIK

PRT

OTY FRN ? VND HLU

OQS

TVX

A. EGI B. KRB C. CDK D. NPR E. MPS

[52]

? 2543 9155 6235 3012

4205

8162

6549

7284

A. 2651 B. 6244 C. 6395 D. 5357 E. 3241

[53]

BYK

CRI

FGI PQS ? UVX MNO

EWE

FHC

A. DEF B. PIG C. DTG D. DEG E. ATF

[54]

715 542 ? 584 655

573

391

823

360

A. 335 B. 227 C. 353 D. 645 E. 533

[55]

	ORN			
SJD	?	TLI	WMT	ZNB
	UZT			
	KCJ			
	SAR			

A. MDL B. PUO C. UKL D. QKP E. UDV

[56]

230	942	?	967	170
		574		
		591		
		826		
		760		

A. 535 B. 257 C. 353 D. 345 E. 555

[57] Robert et Bernard sont deux frères. Ils mentent souvent à leurs parents mais pas tous les jours de la semaine. Ainsi, Robert ment le lundi, le mardi et le mercredi mais il dit la vérité les autres jours de la semaine. Pour sa part, Bernard, ment le jeudi, le vendredi et le samedi, mais il dit la vérité les autres jours de la semaine. Un jour, leur mère les interroge. Robert dit « Hier, j'ai menti ». Bernard répond aussi « Hier j'ai menti ». Quel jour sommes-nous ?

A. Lundi
B. Mardi
C. Mercredi
D. Jeudi
E. Vendredi

[58] Une classe de grande section de maternelle comporte 27 élèves. Au moins un des élèves est un garçon. La maîtresse constitue des groupes de 3 élèves. Combien y a-t-il de garçons dans cette classe sachant que dans chaque groupe de 3 élèves, il y a au moins 2 filles ?

A. 1
B. 5
C. 9
D. 26
E. On ne peut pas savoir

[59] Dans un mois de trente et un jours, on compte trois lundis dont les dates sont des nombres impairs. Quel(s) jour(s) tombe(nt) le 18 de ce mois ?

A. Lundi.
B. Mardi.
C. Samedi ou dimanche.
D. Mardi ou jeudi.
E. Mercredi ou dimanche.

[60] Selon une enquête du Bureau International du Travail, plus de 70% des Français déclarent être stressés par le travail. De plus, la moitié des salariés français entre 50 et 55 ans souhaiteraient être à la retraite.
Quelle phrase peut conclure idéalement ce propos ?

A. La valeur du travail se dévalorise à travers le monde.
B. La France devient une société de loisir.
C. Les contraintes du travail sont jugées inconciliables avec les désirs d'épanouissement personnel.
D. Il faut que la loi n'oblige les gens à travailler, qu'entre 25 et 50 ans.
E. L'image du travail est très négative en France alors qu'elle est positive dans le reste de l'Europe.

[61] Parmi ces cinq figures de style, quelle est l'intruse ?

A. Il y avait cent voiles dans le port.
B. Plus de milles âmes vivent dans cette bourgade.
C. On était à la saison des roses.
D. Votre intelligence n'a d'égal que votre beauté.
E. Une multitude de têtes de bétails descendait des alpages.

[62] U S P L G ?

[63] 313 238 329 22?

[64] U9 P49 T4 N25 R?

[65] 7815 8412 5813 9211 591?

[66] PROPHETE (368) – BOUTEILLE (23569) – PRESSION (?)

[67] 4I6E2R3O5T1D (DROITE) – 1G5H4C6E3U2A (?)

[68] VENTILATEUR (E) – REFRIGERATEUR (6) – AFFABULATEUR (?)

[69] PRECHER (12457) – SENAT (135) – OFFRIR (?)

[70] IMPRESSION (4312966495) – PERMISSION (?)

[71] OCTOBRE (2) – FORME (1) – OPPROBRE (2) – TORERO (?)

[72] FAIT (1) – APHRODISIAQUE (5) – LAMPE (2) – ENTRECOTE (?)

[73] COUSIN (3) – TIROIR (20) – VETERAN (22) – ESCALIER (?)

[74] ETAT (22) – NATIONALITE (56) – MOUSTIQUE (45) – FEUTRE (?)

[75] LAMPE (5/12) TOUCHER (18/20) ENCYCLOPEDIE (5/5) CEINTURON (?/ ?)

[76]

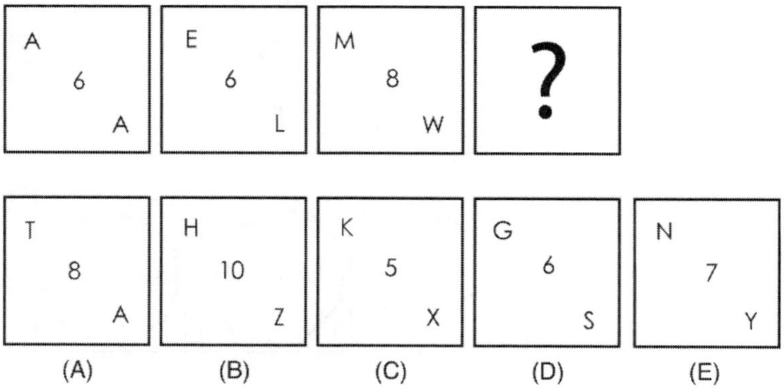

[77]

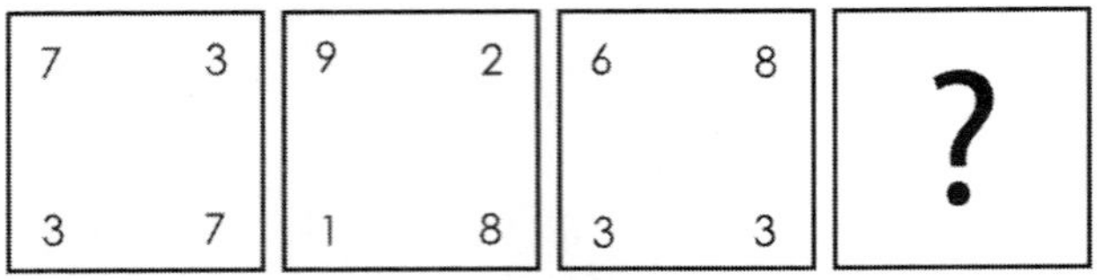

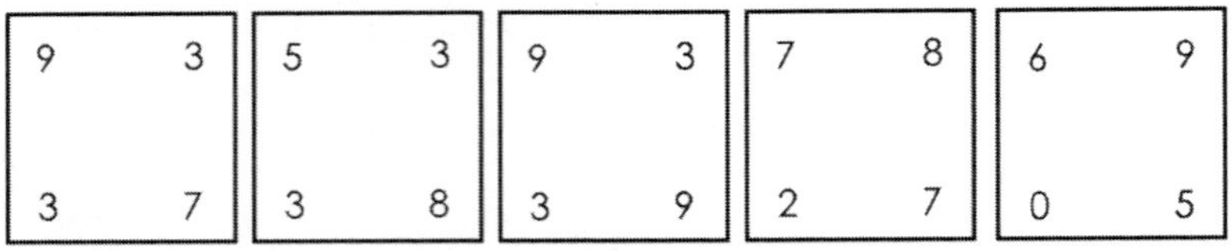

(A) (B) (C) (D) (E)

[78]

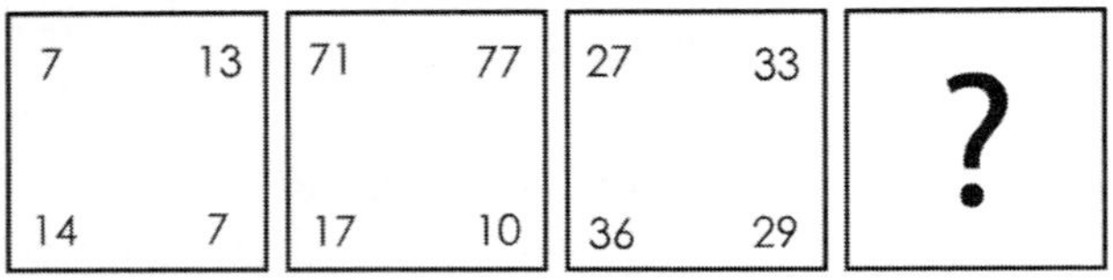

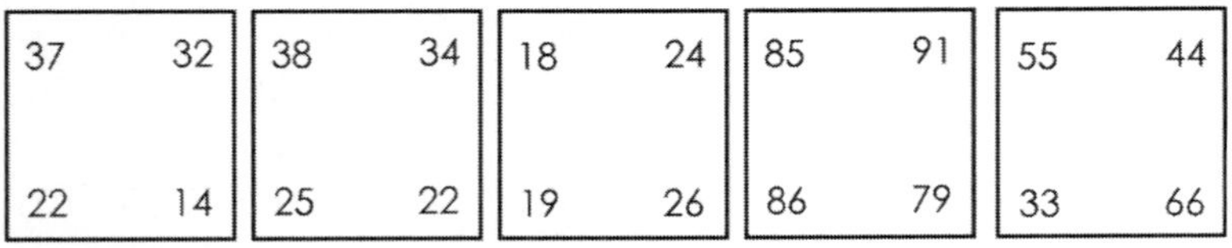

(A) (B) (C) (D) (E)

[79]

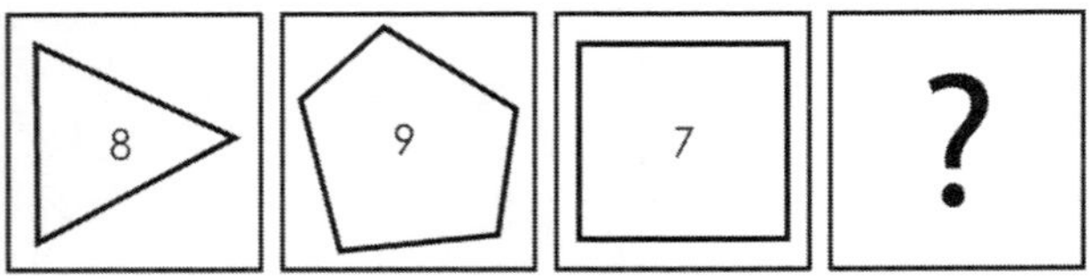

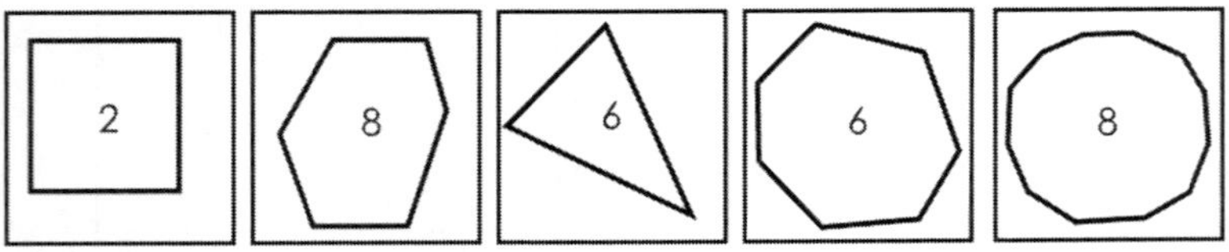

(A) (B) (C) (D) (E)

[80]

8	Z	X	9	2	Q	?	
F	4	3	C	S	18		

(A)		(B)		(C)		(D)		(E)	
9	R	Z	26	P	10	S	6	K	3
Y	33	7	S	20	N	7	W	7	L

[81]

			N	F		?	
	A						

(A)		(B)		(C)		(D)		(E)	
	L	Z			X	S		T	

[82]

43	41	18	11	10	23	?	
31	13	70	11	24	54		

(A)		(B)		(C)		(D)		(E)	
80	30	21	44	19	90	71	12	52	74
15	27	32	22	30	11	24	42	13	10

[83]

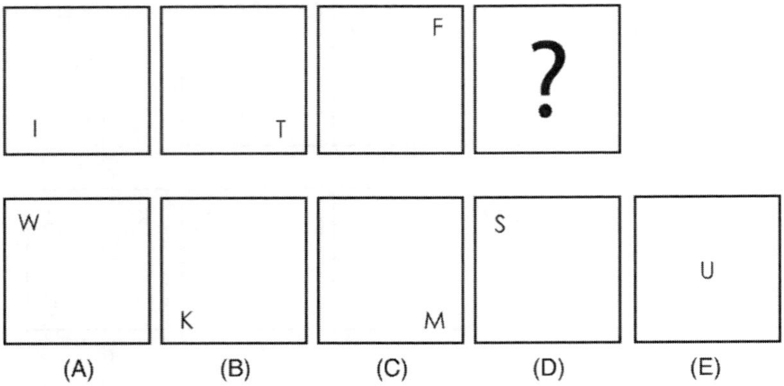
I
T
F
?
W
K
M
S
U
(A)
(B)
(C)
(D)
(E)

[84]

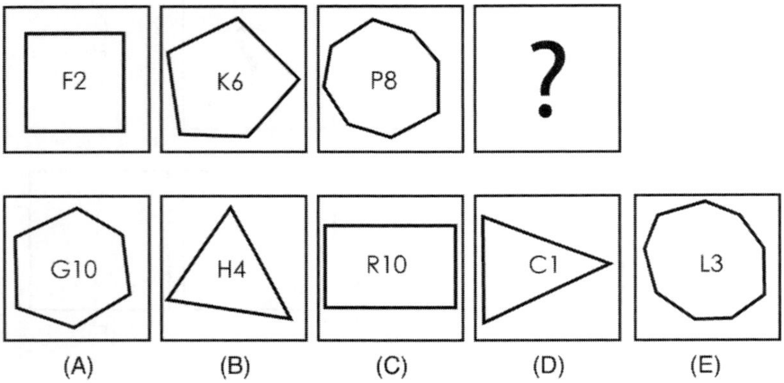
F2
K6
P8
?
G10
H4
R10
C1
L3
(A)
(B)
(C)
(D)
(E)

[85]

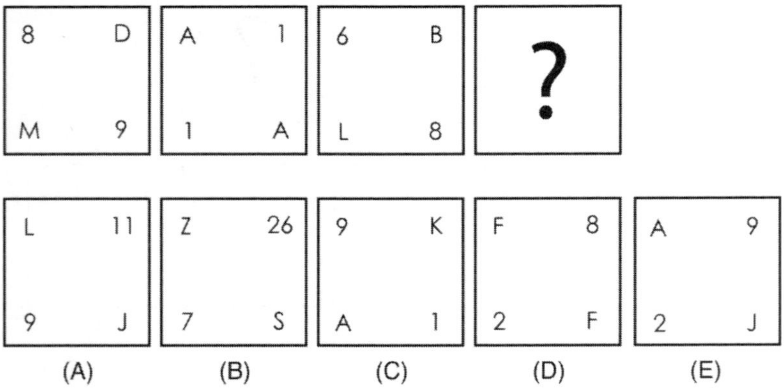
8 D M 9
A 1 1 A
6 B L 8
?
L 11 9 J
Z 26 7 S
9 K A 1
F 8 2 F
A 9 2 J
(A)
(B)
(C)
(D)
(E)

[86]

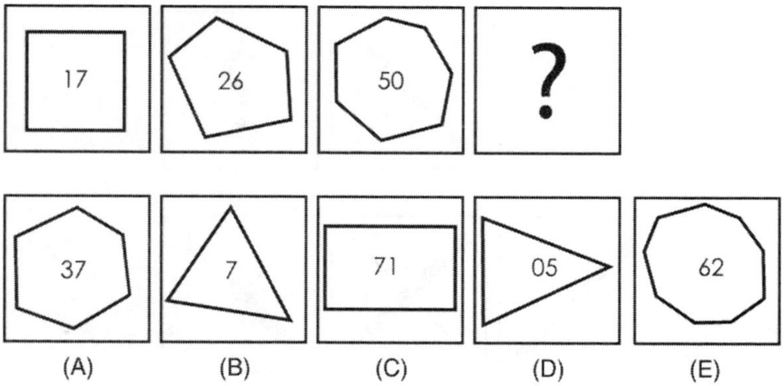
17
26
50
?
37
7
71
05
62
(A) (B) (C) (D) (E)

[87]

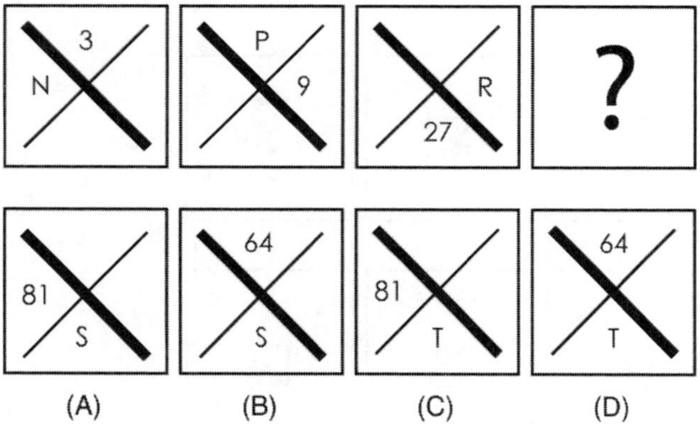
3 N
P 9
R 27
?
81 S
64 S
81 T
64 T
(A) (B) (C) (D)

[88]

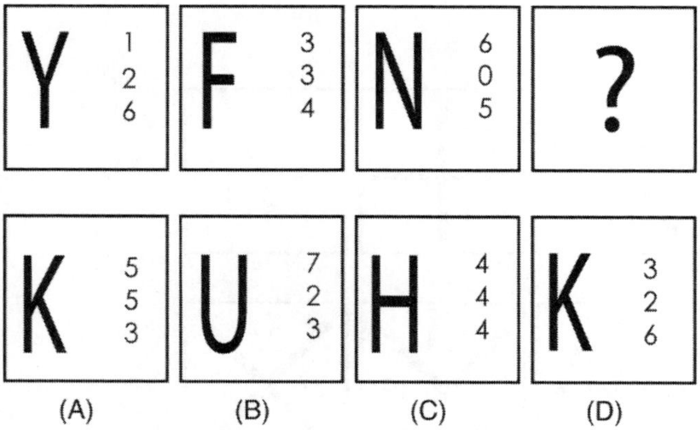
Y 1 2 6
F 3 3 4
N 6 0 5
?
K 5 5 3
U 7 2 3
H 4 4 4
K 3 2 6
(A) (B) (C) (D)

[89]

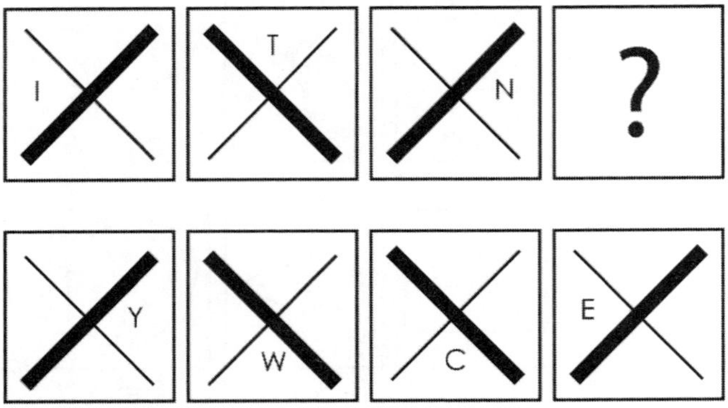

(A) (B) (C) (D)

[90]

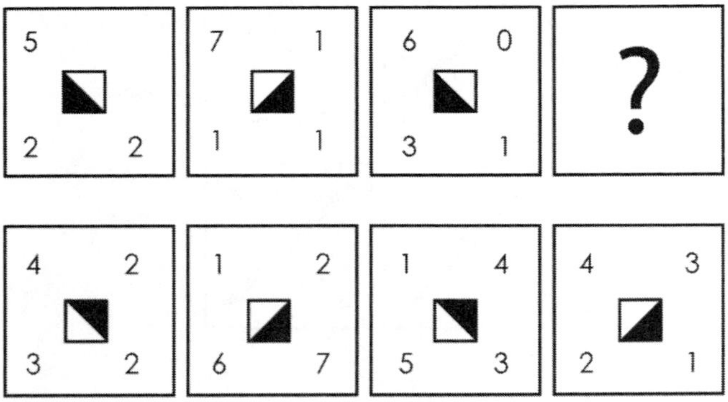

(A) (B) (C) (D)

[91]

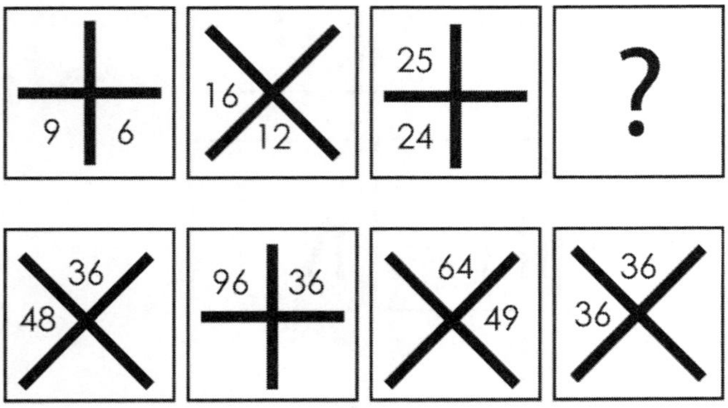

(A) (B) (C) (D)

[92]

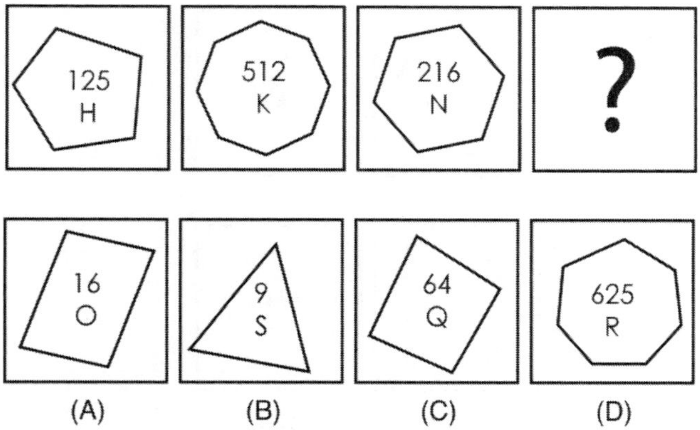
125
H
512
K
216
N
?
16
O
9
S
64
Q
625
R
(A)
(B)
(C)
(D)

[93]

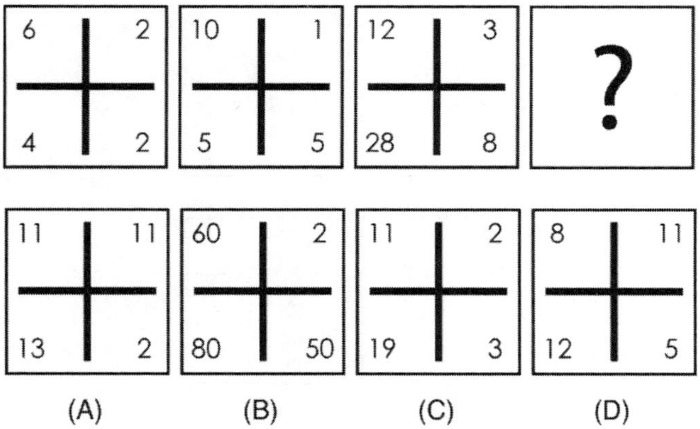
6 2 4 2
10 1 5 5
12 3 28 8
?
11 11 13 2
60 2 80 50
11 2 19 3
8 11 12 5
(A)
(B)
(C)
(D)

[94]

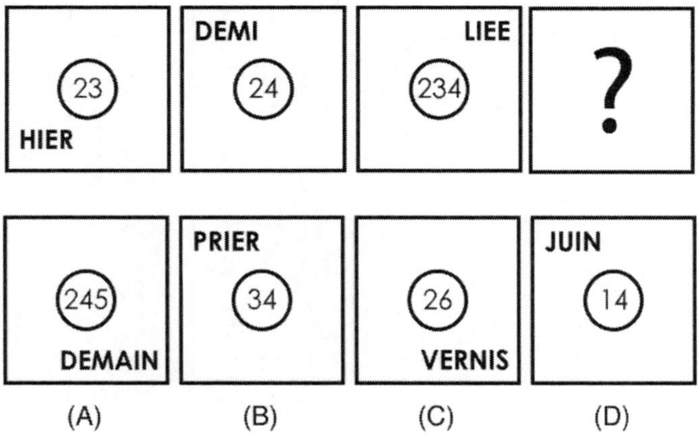
23
HIER
DEMI
24
LIEE
234
?
245
DEMAIN
PRIER
34
26
VERNIS
JUIN
14
(A)
(B)
(C)
(D)

[95]

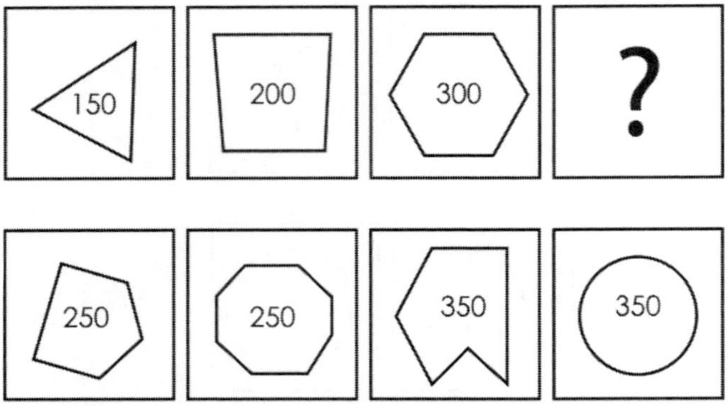

(A) (B) (C) (D)

[96]

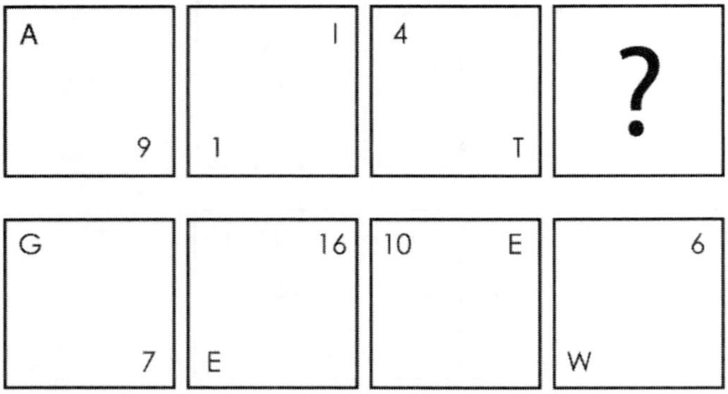

(A) (B) (C) (D)

[97]

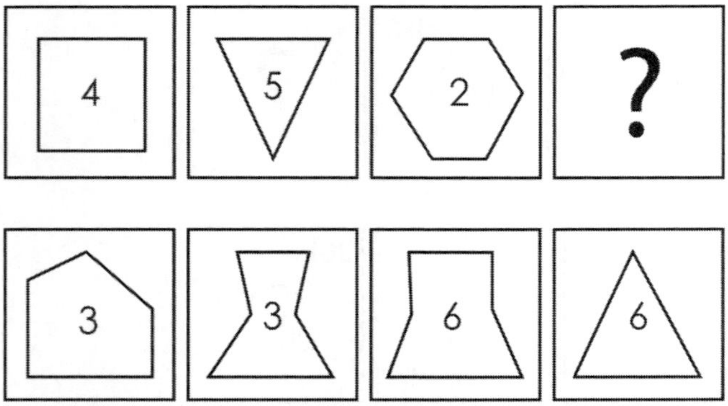

(A) (B) (C) (D)

[98]

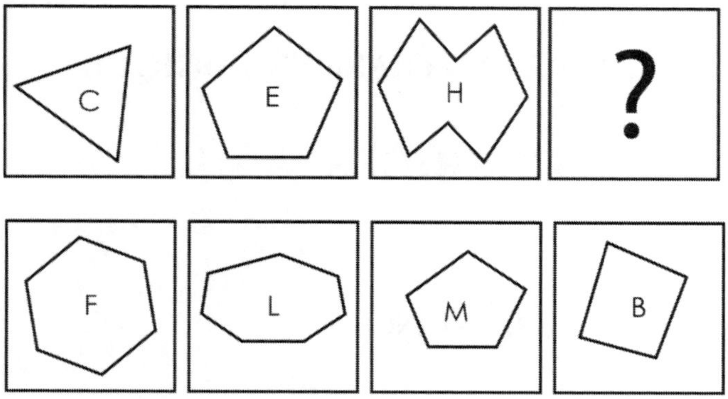

(A) (B) (C) (D)

[99]

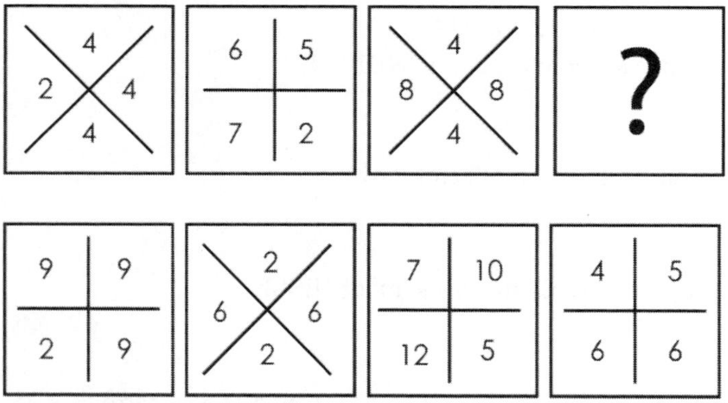

(A) (B) (C) (D)

[100]

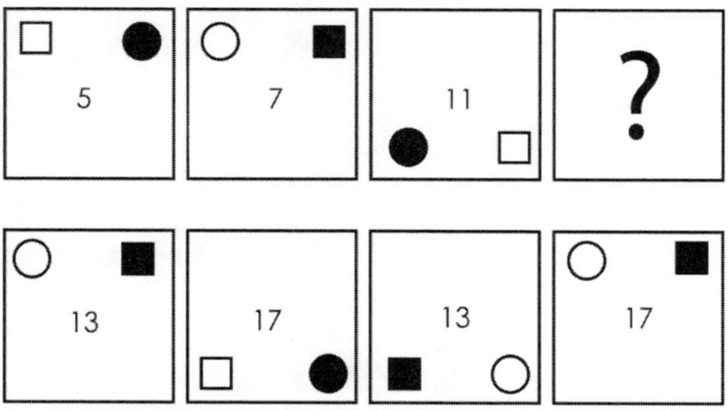

(A) (B) (C) (D)

GRAND QCM DE SYNTHESE EN LOGIQUE

CORRIGES

[1] 10
Nombre de lettres dans le mot RESISTANCE.

[2] 29
Suite alternée +3/+7/+3/+7 etc.

[3] LIMONADE
EUROS est une anagramme de SŒUR.
LIMONADE est une anagramme de MONDIALE.

[4] 5
Nombre de consonnes dans le mot ESPERANCE.

[5] 3
Nombre de lettres qui se répètent dans le mot SUISSE.

[6] 49
Le rang de G = 7 et $7^2 = 49$. Ainsi : le rang de E vaut 5 et 5 au carré vaut 25.

[7] Plusieurs réponses possibles :
empoté modéré ; môme déportée ; mode emportée...

[8] Te**rr**a**ss**er (SR)
Proportio**nn**e**ll**ement (LN)

[9] Rongeur

[10] Pathétique

[11] Emérite

[12] Potager

[13] *A*VI**V** (**22***1*) : **22** est le rang de V et *1* le rang de A

[14] 37 et 40 : +3/+5/+3/+5 etc.

[15] Z

La lettre est l'initiale du chiffre au centre du nombre. Ainsi, dans 102, Z est l'initiale du chiffre qui se trouve au centre : 0 (**Z**ERO).

[16] Complet

[17] Incursion

[18] Il s'agit de palindromes :

Zeus a été à Suez. Karine alla en Irak. Engage le jeu que je le gagne. Elu par cette crapule.

[19] 0,1.

Un décimètre représente 0,1 mètre.

[20] 125

Le nombre associé à la figure représente le nombre de côtés au cube. Ainsi, le PENTAGONE a 5 côtés et 5 au cube est égal à 125.

[21] C

C'est le rang du nombre de lettres dans le mot. Six contient 3 lettres et le 3 est le rang de C.

[22] Truie

[23] 3600 secondes dans 1 heure

[24] GO

[25] 5 et 6 : -3/+2/-3/+2/-3/+2 etc.

[26] AIMER : anagramme de MARIE

[27] 9 : nombre de « barres »

[28] 6 : nombre de lettres dans le mot

[29] 4 : c'est le nombre de « barres » de la lettre

[30] X : le rang de X est égal à 24, autrement dit, le produit de 8 par 3

[31] 0,000000001

[32] CHIEN ou CHINE : anagramme de NICHE

[33] ATTACHERA

[34] 8 : nombre de lettres

[35] Nage

[36] 9 : rang de la première lettre du mot

[37] 1 » 2. Le nombre de lettres dans SEPT est 4, d'où 7 » 4. Aussi, le nombre de lettres dans UN est 2 d'où : 1 » 2.

[38] T : initiale de TREIZE (XIII)

[39] 2 : nombre de roues

[40] S pour la première lettre de SIX CENT VINGT HUIT (628)

[41] 120CV : CENT VINGT

[42] 11 : divisions successives par 2, par 3, par 4 puis par 5

[43] 19 : nombres miroirs

[44] 1 et 0,04. Suite géométrique de raison 1/5.

[45] 5357
Dans **5***35***7**, on a : **5** x **7** = *35*

[46] A : 169
Verticale : carrés
Horizontale : la somme des chiffres est égale à 16

[47] B : DHD
Verticale : Inter gauche / droite => **B**QZ, YI**C**, **D**HD, TG**E**, **F**AU
Horizontale : Inter droite / gauche => XK**B**, **C**NV, DH**D**, **E**JE, KO**F**

[48] E : 117
Horizontale : multiples de 13
Verticale : les chiffres du centre se suivent => 9, 7, 5, 3, **1**

[49] C : UJL
Horizontale : les lettres du milieu se suivent avec saut d'une lettre =>
F**H**D, U**J**L, R**L**I, W**N**T, E**P**B
Verticale : les lettres se suivent en mode gauche / droite et droite / gauche.
MZ***V***, ***U***JL, KW***T***, ***S***BJ, IO***R***

[50] A : 484
Verticale : la somme des chiffres des nombres est toujours égale à 16
Horizontale : le chiffre du centre est égal à la somme des chiffres extérieurs

[51] D : NPR
Verticale : saut d'une lettre entre les deux premières lettres ET saut d'une lettre aussi entre les deux dernières lettres
Horizontale : les lettres du centre se suivent avec saut d'une lettre

[52] B : 6244
Verticale : le produit des chiffres extérieurs est égal au nombre du centre. Ainsi, dans 4**20**5, 4 x 5 = **20**.
Horizontale : la somme des deux premiers chiffres est égale à la somme des deux derniers.

[53] D : DEG
Verticale : les premières lettres se suivent => **B**YK, **C**RI, **D**EG, **E**WE, **F**HC
Horizontale : les deux premières lettres se suivent et les deux dernières se suivent aussi mais avec un saut d'une lettre

[54] A : 335
Verticale : le chiffre 3 est tantôt à gauche puis à droite
Horizontale : le chiffre 5 est tantôt à droite puis à gauche

[55] D : QKP
Verticale : les troisièmes et premières lettres se suivent. **O**R**N**
Horizontale : les lettres du milieu se suivent => S**J**D, Q**K**P, T**L**I…

[56] C : 353
Verticale : succession droite / gauche. **3**53, 57**4**, **5**91, 82**6**, **7**60
Horizontale : les chiffres du milieu se suivent => 2**3**0, 9**4**2, 3**5**3, 9**6**7, 1**7**0

[57] D : Jeudi : c'est le seul jour où les deux conditions fonctionnent

[58] E : on ne peut pas savoir.

[59] D : Mardi ou jeudi
Deux scénarios possibles :
Lundi 1, Lundi 15, Lundi 29 **OU** Lundi 3, Lundi 17, Lundi 31
Le 18 du mois tombe donc un mardi ou un jeudi.

[60] C

[61] D
Toutes les propositions sont des synecdoques sauf la D.

[62] A
On remonte l'alphabet en sautant 1, 2, 3, 4, puis 5 lettres

[63] 224
313 => 3 puissance 1 vaut 3
238 => 2 puissance 3 vaut 8
224 => 2 puissance 2 vaut 4

[64] R81
Le chiffre associé à la lettre est égal au carré de la somme des chiffres du rang. Ainsi, le rang de R est 18. 1 + 8 = 9 et 9 au carré vaut 81.

[65] 5914
La somme des deux premiers chiffres est égale au nombre qui suit.
Ainsi, dans 7815, on voit bien que 7 + 8 = 15

[66] 367
Les chiffres entre parenthèses indiquent la position des voyelles dans le mot qui précède la parenthèse : dans le mot PROPHETE, les voyelles se situent en positions 3, 6 et 8. Dans le mot PRESSION, les voyelles se trouvent en positions 3, 6 et 7.

[67] GAUCHE

Il s'agit ici d'un codage : les chiffres indiquent la position finale des lettres qui suivent immédiatement. En conséquent, le G doit être en position 1, le A doit être en position 2, le U doit être en position 3, etc.

[68] 6

Le chiffre entre parenthèses correspond au nombre de voyelles présentes dans chaque mot précédant les parenthèses : 5 pour VENTILATEUR, 6 pour REFRIGERATEUR, 5 pour ENTREPRENEUR et 6 pour AFFABULATEUR.

[69] 2346

Les chiffres entre parenthèses indiquent les positions des consonnes dans le mot. Pour PRECHER, les consonnes se situent en positions 1, 2, 4, 5 et 7. Pour ARMOIRE, les consonnes se situent en positions 2, 3, 4 et 6.

[70] 1923466495

Il s'agit ici d'un codage qui associe à chaque lettre du mot IMPRESSION un chiffre : I = 4, M = 3, P = 1, R = 2, etc.

[71] 2

Le chiffre correspond au nombre de O dans chaque mot : 2 dans OCTOBRE, 1 dans FORME, 2 pour OPPROBRE et 2 pour TORERO.

[72] 3

Le chiffre entre parenthèses correspond au nombre de syllabes des mots. FAIT possède 1 syllabe, APHRODISIAQUE possède 5 syllabes, LAMPE possède 2 syllabes et ENTRECOTE possède 3 syllabes.

[73] 5

Le premier chiffre entre parenthèses correspond au rang de la première lettre de chaque mot. C = 3, T = 20, V = 22 et E = 5.

[74] 33

Le premier chiffre dans la parenthèse correspond au nombre de consonnes et le second chiffre dans la parenthèse correspond au nombre de voyelles. Le mot FEUTRE est composé de 3 consonnes et de 3 voyelles.

[75] 14/3

Le premier chiffre correspond au rang de la dernière lettre du mot. Le second chiffre correspond au rang de la première lettre du mot. Le rang de C est égal à 3 et le rang de N est égal à 14.

[76]

Réponse C

Il est souvent question de **« lettres »** et de **« barres »** (on dit aussi « allumettes ») dans les séries graphiques. Ainsi, la lettre **A** comporte 3 barres, la lettre **N** en comporte 3 également, tandis que les lettres **I**, **L** ou encore **W** comportent respectivement 1, 2 et 4 barres.

Attention, les lettres **P** ou **D** par exemple, bien qu'étant chacune composées d'une barre verticale ne sont pas considérées comme des « lettres à barres ». En gros, quand on est une lettre en séries graphiques, on est ou « tout barre » ou alors on n'est pas barre du tout.

Vous comprendrez à présent que dans cette série, il était question d'**additionner** les barres des lettres d'un cadre pour trouver le chiffre positionné au centre du cadre.

Ainsi, dans le premier cadre : A + A = 3 (barres) + 3 (barres) = 6 (barres) Dans le second cadre : E + L = 4 (barres) + 2 (barres) = 6 (barres)

Dans le troisième cadre : M + W = 4 (barres) + 4 (barres) = 8 (barres). On conservait par conséquent la réponse C puisque K + X = 3 (barres) + 2 (barres) = 5 (barres).

[77]

Réponse E

Un QCM assez simple.

Il ne faut pas (toujours) faire que des calculs savants et compliqués. En fait, il suffit juste de **calculer la somme de tous les chiffres d'un même cadre** et de remarquer que cette somme est toujours égale à **20** et ce, quel que soit le cadre.

On gardait alors naturellement la réponse E dont la somme des chiffres (6+9+5+0) était égale à 20.

[78]

Réponse D

Les nombres qui se trouvent sur la ligne horizontale supérieure sont liés de telle sorte que le nombre de gauche + 6 = le nombre de droite.

Ainsi, 7 + 6 = 13 (1er cadre), 71 + 6 = 77 (2nd cadre) etc. Ensuite, les nombres qui se trouvent sur la ligne horizontale inférieure sont liés de telle manière que le nombre de gauche – 7 = le nombre de droite. On conserve alors bien sûr la réponse D qui respecte les contraintes des lignes horizontales inférieure et supérieure.

[79]
Réponse B

Cadre 1 : écart entre le chiffre et le nombre de côtés de la figure = 8 – 3 = **5** Cadre 2 : écart entre le chiffre et le nombre de côtés de la figure = 9 – 5 = **4** Cadre 3 : écart entre le chiffre et le nombre de côtés de la figure = 7 – 4 = **3** Cadre solution : écart entre le chiffre et le nombre de côtés de la figure = **2 !** Il s'agit donc du cadre B pour lequel nous avons : écart entre le chiffre et le nombre de côtés de la figure = 8 – 6 = **2**

[80]
Réponse D

Cadre 1 : rang de **Z** + rang de **F** = 26 + 6 = **32** or 32 c'est aussi le produit des chiffres du cadre (**8** × **4**)

Cadre 2 : rang de **X** + rang de **C** = 24 + 3 = **27** or 27 c'est aussi le produit des chiffres du cadre (**9** × **3**) etc.

On garde bien sûr la réponse D pour lequel : rang de **S** + rang de **W** = 19 + 23 = **42** et 42 est bien le produit des chiffres du cadre (**6** × **7**).

[81]
Réponse B

Les lettres en présence ici sont **toutes** composées de 3 barres et d'un cadre à l'autre, la lettre progresse **dans le sens inverse des aiguilles d'une montre**.

On garde alors naturellement la réponse B avec un Z (3 barres) qui est à sa place !

[82]
Réponse B

Il ne fallait pas lire des nombres ici mais uniquement des chiffres. Ainsi, si l'on fait la somme de tous les chiffres qui se trouvent dans le premier cadre, alors on a : 4 + 3 + 4 + 1 + 3 + 1 + 1 + 3 = 20. De même pour le second cadre : 1 + 8 + 1 + 1 + 7 + 0 + 1 + 1 = 20 etc. On garde la réponse B.

[83]
Réponse A

1 barre pour le I, 2 barres pour le T, 3 barres pour le F et... 4 barres pour le W !!
Cette lettre se trouve en outre parfaitement à sa place puisque les lettres se déplacent progressivement dans le sens des aiguilles d'une montre.

[84]

Réponse E

Rang de la lettre *moins* le chiffre associé = nombre de côtés de la figure.

Cadre 1 : rang de F (6) – 2 = 4 (nombre de côtés du carré). Cadre 2 : rang de K (11) – 6 = 5 (nombre de côtés du pentagone) etc.

[85]

Réponse E

La somme des chiffres d'un cadre est toujours égale à la somme des rangs des lettres du même cadre.

Cadre 1 : (8 + 9) = rangs (M + D) = (13 + 4)
Cadre 2 : (1 + 1) = rangs (A + A) = (1 + 1)
Cadre 3 : (6 + 8) = rangs (L + B) = (12 + 2)

[86]

Réponse A

Nombre de côtés au carré *plus* 1.

[87]

Réponse C

Les lettres se suivent avec un saut d'une lettre : N o P q R s T et progressent dans le sens des aiguilles d'une montre. Les nombres valent 3 (3 puissance 1), 9 (3 puissance 2), 27 (3 puissance 3), puis 81 (3 puissance 4).

[88]

Réponse C

Il n'y a que des lettres à 3 barres et la somme des chiffres vaut successivement 9, 10, 11 puis 12.

[89]

Réponse B

Le premier cadre contient une lettre à 1 barre. Le second contient une lettre à 2 barres. Le troisième contient une lettre à 3 barres. Il faut donc maintenant une lettre à 4 barres.

[90]
Réponse D
La somme des chiffres est toujours égale à 10.

[91]
Réponse A

On a d'abord 9, puis 16, puis 25… Il nous faut donc 36. Ensuite, on a 6, 12, 24… Et il nous faut donc 48.

[92]
Réponse C

Le nombre dans la figure est égal au cube du nombre de côtés. Les lettres se suivent quant à elles avec un saut de deux lettres : H ij K lm N op Q.

[93]
Réponse C

Dans le premier cadre, le produit des chiffres horizontaux du bas est égal à la somme des chiffres horizontaux du haut (4 x 2 = 6 + 2). Dans le second cadre, le produit des nombres horizontaux du haut est aussi égal à la somme des nombres horizontaux du bas (10 x 1 = 5 + 5).

[94]
Réponse A

Les chiffres à l'intérieur du cercle décrivent la position des VOYELLES dans le mot. Ainsi dans HIER, les voyelles sont en position 2 et 3, d'où 23. Le mot quant à lui, se déplace, cadre après cadre dans le sens des aiguilles d'une montre.

[95]
Réponse A

Le nombre de côtés de la figure multiplié par 50 donne le nombre qui se trouve à l'intérieur de la figure.

[96]
Réponse B

On a A et 9, car le carré du nombre de barres de A (3 au carré) est bien égal à 9.

[97]
Réponse A

La somme du nombre de côtés et du nombre à l'intérieur de la figure donne successivement 8, 8 et 8 !

[98]
Réponse A

Le rang de la lettre dans la figure est égal au nombre de côtés de la figure.

[99]
Réponse A

Dans la première figure, le produit des chiffres horizontaux est égal à la somme des chiffres verticaux : 2 x 4 = 4 + 4. Aussi, dans la seconde figure, 6 x 2 = 7 + 5 (les chiffres ont subi une rotation mais la règle est la même).
C'est donc la réponse A puisque 9 x 2 = 9 + 9.

[100]
Réponse C

Successions de nombres premiers et mouvements classiques pour les figures avec changement de couleur (blanc / noir).

CALCUL ET MATHEMATIQUES

GRAND QCM DE SYNTHESE

50 QUESTIONS CLES POUR VOUS EVALUER

Vous disposez d'un temps indicatif de **80 minutes pour répondre aux 50 questions** de ce GRAND QCM DE SYNTHESE.

L'épreuve qui suit vous met face à tous les grands thèmes que vous devez maîtriser pour espérer obtenir les meilleurs scores aux concours que vous allez présenter. Il s'agit d'une sélection de questions fondamentales auxquelles vous ne pourrez échapper le jour J.

Un score minimal de 35 réponses justes sur 50 validera une bonne compréhension et pratique des notions précédemment exposées dans cet ouvrage.

Rappel : vous n'avez jamais le droit à la calculatrice.

---

[1] Une sphère et un cylindre ont tous deux un rayon de 6 cm. Quelle doit être la hauteur du cylindre pour qu'ils aient le même volume ?

(A) 2 cm
(B) 4 cm
(C) 6 cm
(D) 8 cm
(E) 10 cm

[2] On constate dans un camping que sur le nombre de campeurs présents, 50 ont plus de 45 ans ; un quart a moins de 20 ans et un tiers entre 20 et 45 ans. Quel est le nombre de campeurs présents ?

(A) 150
(B) 90
(C) 100
(D) 120
(E) 140

[3] Au cours des 5 dernières années, l'inflation a été de 3% par an en Malaisie. Quelle a été, au dixième supérieur, l'augmentation des prix en trois ans ?

(A) 10,3%
(B) 9,3%
(C) 9%
(D) 33%
(E) 27%

[4] On augmente de 30% la longueur des côtés d'un cube. De quel pourcentage augmente son aire ?

(A) 30%
(B) 58%
(C) 60%
(D) 66%
(E) 69%

[5] Les céréales Z coûtent 1/3 du prix des céréales F. Les céréales F coûtent 5/4 du prix des céréales X. Les céréales X coûtent quelle fraction des céréales Z ?

(A) 5/12
(B) 4/5
(C) 5/4
(D) 5/3
(E) 12/5

[6] Que vaut le cube du carré de la moitié du quart de 16 ?

(A) 81
(B) 216
(C) 100
(D) 64
(E) 1000

[7] Dans une classe de Terminale, 20% des élèves ont obtenu 16/20 à un test ; 50% des élèves ont obtenu 12/20 et le reste a obtenu 8/20. Quelle est sur 100, la note moyenne obtenue par la classe à ce test ?

(A) 72
(B) 58
(C) 56
(D) 49
(E) 79

[8] Ben consacre tous les mois 32% de son salaire pour son loyer, 11% de son salaire pour l'entretien de sa voiture et 17% de son salaire pour ses sorties. Aussi, il épargne tous les mois 1200 euros, ce qui représente 12,5% de son salaire. Il donne enfin le reste de son salaire à une œuvre de charité. Quel est le montant de la somme que Ben donne tous les mois à l'œuvre de charité ?

(A) 670 euros
(B) 1210 euros
(C) 2580 euros
(D) 2640 euros
(E) 3240 euros

[9] Le coût d'entretien d'une machine est de m euros par jour et le coût de production d'une unité est de n centimes. Si la machine fonctionne 7 jours sur 7 et produit r unités par semaine, parmi les expressions suivantes laquelle donne le coût total, en euros, d'une machine sur une semaine d'utilisation ?

(A) 7m +100nr
(B) (700m +nr)/100
(C) m + nr
(D) (7nm + nr)/100r
(E) 700mnr

[10] Invités à un mariage, k personnes décident d'offrir un cadeau commun d'une valeur de p euros. Quelques jours avant le mariage, m invités font savoir qu'ils ne pourront pas participer à la soirée et qu'ils ne participeront pas au cadeau. Quelle somme supplémentaire, en centimes d'euros, chacun des autres devra-t-il payer (on suppose bien entendu que $m < k$) ?

(A) p/100k
(B) 100p/(k – m)
(C) pm/[k(k – m)]
(D) 100pm/[k(k – m)]
(E) 100pk/[m(k – m)]

[11] La moyenne de 9 nombres est 11 est la moyenne de 11 autres nombres est 9. Quelle est la moyenne des 20 nombres ?

(A) 9,7
(B) 9,8
(C) 9,9
(D) 9,99
(E) 10,9

[12] L'horloge de mon arrière-grand-père indique trois heures et quart. Quel est, en degrés, l'écart d'angle entre l'aiguille des minutes et l'aiguille des heures ?

(A) 0
(B) 7.5
(C) 8,5
(D) 10,75
(E) 90

[13] Yaëlle a aujourd'hui 10 ans de moins que Valérie. Si dans 5 ans, Valérie aura deux fois l'âge de Yaëlle, quel âge aura Valérie dans 2 ans ?

(A) 5
(B) 7
(C) 10
(D) 13
(E) 17

[14] $200589^2 - 1256^2 = \ldots$

(A) 40234369385
(B) 48596941214
(C) 12563625142
(D) 17485885200
(E) 12521000000

[15] Dans une école, 20% des enfants fait du judo, 30% des enfants fait du karaté et 10% des enfants font les deux. Quel pourcentage d'enfants ne fait ni du judo ni du karaté ?

(A) 30%
(B) 40%
(C) 50%
(D) 60%
(E) 70%

[16] Un day trader (une personne qui achète puis vend une même action dans la même journée) achète l'action X au prix de 600 euros puis la revend 630 euros. Quelle plus-value nette réalise-t-il, en pourcentage, sachant qu'il doit reverser 35% de ses plus-values au gouvernement ?

(A) 3,25%
(B) 3,75%
(C) 4,75%
(D) 5,35%
(E) 8,15%

[17] Dora met une heure et demie pour préparer le repas ; Sara, elle, met trois heures pour préparer le même repas. Combien de temps Dora et Sara mettront-elles pour préparer ensemble le repas, chacune travaillant à son rythme ?

(A) 30 minutes
(B) 1 heure
(C) 1h 30
(D) 1h 45
(E) 2 heures

[18] Joan peut lire 8 pages de l'Encyclopédie Universalis en une heure et demie. Elle décide de lire l'encyclopédie pendant 28 jours (on suppose qu'elle lit à vitesse constante et qu'elle ne fait que lire (elle ne dort pas, elle ne fait aucune pose...)). Sachant que l'encyclopédie comporte un total de 3600 pages, quelle fraction de l'encyclopédie lui restera-t-il à lire au terme des 28 jours ?

(A) 1/22
(B) 2/3
(C) 252/552
(D) 1/225
(E) 1/123

[19] Si j'ai triplé le montant de mes économies, cela veut dire que le montant de mes économies a augmenté de :

(A) 3
(B) 30%
(C) 200%
(D) 300%
(E) 400%

[20] Diviser par deux, c'est faire...

(A) x 100%
(B) –150 %
(C) – 55 %
(D) x 1,5
(E) x 0,5

[21] Soit un triangle ABC rectangle en A. On a : AB = 12 ; AC = 5.
Que vaut BC x AC ?

(A) 65
(B) 66
(C) 67
(D) 68
(E) 70

[22] Un magasin solde tout à – 30%. J'ai payé une veste 280 euros. Quel était le prix de la veste avant les soldes ?

(A) 125 euros
(B) 350 euros
(C) 400 euros
(D) 500 euros
(E) 1250 euros

[23] Que vaut 30% de 50% de 120% ?

(A) 200%
(B) 12%
(C) 18%
(D) 25%
(E) 36%

[24] Une boutique de chaussures vend une paire à 130 €. Après réduction, la paire est finalement vendue à 104 €. Quel est le pourcentage de réduction accordée ?

(A) 17 %
(B) 18 %
(C) 19 %
(D) 20 %
(E) 23 %

[25] Combien de nombres à trois chiffres distincts, inférieurs à 500, peut-on former à l'aide des chiffres 2, 3, 5, 7 et 8 ?

(A) 6
(B) 12
(C) 18
(D) 20
(E) 24

[26] Quelle est la valeur de X, sachant que les trois nombres 25, X et 16 sont trois termes consécutifs d'une suite géométrique ?

(A) 0,6
(B) 0,7
(C) 0,8
(D) 0,9
(E) 1,25

[27] On considère une table formée d'une partie rectangulaire de 2 m de long et de deux demi-cercles situés aux extrémités de la table, de 50 cm de rayon. Quelle doit être la surface approchée d'une nappe, si l'on souhaite faire dépasser les bords de 20 cm de chaque côté ?

(A) $2{,}4 + \pi$
(B) $6 + 2\pi$
(C) $4 + \pi^2$
(D) $12 - \pi$
(E) $24 - \pi$

[28] Un alpiniste souhaite atteindre le sommet d'une montagne pour en redescendre en parapente. La descente en parapente est immédiate. Pour arriver au sommet, il doit passer par trois refuges et le temps d'escalade entre deux points est d'une journée. En plus de son parapente duquel il ne se sépare jamais, il peut emporter seulement deux jours de nourriture. Combien de jours faudra-t-il à cet alpiniste pour arriver au sommet ?

(A) 3
(B) 4
(C) 5
(D) 6
(E) 7

[29] Le Fleuve jaune, a un débit de 30 000 m^3/s. Le barrage des Trois-Gorges situé sur ce fleuve a un réservoir de 1,62 km^3. En combien de minutes le réservoir du barrage des Trois-Gorges a été rempli par le Fleuve jaune ?

(A) 420 minutes
(B) 640 minutes
(C) 900 minutes
(D) 960 minutes
(E) 1080 minutes

[30] Que vaut 20% du cube du cinquième de 25 ?

(A) 25
(B) 5
(C) 125
(D) 50
(E) 500

[31] Que vaut $2^8/6^4$?

(A) 8/27
(B) 16/27
(C) 8/81
(D) 1/12
(E) 16/81

[32] Si l'on augmente le côté d'un cube de 20 %, quel sera le pourcentage d'augmentation du volume de ce cube ?

(A) 60 %
(B) 64,6 %
(C) 68,4 %
(D) 72,8 %
(E) 75 %

[33] Que vaut le quart de 50% ?

(A) 1/8
(B) 1/2
(C) 2/3
(D) 3/4
(E) 1/10

[34] Dans une section de terminale littéraire, 64 % des élèves parlent espagnol et 35 % parlent allemand. Sachant que 18 % des élèves parlent les deux langues, quel est le pourcentage des élèves qui parlent au moins une des deux langues ?

(A) 65 %
(B) 72 %
(C) 81 %
(D) 82 %
(E) 99 %

[35] Franck met 1 h 42 par jour pour aller au travail et en revenir. Sachant qu'il travaille 5 jours par semaine, combien de temps Franck passe-t-il dans les transports chaque semaine pour aller et revenir du travail ?

(A) 7 h 50
(B) 8 h 15
(C) 8 h 30
(D) 8 h 45
(E) 9 h 00

[36] La première année de fonctionnement d'une entreprise, la production a été de 5 000 unités. Sachant que la production augmente de 500 unités par an, quel pourcentage la 9ème année de production représente-t-elle sur l'ensemble de la production des neuf années ?

(A) 12,8 %
(B) 14,3 %
(C) 14,9 %
(D) 15,7 %
(E) 16,1 %

[37] En France, le chômage a augmenté de 8 % en janvier 2009, puis a baissé de 2 % en février 2009, et a finalement augmenté de 10 % en mars 2009. Quelle est l'évolution, en pourcentage, du chômage au cours du 1er trimestre 2009 ?

(A) 12,5 %
(B) 13,5 %
(C) 14,8 %
(D) 15,5 %
(E) 16,1 %

[38] Georges vient d'acheter une piscine qui fait 19 m de circonférence. Il se demande quel est son diamètre. La réponse approchée est :

(A) 4
(B) 5
(C) 6
(D) 7
(E) 8

[39] Que vaut X sachant que $X^3 - X^2 - 4 = 0$?

(A) 2
(B) 3
(C) 4
(D) 5
(E) 6

[40] Que font 1/3 + 1/9 + 1/27 ?

(A) 7/27
(B) 11/27
(C) 13/27
(D) 2/3
(E) 7/9

Pour les questions 41 à 50, vous répondrez :

(A) Si l'information (1) permet à elle seule de répondre à la question, et l'information (2) à elle seule ne permet pas de répondre à la question.
(B) Si l'information (2) permet à elle seule de répondre à la question, et l'information (1) à elle seule ne permet pas de répondre à la question.
(C) Si les deux informations (1) et (2) ensemble permettent de répondre à la question et aucune séparément ne le peut.
(D) Si chaque information permet séparément de répondre à la question.
(E) Si les deux informations ensemble ne permettent pas de répondre à la question.

[41] Z est-il divisible par 15 ?

(1) Z est divisible par 195
(2) Z est divisible par 169

[42] Une société est composée de deux types de salariés : les cadres, qui reçoivent une prime de 3000 €, et les employés qui en reçoivent une de 2000 €. Le montant des primes aux cadres est égal au montant des primes des employés. Combien y a-t-il d'employés dans la société ?

(1) La société salarie trois employés de plus que de cadres.
(2) La société salarie 15 personnes.

[43] La somme des comptes en banque de Swann, Manon et Charles est égale à la moitié de celui de leur père Gary. Combien d'argent possède Manon ?

(1) Gary a 3200 €
(2) Manon a 100 € de moins que Swann et 150 € de moins que Charles

[44] Rachel a 3 enfants. Quels sont leurs âges respectifs ?

(1) La somme de leurs âges est égale à 39 ans
(2) Rachel a accouché tous les 5 ans

[45] YZ et WX sont 2 nombres à 2 chiffres. On a YZ - WX = 11xU. U est-il un entier naturel ?

(1) Y = Z
(2) YZ + WX est un multiple de 11

[46] Deux tonneaux de vin contiennent des quantités de vin différentes. Quelle est la quantité de vin du tonneau le plus rempli ?

(1) Le plus rempli a une quantité de vin multiple de la quantité de l'autre.
(2) Si l'on vide la moitié du tonneau qui est le plus rempli, sa quantité de vin est le double de l'autre.

[47] Soit ABC un triangle rectangle en A. Que vaut BC ?

(1) AC = 40 cm
(2) Le périmètre du triangle ABC est égal à 120 cm

[48] Deux étudiants ont placé deux sommes différentes à deux taux différents TA et TB pendant 1 an. Ils ont gagné tous les deux 450 euros. Combien d'argent avait été placé au taux TB ?

(1) TA est supérieur à TB
(2) TA = 2TB

[49] Armand, Paul, Jeff et Jean ont dans le désordre 32, 41, 53, 56 ans. Quel est le prénom du plus jeune ?

(1) Paul et Armand, qui n'est pas le plus âgé, disent : Jeff a 41 ans.
(2) Armand et Paul ne rencontrent le plus jeune que rarement.

[50] Un garagiste fait une promotion sur les motos. Il vend 80% de son stock en une semaine. Combien avait-il de motos en stock ?

(1) En une semaine il a gagné 36 000 €.
(2) Il gagne 300 € par moto vendue.

GRAND QCM DE SYNTHESE EN CALCUL ET MATHEMATIQUES

CORRIGES

[1] 8
$4/3 \times pi \times 6^3 = pi \times 6^2 \times h$ soit $4/3 \times pi \times r^3 = pi \times 36 \times h$
En simplifiant, on trouve h = 8

[2] 120
X = 50 + 1/4 X + 1/3 X. La seule solution à la fois divisible par 4 et par 3 est 120.

[3] 9,3%
1,03 x 1,03 x 1,03 = 1,0927, soit une augmentation de 9,27%

[4] 69%
Après augmentation de 30%, les côtés mesurent 1,30. On a donc une aire égale à : 1,30 x 1,30 = 1,69 soit une augmentation de 69%.

[5] 12/5

[6] 64
La moitié du quart de 16, c'est le huitième de 16, soit 2. Le carré de 2 vaut 4 et le cube de 4 vaut 64.

[7] 58

[8] 2640 euros

[9] 7m + nr/100 = **(700m + nr)/100**

[10] 100pm/[k(k – m)]

[11] 9 x 11 + 11 x 9 = 198 et 198/20 = **9,9**

[12] Un cadran d'horloge peut se diviser en douze parties égales (chaque partie représentant 1 heure). Soit 360/12 = 30 degrés. Ensuite lorsqu'il est trois heures et quart, la petite aiguille a parcouru 1⁄4 d'heure, soit 1⁄4 d'une part d'heure soit encore 1⁄4 x 30 = **7,5 degrés.**

[13] 17 ans

[14] Il n'est pas question ici de calculer quelque carré que ce soit. L'astuce est la suivante : 2005892 = 200589 x 200589 = --------------1 soit un nombre dont le dernier chiffre est 1. Aussi 12562 = 1256 x 1256 = ---------6 soit un nombre dont le dernier chiffre est 6. Ensuite, il suffit de remarquer que lorsque l'on soustrait un nombre dont le dernier chiffre est 6 à un nombre dont le dernier chiffre est 1, on obtient un nombre dont le dernier chiffre est 5. Or parmi les solutions proposées, le seul nombre dont le dernier chiffre est 5 est : **40234369385**

[15] NI JUDO NI KARATE = 100% - (20% + 30% - 10%) = **60%**

[16] 3,25%

[17] 1 heure

[18] Si Joan lit 8 pages en une heure et demie, cela veut dire qu'elle peut lire 128 pages en une journée de 24 heures. En 28 jours, elle aura lu : 28 x 126 = 3584 pages. Elle aura donc lu 3584/3600 = 224/225 de l'encyclopédie. Il lui restera alors à lire : 1 – 224/225 = **1/225** de l'encyclopédie.

[19] +200%

[20] x 0,5

[21] On trouve à l'aide du théorème de Pythagore que BC = 13 et de déduire que BC x AC = **65**

[22] 280/0,7 = **400** euros

[23] 18%

[24] Pourcentage de baisse = (130 - 104)/130 = 26/130 = **20 %**
Ici, la quantité de variation est égale dans un cas de pourcentage de baisse à la valeur initiale moins la valeur finale.

[25] Le nombre formé doit être inférieur à 500. Aussi, le premier chiffre ne peut être que 2 ou 3. Ensuite, pour le deuxième chiffre, nous avons 4 solutions possibles (on retire le chiffre pris pour les centaines puisque les chiffres doivent être distincts). Enfin, pour le dernier chiffre, il ne reste plus que 3 possibilités. En résumé, il y a 2 x 4 x 3 nombres possibles, soit **24** nombres.

[26] Posons tout simplement les deux équations, avec R la raison géométrique de la suite : $X = 25 \times R$ et $16 = X \times R$, d'où $R \times R \times 25 = 16 \Leftrightarrow R^2 = 16/25 \Leftrightarrow R = 4/5 \Leftrightarrow R =$ **0,8**

[27] $2{,}4 + \pi$

[28] L'alpiniste ne peut escalader directement la montagne sans mourir de faim. Il est obligé de repasser plusieurs fois à la base pour stocker de la nourriture dans les refuges. Il part une première fois de la base, et au bout d'une journée, il se situe au premier refuge. Il y laisse une ration journalière puis redescend. Le jour suivant, il monte à nouveau au premier refuge ou il consomme une ration. En partant du premier refuge, il a à sa disposition deux rations (celle de la base et celle stockée dans le refuge), qui lui permettent de rejoindre le sommet. Il a donc mis un premier jour pour stocker une ration au premier refuge et trois jours pour faire la montée complète. En tout, il met **quatre jours** pour atteindre le sommet.

[29] Convertissez dans un premier temps la capacité du réservoir en m^3 : 1,62 km^3 = 1620 000 000 m^3. En 1 minute, le débit du fleuve est égal à : 30 000 m^3 x 60 = 1 800 000 m^3. Par conséquent, le temps mis par le fleuve pour remplir le réservoir du fleuve est égal à : 1 620 000 000/1 800 000 = 900 mn.

[30] 25

[31] 16/81

[32] Soit C, le côté du cube. Le volume du cube avant augmentation est égal à C^3. L'augmentation de 20 % se traduit sur le volume par la variation suivante :
$[(1 + 20\,\%) \times C]^3 = 1{,}2^3 \times C^3 = 1{,}728 \times C^3$
Par conséquent, le pourcentage d'augmentation est égal à **72,8 %**

[33] 1/8

[34] Interprétez bien ce que vous demande cette question : la part « des élèves parlant au moins une des deux langues » correspond à l'union des élèves qui parlent espagnol et des élèves qui parlent allemand. Or :
Card (All ∪ Esp) = Card (All) + Card (Esp) – Card (All ∩ Esp)

Par conséquent, pour 100 élèves, le nombre d'élèves qui parlent allemand et espagnol est égal à (64 + 35 - 18), soit 81 élèves. Donc si 81 élèves parlent les deux langues pour 100 élèves, **81%** des élèves parlent au moins une des deux langues.

[35] Pour trouver le temps que passe Franck dans les transports au cours d'une semaine, multipliez le temps de transport quotidien par 5.

Multipliez d'abord les minutes : 5 x 42 mn = 210 mn = 180 mn + 30 mn = 3 h 30 mn. Multipliez ensuite les heures : 5 x 1 h = 5 h.

Enfin, sommez ! Franck passe 8 h 30 mn par semaine dans les transports.

[36] La production suit une progression arithmétique. La 9ème année, la production est de 9 000 pièces par an (5 000 + 8 x 500). La production des 9 années est égale à : (5 000 + 9 000)/2 x 9 = 63 000. La 9ème année représente donc 9 000/63 000, soit **14,3 %**

[37] Pour faciliter la réflexion, fixez la valeur du chômage à 100 au début de l'année 2009.

Hausse de 8 % ⇔ (1 + 8 %) x 100 = 108

Baisse de 2 % ⇔ (1 - 2 %) x 108 = 108 - 2 x 1,8 = 104,4

Hausse de 10 % ⇔ (1 + 10 %) x 104,4 = 104,4 + 10,44 = 114,84

En conclusion, au cours du 1er trimestre de l'année 2009, le chômage est passé de 100 à 114,84, ce qui représente une augmentation de 14,8 %.

[38] 6 mètres

[39] X = 2 (testez les solutions)

[40] 13/27

[41] Information (1) : suffisante.

195 = 13 x 15. Donc si Z est divisible par 195, alors il l'est par 13 et par 15. On garde les réponses A et D.

Information (2) : insuffisante.

En revanche, 169 = 13 x 13, donc cette information nous permet juste de savoir que Z est divisible par 13 et est insuffisante. On garde la réponse A. Information (1) : suffisante.

[42] Cet énoncé est en fait une équation à deux inconnues C et E, qui sont les nombres respectifs de Cadres et d'Employés au sein de l'entreprise.

On a 2000 x E = 3000 x C.

L'information (1) nous permet d'écrire l'équation suivante : E = C + 3. Ainsi nous avons deux équations à deux inconnues, ce qui nous permet de répondre à la question. On garde les réponses A et D.

Information (2) : suffisante.

La deuxième information nous permet d'écrire que C + E = 15, et donc comme la première d'obtenir un système de deux équations à deux inconnues, dont la résolution nous permettra de répondre à la question. Réponse D.

[43] Information (1) : insuffisante.

D'après l'énoncé, on a S + M + C = G/2.

L'information (1) nous permet seulement de savoir que S + M + C = 1600 €. Elle n'est donc pas suffisante pour répondre, on retient les réponses B, C et E.

Information (2) : insuffisante.

L'information (2) nous permet d'obtenir l'équation suivante :

M + (M + 100) + (M + 150) = G/2. C'est une équation à deux inconnues qu'on ne peut résoudre, donc l'information 2 n'est pas suffisante pour répondre : on garde les réponses C et E.

Combinons les deux informations : on obtient une équation à une inconnue :

3M + 250 = 1600. Il est alors possible de trouver la valeur de M. On garde la réponse C.

[44] Information (1) : insuffisante.

La première information ne nous donne pas suffisamment d'indications puisque l'âge des enfants pourrait aussi bien être 10, 11 et 18, que 2, 4 et 33. On garde les réponses B, C et E.

Information (2) : insuffisante.

La seconde information ne nous permet pas de répondre, puisque les enfants pourraient aussi bien être âgés de 5, 10 et 15 ans ou de 50, 55 et 60ans. On écarte la réponse B.

Combinons les deux informations : on s'aperçoit qu'on obtient une équation à une inconnue (39 = y + y - 5) + (y - 10), avec y l'âge du premier enfant, que l'on peut naturellement résoudre pour trouver y.

On garde la réponse C.

[45] Information (1) : insuffisante.

La première information nous dit que Y = Z, soit YZ = 11 x A (avec A qui est un entier naturel compris entre 1 et 9).

En faisant l'hypothèse que WX est plus grand que YZ, alors on obtient un U qui est négatif et n'est donc pas un entier naturel. On garde les réponses B, C et E.

Information (2) : insuffisante.

La seconde information peut s'écrire YZ + WX = 11 x T (avec T qui est un entier naturel entre 1 et 9).

En additionnant cette équation et celle de l'énoncé, on obtient une nouvelle équation : 2 x YZ = 11 x U + 11 x T, soit 11 x U = 2 x YZ - 11 x T, soit U = (2/11 x YZ) - T. En remplaçant simplement Y par 1 et Z par 2, on se rend compte que U n'est pas forcément un entier naturel. On garde les réponses C et E.

Combinons les deux informations. On obtient alors l'équation suivante :

U = 2/11 x 11 x (A) - T, soit U = 2 x (A) - T. On peut en déduire que A est un entier relatif, mais pas forcément naturel (par exemple si A = 2 et T = 7).

Conclusion : les deux informations ensemble ne permettent pas de répondre à la question et nous retenons la réponse E.

[46] Information (1) : insuffisante.

Si on appelle A le volume du tonneau le plus rempli, B le volume de l'autre tonneau et k un nombre entier, alors la première information nous permet d'écrire A = k x B, puisque A est un multiple de B. Ce n'est évidemment pas suffisant pour trouver la valeur de A. On garde les réponses B, C et E.

Information (2) : insuffisante.

La deuxième information nous permet d'écrire A/2 = 2B, soit A = 4B. Ce n'est toujours pas suffisant pour trouver la valeur de A. On garde les réponses C et E.

Combinons les deux informations : on s'aperçoit que l'on ne peut toujours pas répondre à la question, car l'on a une équation à deux inconnues... que l'on ne peut pas résoudre ! On retient la réponse E.

[47] Information (1) : insuffisante.

La première information ne permet pas de répondre à la question puisqu'il faudrait un autre renseignement pour pouvoir calculer BC. On retient les réponses B, C et E.

Information (2) : insuffisante.

La seconde information ne permet pas non plus de répondre, puisqu'il existe une multitude de triangles rectangles ayant un périmètre égal à 120 cm. On écarte la réponse B.

Ensemble en revanche, les deux informations permettent de répondre à la question. Réponse C.

[48] E

[49] C

[50] C

Cet ouvrage a été achevé d'imprimer en décembre 2012
dans les ateliers de Normandie Roto Impression s.a.s.
61250 Lonrai
N° d'impression : 124514
Dépôt légal : décembre 2012

Imprimé en France